高等职业教育数控技术专业“十二五”规划教材
高等职业教育精品课程配套教材·技能型教材

零件数控车削加工

主　编　鲁淑叶　辜艳丹

副主编　王小虎　方　毅　杨华明

参　编　熊　隽　燕杰春　李勇兵
　　　　邹左明　范绍平　邱　昕　何　苗

主　审　钟如全

国防工業出版社

·北京·

内容简介

本书是按照以工作过程为导向的课程改革要求进行编写的，按照企业实际工作过程和工作环境组织实训教学，通过典型任务分析，达到理论和技能与生产实际结合的效果。

本书共分为8个学习情境，详细介绍了数控车床操作、外圆与端面、锥面及圆弧、槽及螺纹、孔、非圆曲线、综合件、配合件等的加工工艺知识、编程知识及操作技能，每个情景按学习目标→工作任务→学习导读→任务解析→任务实施→项目评价→误差分析→项目训练等内容展开，内容由浅入深，循序渐进，逐步培养学生数控车削加工的相关技能。

本书可作为高等职业院校数控技术专业、机械制造专业、模具设计与制造专业的教学用书，也可作为企业技术人员参考、培训用书。

图书在版编目(CIP)数据

零件数控车削加工/鲁淑叶，辜艳丹主编. —北京：国防工业出版社，2011.5

ISBN 978-7-118-07368-3

Ⅰ.①零... Ⅱ.①鲁... ③辜... Ⅲ.①机械元件-数控机床：车床-车削-高等职业教育-教材 Ⅳ.①TH13 ②TG519.1

中国版本图书馆CIP数据核字(2011)第077097号

※

国防工业出版社出版发行

(北京市海淀区紫竹院南路23号 邮政编码100048)

天利华印刷装订有限公司印刷

新华书店经售

*

开本787×1092 1/16 印张12 字数278千字

2011年5月第1版第1次印刷 印数1—4000册 定价25.00元

(本书如有印装错误，我社负责调换)

国防书店：(010)68428422 发行邮购：(010)68414474

发行传真：(010)68411535 发行业务：(010)68472764

前　言

为了培养适应社会需要的高技术技能型人才，四川信息职业技术学院以数控技术专业为试点，从岗位工作任务分析着手，通过课程分析以及知识和能力的分析，构建了以“任务为驱动，以项目为载体”的高职数控技术专业课程体系，实践了基于工作过程的任务驱动，教学做一体化的过程，取得了一定的成果，“零件数控车削加工”课程获得了省级精品课程，并精心设计，开发了配套教材《零件数控车削加工》。

本书改变了传统教材的理论递进编写体系，直接以典型零件为载体，设立学习情境，以培养学生的综合职业能力为目标，通过项目教学，结合生产实际，由浅入深，循序渐进，融数控编程、数控加工工艺、数控机床操作于一体，使学习者掌握数控机床加工操作、数控机床加工程序及工艺规程文件编制等完成工作任务所必需的学习内容。本书共分为8个学习情境，情境中各任务难度总体上呈递进关系，情境后配有拓展训练任务，供读者训练使用，每个情景按学习目标→工作任务→学习导读→任务解析→任务实施→项目评价→误差分析→项目训练等内容展开。在培养学生熟练的职业技能的同时，在教学中结合安全管理和职业资格标准培养学生爱岗敬业、勇于创新、善于沟通、团结协作等良好的职业品质。

本书由四川信息职业技术学院鲁淑叶、辜艳丹主编，钟如全主审，其中学习情境一由王小虎编写，学习情境二由熊隽、方毅编写，学习情境三由燕杰春、李勇兵编写，学习情境四由鲁淑叶、辜艳丹编写，学习情境五由邹左明、范绍平编写、学习情境六由钟如全、杨华明编写，学习情境七、学习情境八由邱昕、何苗编写，学习情境中的零件图由辜艳丹绘制，书中的程序由王小虎校验，全书由鲁淑叶统稿。

在本书的编写过程中，编者注重企业调研，广泛征求企业工程技术人员的意见，在此表示衷心的感谢。

由于编者水平有限及时间仓促，书中难免有不足之处，恳请读者批评指正。

编　者

目 录

学习情境一 数控车床操作 …… 1
一、学习目标 …… 1
二、工作任务 …… 1
三、学习导读 …… 1
四、任务实施 …… 38
五、项目训练 …… 38
学习情境二 外圆与端面加工 …… 39
一、学习目标 …… 39
二、工作任务 …… 39
三、学习导读 …… 39
四、任务解析 …… 56
五、任务实施 …… 60
六、项目评价 …… 62
七、误差分析 …… 62
八、项目训练 …… 64
学习情境三 锥面及圆弧加工 …… 65
一、学习目标 …… 65
二、工作任务 …… 65
三、学习导读 …… 65
四、任务解析 …… 87
五、任务实施 …… 90
六、项目评价 …… 91
七、误差分析 …… 91
八、项目训练 …… 93
学习情境四 槽及螺纹加工 …… 94
一、学习目标 …… 94
二、工作任务 …… 94
三、学习导读 …… 94
四、任务解析 …… 112
五、任务实施 …… 116
六、项目评价 …… 117
七、误差分析 …… 118
八、项目训练 …… 119
学习情境五 孔加工 …… 121
一、学习目标 …… 121
二、工作任务 …… 121
三、学习导读 …… 121
四、任务解析 …… 129
五、任务实施 …… 134
六、项目评价 …… 135
七、误差分析 …… 135
八、项目训练 …… 137
学习情境六 非圆曲线加工 …… 139
一、学习目标 …… 139
二、工作任务 …… 139
三、学习导读 …… 139
四、任务解析 …… 145
五、任务实施 …… 149
六、项目评价 …… 150
七、误差分析 …… 151
八、项目训练 …… 152
学习情境七 综合件加工 …… 154
一、学习目标 …… 154
二、工作任务 …… 154
三、任务解析 …… 154
四、任务实施 …… 160
五、项目评价 …… 162
六、误差分析 …… 162
七、项目训练 …… 163
学习情境八 配合件加工 …… 165
一、学习目标 …… 165
二、工作任务 …… 165
三、学习导读 …… 165
四、任务解析 …… 168
五、任务实施 …… 179
六、项目评价 …… 180
七、误差分析 …… 181
八、项目训练 …… 181
附录 …… 183
参考文献 …… 186

学习情境一　数控车床操作

一、学习目标

知识目标

- 了解数控行业相关职业标准
- 掌握数控车床安全文明生产相关知识
- 掌握数控车床的类型、结构及技术参数
- 掌握数控车床坐标系相关知识
- 掌握数控车床操作面板各按钮功能
- 理解对刀原理
- 了解零件数控车削加工流程
- 掌握数控车床的日常维护保养知识

技能目标

- 能正确使用数控车床操作面板各功能按钮
- 能正确装夹工件、刀具
- 能进行数控车床对刀操作
- 会使用数控加工仿真软件

二、工作任务

独立完成数控车床的面板操作、装夹工件、刀具，完成数控车床的对刀；独立完成数控加工仿真软件操作。

三、学习导读

1. 行业动态简述

随着数控技术的不断发展，高速化、高精度化、复合化、智能化、开放化、并联驱动化、网络化、极端化、绿色化已成为数控机床的发展趋势。数控技术的应用不但给传统制造业带来了革命性的变化，还使制造业成为工业化的象征，而且应用领域正在不断扩大。当今世界各工业发达国家通过发展数控技术，建立数控机床产业，促使机械加工业跨入一个新的“现代化”的历史发展阶段，从而给国民经济的结构带来了巨大的变化。

2. 相关标准与规范

1）职业资格标准

◆ 职业概况

（1）职业名称：数控车工。

（2）职业定义：从事编制数控加工程序并操作数控车床进行零件车削加工的人员。

（3）职业等级：本职业共设四个等级，分别为：中级（国家职业资格四级）、高级（国家职业资格三级）、技师（国家职业资格二级）、高级技师（国家职业资格一级）。

（4）职业能力特征：具有较强的计算能力和空间感，形体知觉及色觉正常，手指、手臂灵活，动做协调。

（5）基本文化程度。

高中毕业（或同等学历）。

（6）申报条件（本书介绍中级与高级）。

——中级：（具备以下条件之一者）

① 经本职业中级正规培训达规定标准学时数，并取得结业证书。

② 连续从事本职业工作 5 年以上。

③ 取得经劳动保障行政部门审核认定的，以中级技能为培养目标的中等以上职业学校本职业（或相关专业）毕业证书。

④ 取得相关职业中级《职业资格证书》后，连续从事本职业 2 年以上。

——高级：（具备以下条件之一者）

① 取得本职业中级职业资格证书后，连续从事本职业工作 2 年以上，经本职业高级正规培训，达到规定标准学时数，并取得结业证书。

② 取得本职业中级职业资格证书后，连续从事本职业工作 4 年以上。

③ 取得劳动保障行政部门审核认定的，以高级技能为培养目标的职业学校本职业（或相关专业）毕业证书。

④ 大专以上本专业或相关专业毕业生，经本职业高级正规培训，达到规定标准学时数，并取得结业证书。

（7）鉴定方式：分为理论知识考试和技能操作考核。理论知识考试采用闭卷方式，技能操作（含软件应用）考核采用现场实际操作和计算机软件操作方式。理论知识考试和技能操作（含软件应用）考核均实行百分制，成绩皆达 60 分及以上者为合格。

◆ 基本要求

1）职业道德

① 遵守国家法律、法规和有关规定。

② 具有高度的责任心、爱岗敬业、团结合作。

③ 严格执行相关标准、工作程序与规范、工艺文件和安全操作规程。

④ 学习新知识与新技能，勇于开拓和创新。

⑤ 爱护设备、系统及工具、夹具、量具。

⑥ 着装整洁，符合规定；保持工作环境清洁有序，文明生产。

2）基础知识

（1）基础理论知识。

① 工程材料及金属热处理知识。
② 机电控制知识。
③ 计算机基础知识。
④ 专业英语基础。
(2) 机械加工基础知识。
① 机械原理。
② 常用设备知识(分类、用途、基本结构及维护保养方法)。
③ 常用金属切削刀具知识。
④ 典型零件加工工艺。
⑤ 设备润滑和冷却液的使用方法。
⑥ 工具、夹具、量具的使用与维护知识。
⑦ 普通车床、钳工基本操作知识。
(3) 安全文明生产与环境保护知识。
① 安全操作与劳动保护知识。
② 文明生产知识。
③ 环境保护知识。
(4) 质量管理知识。
① 企业的质量方针。
② 岗位质量要求。
③ 岗位质量保证措施与责任。
(5) 相关法律、法规知识。
① 劳动法的相关知识。
② 环境保护法的相关知识。
③ 知识产权保护法的相关知识。

3) 工作要求

本标准对中级、高级的技能要求依次递进,高级别涵盖低级别的要求。(本书介绍中级与高级)

(1) 中级。

职业功能	工作内容	技能要求	相关知识
一、加工准备	(一) 读图与绘图	1. 能读懂中等复杂程度(如曲轴)的零件图; 2. 能绘制简单的轴、盘类零件图; 3. 能读懂进给机构、主轴系统的装配图	1. 复杂零件的表达方法; 2. 简单零件图的画法 3. 零件三视图、局部视图和剖视图的画法; 4. 装配图的画法
	(二) 制订加工工艺	1. 能读懂复杂零件的数控车床加工工艺文件; 2. 能编制简单(轴、盘)零件的数控加工工艺文件	数控车床加工工艺文件的制订

（续）

职业功能	工作内容	技能要求	相关知识
一、加工准备	（三）零件定位与装夹	能使用通用卡具（如三爪卡盘、四爪卡盘）进行零件装夹与定位	1. 数控车床常用夹具的使用方法； 2. 零件定位、装夹的原理和方法
	（四）刀具准备	1. 能够根据数控加工工艺文件选择、安装和调整数控车床常用刀具； 2. 能够刃磨常用车削刀具	1. 金属切削与刀具磨损知识； 2. 数控车床常用刀具的种类、结构和特点； 3. 数控车床、零件材料、加工精度和工作效率对刀具的要求
二、数控编程	（一）手工编程	1. 能编制由直线、圆弧组成的二维轮廓数控加工程序； 2. 能编制螺纹加工程序； 3. 能够运用固定循环、子程序进行零件的加工程序编制	1. 数控编程知识； 2. 直线插补和圆弧插补的原理； 3. 坐标点的计算方法
	（二）计算机辅助编程	1. 能够使用计算机绘图软件绘制简单（轴、盘、套）零件图； 2. 能够利用计算机绘图软件计算节点	计算机绘图软件（二维）的使用方法
三、数控车床操作	（一）操作面板	1. 能够按照操作规程启动及停止机床； 2. 能使用操作面板上的常用功能键（如回零、手动、MDI、修调等）	1. 熟悉数控车床操作说明书； 2. 数控车床操作面板的使用方法
	（二）程序输入与编辑	1. 能够通过各种途径（如 DNC、网络等）输入加工程序； 2. 能够通过操作面板编辑加工程序	1. 数控加工程序的输入方法； 2. 数控加工程序的编辑方法； 3. 网络知识
	（三）对刀	1. 能进行对刀并确定相关坐标系； 2. 能设置刀具参数	1. 对刀的方法； 2. 坐标系的知识； 3. 刀具偏置补偿、半径补偿与刀具参数的输入方法
	（四）程序调试与运行	能够对程序进行校验、单步执行、空运行并完成零件试切	程序调试的方法
四、零件加工	（一）轮廓加工	1. 能进行轴、套类零件加工，并达到以下要求： （1）尺寸公差等级：IT6； （2）形位公差等级：IT8； （3）表面粗糙度：*R*a1.6μm。 2. 能进行盘类、支架类零件加工，并达到以下要求： （1）轴径公差等级：IT6； （2）孔径公差等级：IT7； （3）形位公差等级：IT8； （4）表面粗糙度：*R*a1.6μm	1. 内外径的车削加工方法、测量方法； 2. 形位公差的测量方法； 3. 表面粗糙度的测量方法

（续）

<table>
<tr><th>职业功能</th><th>工作内容</th><th>技能要求</th><th>相关知识</th></tr>
<tr><td rowspan="5">四
零件加工</td><td>（二）
螺纹加工</td><td>能进行单线等节距的普通三角螺纹、锥螺纹的加工，并达到以下要求：
(1) 尺寸公差等级：IT6～IT7；
(2) 形位公差等级：IT8；
(3) 表面粗糙度：$Ra1.6\mu m$</td><td>1. 常用螺纹的车削加工方法；
2. 螺纹加工中的参数计算</td></tr>
<tr><td>（三）
槽类加工</td><td>能进行内径槽、外径槽和端面槽的加工，并达到以下要求：
(1) 尺寸公差等级：IT8；
(2) 形位公差等级：IT8；
(3) 表面粗糙度：$Ra3.2\mu m$</td><td>内、外径槽和端槽的加工方法</td></tr>
<tr><td>（四）
孔加工</td><td>能进行孔加工，并达到以下要求：
(1) 尺寸公差等级：IT7；
(2) 形位公差等级：IT8；
(3) 表面粗糙度：$Ra3.2\mu m$</td><td>孔的加工方法</td></tr>
<tr><td>（五）
零件精度检验</td><td>能够进行零件的长度、内外径、螺纹、角度精度检验</td><td>1. 通用量具的使用方法；
2. 零件精度检验及测量方法</td></tr>
<tr><td colspan="0" style="display:none"></td></tr>
<tr><td rowspan="3">五、
数控车床维护与精度检验</td><td>（一）
数控车床日常维护</td><td>能够根据说明书完成数控车床的定期及不定期维护保养，包括：机械、电气、液压、数控系统检查和日常保养等</td><td>1. 数控车床说明书；
2. 数控车床日常保养方法；
3. 数控车床操作规程；
4. 数控系统（进口与国产数控系统）使用说明书</td></tr>
<tr><td>（二）
数控车床故障诊断</td><td>1. 能读懂数控系统的报警信息；
2. 能发现数控车床的一般故障</td><td>1. 数控系统的报警信息；
2. 机床的故障诊断方法</td></tr>
<tr><td>（三）
机床精度检查</td><td>能够检查数控车床的常规几何精度</td><td>数控车床常规几何精度的检查方法</td></tr>
</table>

(2) 高级。

<table>
<tr><th>职业功能</th><th>工作内容</th><th>技能要求</th><th>相关知识</th></tr>
<tr><td rowspan="2">一、
加工准备</td><td>（一）
读图与绘图</td><td>1. 能够读懂中等复杂程度（如刀架）的装配图；
2. 能够根据装配图拆画零件图；
3. 能够测绘零件</td><td>1. 根据装配图拆画零件图的方法；
2. 零件的测绘方法</td></tr>
<tr><td>（二）
制订加工工艺</td><td>能编制复杂零件的数控车床加工工艺文件</td><td>复杂零件数控加工工艺文件的制定</td></tr>
</table>

（续）

职业功能	工作内容	技能要求	相关知识
一、加工准备	（三） 零件定位与装夹	1. 能选择和使用数控车床组合夹具和专用夹具； 2. 能分析并计算车床夹具的定位误差； 3. 能够设计与自制装夹辅具（如心轴、轴套、定位件等）	1. 数控车床组合夹具和专用夹具的使用、调整方法； 2. 专用夹具的使用方法； 3. 夹具定位误差的分析与计算方法
	（四） 刀具准备	1. 能够选择各种刀具及刀具附件； 2. 能够根据难加工材料的特点，选择刀具的材料、结构和几何参数； 3. 能够刃磨特殊车削刀具	1. 专用刀具的种类、用途、特点和刃磨方法； 2. 切削难加工材料时的刀具材料和几何参数的确定方法
二、数控编程	（一） 手工编程	能运用变量编程编制含有公式曲线的零件数控加工程序	1. 固定循环和子程序的编程方法； 2. 变量编程的规则和方法
	（二） 计算机辅助编程	能用计算机绘图软件绘制装配图	计算机绘图软件的使用方法
	（三） 数控加工仿真	能利用数控加工仿真软件实施加工过程仿真以及加工代码检查、干涉检查、工时估算	数控加工仿真软件的使用方法
三、零件加工	（一） 轮廓加工	能进行细长、薄壁零件加工，并达到以下要求： （1）轴径公差等级：IT6； （2）孔径公差等级：IT7； （3）形位公差等级：IT8； （4）表面粗糙度：$Ra1.6\mu m$	细长、薄壁零件加工的特点及装卡、车削方法
	（二） 螺纹加工	1. 能进行单线和多线等节距的T型螺纹、锥螺纹加工，并达到以下要求： （1）尺寸公差等级：IT6； （2）形位公差等级：IT8； （3）表面粗糙度：$Ra1.6\mu m$。 2. 能进行变节距螺纹的加工，并达到以下要求： （1）尺寸公差等级：IT6； （2）形位公差等级：IT7； （3）表面粗糙度：$Ra1.6\mu m$	1. T型螺纹、锥螺纹加工中的参数计算； 2. 变节距螺纹的车削加工方法
	（三） 孔加工	能进行深孔加工，并达到以下要求： （1）尺寸公差等级：IT6； （2）形位公差等级：IT8； （3）表面粗糙度：$Ra1.6\mu m$	深孔的加工方法
	（四） 配合件加工	能按装配图上的技术要求对套件进行零件加工和组装，配合公差达到：IT7	套件的加工方法

（续）

职业功能	工作内容	技能要求	相关知识
三、零件加工	（五）零件精度检验	1. 能够在加工过程中使用百（千）分表等进行在线测量，并进行加工技术参数的调整； 2. 能够进行多线螺纹的检验； 3. 能进行加工误差分析	1. 百（千）分表的使用方法； 2. 多线螺纹的精度检验方法； 3. 误差分析的方法
四、数控车床维护与精度检验	（一）数控车床日常维护	1. 能判断数控车床的一般机械故障； 2. 能完成数控车床的定期维护保养	1. 数控车床机械故障和排除方法； 2. 数控车床液压原理和常用液压元件
	（二）机床精度检验	1. 能够进行机床几何精度检验； 2. 能够进行机床切削精度检验	1. 机床几何精度检验内容及方法； 2. 机床切削精度检验内容及方法

4）比重表

（1）理论知识。

项　　目		中级（%）	高级（%）
基本要求	职业道德	5	5
	基础知识	20	20
相关知识	加工准备	15	15
	数控编程	20	20
	数控车床操作	5	5
	零件加工	30	30
	数控车床维护与精度检验	5	5
	培训与管理	–	–
	工艺分析与设计	–	–
合计		100	100

（2）技能操作。

项　　目		中级（%）	高级（%）
技能要求	加工准备	10	10
	数控编程	20	20
	数控车床操作	5	5
	零件加工	60	60
	数控车床维护与精度检验	5	5
	培训与管理	–	–
	工艺分析与设计	–	–
合计		100	100

2）数控车床操作规程

（1）操作机床前穿戴整齐，务必戴工作帽；严禁戴手套操作机床。

（2）操作者应认真阅读《使用说明书》，熟悉机床的基本性能和一般结构，禁止超性能使用。

（3）开机前，操作者必须清理好现场。机床导轨、机床防护罩顶部不允许放置工具、工件及其它杂物。上述物品必须放在指定的工位器具上。

（4）开机前，操作者应按机床《使用说明书》的规定给相关部位加油，并检查油标、油量、油路是否畅通。

（5）操作机床前必须先回零，回零时先回 X 轴，再回 Z 轴。机床运行应遵循先低速、中速、再高速的运行原则，其中低、中速运行时间不得少于 2min～3min。当确定无异常情况后，才能开始工作。

（6）严禁在卡盘上、顶尖间敲打、校正和修正工件；必须确认工件和刀具夹紧后，方可进行下一步操作。

（7）操作者在工作时更换刀具、工件、调整工件或离开机床时必须停机。

（8）机床上的保险和安全防护装置，操作者不得任意拆卸和移动。

（9）机床开始加工之前必须采用程序校验方式检查所用程序是否与被加工零件相符，待确认无误后，方可关好防护罩，启动机床进行零件加工。

（10）机床附件和量具、刀具应妥善保管，保持完整与良好，丢失应赔偿。

（11）使用完毕后应清扫机床，保持清洁，不能用带水物件擦拭机床，将托板和顶尖座移至床尾位置，并切断机床电源。

（12）机床在工作中发生故障或产生不正常现象时应立即停机，保护现场，同时立即报告车间管理人员。

3. 数控车床相关知识

1）数控车床的类型

（1）按主轴位置分：卧式数控车床、立式数控车床，如图 1-1 所示。

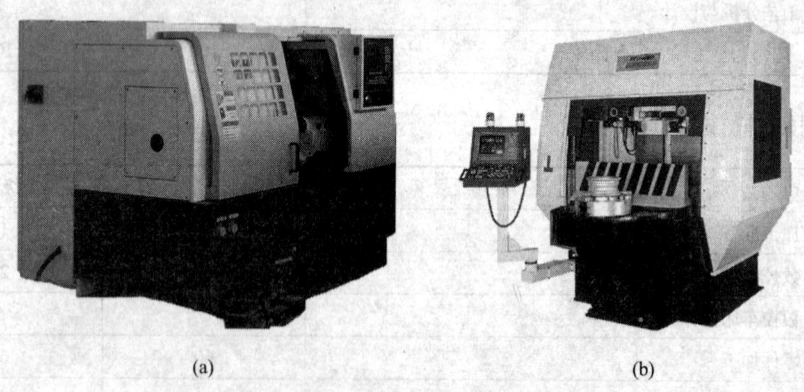

(a) (b)

图 1-1 按主轴位置分类的数控车床

（a）卧式数控车床；（b）立式数控车床。

（2）按可控轴数分：两轴、四轴（车床车削中心）。

（3）按系统功能分：经济型数控车床、全功能数控车床、车削加工中心、车铣复合加工中心，如图 1-2 所示。

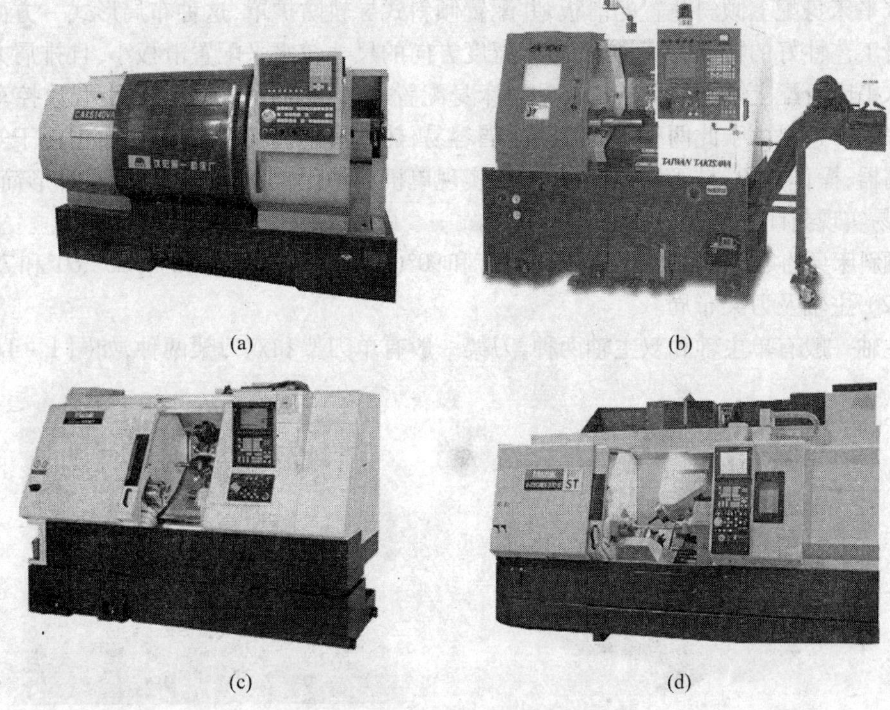

图 1-2　按系统功能分类的数控车床

(a) 经济型数控车床；(b) 全功能数控车床；(c) 车削加工中心；(d) 车铣复合加工中心。

2）结构及技术参数

(1) 数控车床的床身结构和导轨的布局。

床身结构主要有水平床身、倾斜床身、水平床身斜滑鞍及立床身等，布局形式如图1-3所示。

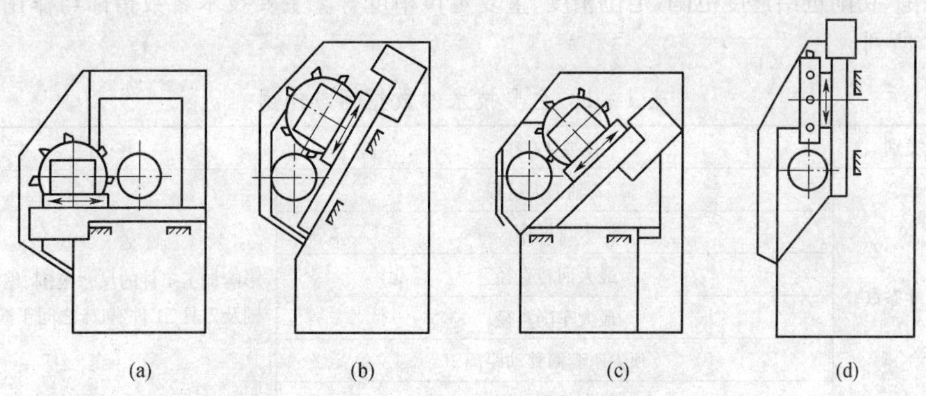

图 1-3　数控车床的床身结构与导轨布局

(a) 水平床身；(b) 倾斜床身；(c) 水平床身斜滑鞍；(d) 立床身。

水平床身的工艺性好，便于导轨面的加工。水平床身配上水平放置的刀架，可提高刀架的运动精度，一般可用于大型数控车床或小型精密数控车床的布局。但是水平床身由于下部空间小，故排屑困难。从结构尺寸上看，刀架水平放置使得滑板横向尺寸较长，从而加大了机床宽度方向的结构尺寸。

水平床身配上倾斜放置的滑板,并配置倾斜式导轨防护罩,这种布局形式一方面有水平床身工艺性好的特点,另一方面机床宽度方向的尺寸较水平配置滑板小,且排屑方便。

水平床身配上倾斜放置的滑板和斜床身配置斜滑板布局形式被中、小型数控车床所普遍采用。这是由于此两种布局形式排屑容易,热铁屑不会堆积在导轨上,也便于安装自动排屑器;操作方便,易于安装机械手,以实现单机自动化;机床占地面积小,外形简洁、美观,容易实现封闭式防护。

倾斜床身的角度多采用30°、45°、60°、75°和90°(称为立床身),常用的有45°、60°和75°。

(2) 主轴及刀架布局。

主轴一般有单主轴和双主轴两种,刀架一般有单刀架和双刀架两种,如图1-4所示。

(a)

(b)

图1-4　数控车床主轴及刀架布局

(a) 单主轴单刀架;(b) 双主轴双刀架。

(3) 数控车床技术参数。

数控车床的主要技术参数包括最大回转直径、最大车削长度、各坐标轴行程、主轴转速范围、切削进给速度范围、定位精度、重复定位精度等。主要技术参数指标与作用如表1-1所列。

表1-1　主要技术参数指标与作用

类别	主要内容	作用
尺寸参数	X、Z轴最大行程	影响加工工件的尺寸范围、编程范围及刀具、工件、机床之间干涉
	卡盘尺寸	
	最大回转直径	
	最大车削直径	
	顶尖座套筒移动距离	
	最大车削长度	
接口参数	刀位数,刀具装夹尺寸	影响工件及刀具安装
	主轴头形式	
	主轴孔及顶尖座锥度、直径	
运动参数	主轴转速范围	影响加工性能及编程参数
	刀架快速运动速度、切削进给速度范围	

（续）

类别	主要内容	作用
动力参数	主轴电机功率	影响切削载荷
	伺服电机额定转矩	
精度参数	定位精度、重复定位精度	影响加工精度及其一致性
	刀架定位精度、重复定位精度	
其它参数	外形尺寸(长×宽×高)、重量	影响使用环境

以卧式数控车床 CAK6140 为例,其部分参数如表 1-2 所列。

表 1-2　CAK6140 数控车床技术参数

项目	单位	规格	项目	单位	规格
床身最大回转直径	mm	ϕ400	变频主电机功率	kW	7.5
最大工件长度	mm	890	X 轴电机转矩	N·m	4
最大车削直径	mm	ϕ400	Z 轴电机转矩	N·m	6
最大车削长度	mm	850	Z 轴滚珠丝杠直径与螺距	mm	ϕ40×6
滑板最大回转直径	mm	ϕ200	Z 轴行程	mm	1000
卡盘直径(手动)	mm	ϕ250	X 轴行程	mm	220
主轴端部型及代号		A6	快速移动	m/min	7.6
主轴通孔直径	mm	ϕ53	刀方尺寸	mm	20×20
主轴孔通过棒料	mm	ϕ48	刀架重复定位精度	mm	0.005
主轴转数范围	r/min	200~2000			

(4) 数控车床型号编写与识别。

① 机床型号的编制。

按照 GB/T15375—94《金属切削机床型号编制方法》规定,我国的机床型号由汉语拼音字母和阿拉伯数字按一定规律组合而成。图 1-5 所示为机床型号编制标准。

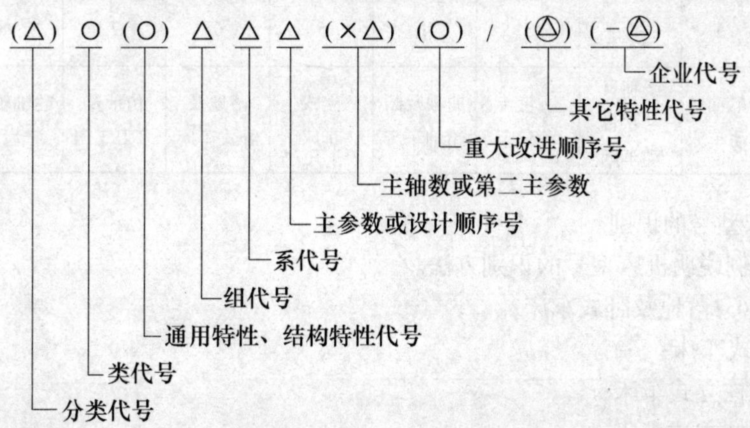

图 1-5　机床型号编制标准

其中:①有“(　)”的代号或数字,当无内容时则不表示,若有内容则不带括号;

② 有“○”符号者,为大写的汉语拼音字母;

③ 有“△”符号者,为阿拉伯数字;

④ 有“◎”符号者,为大写的汉语拼音字母,或阿拉伯数字,或两者兼有之。

在整个型号规定中,最重要的是:类代号、组代号、主参数以及通用特性代号和结构特性代号。机床类代号及通用特性代号如表1-3、表1-4所列。

A. 机床的类代号,如表1-3所示。

表1-3　机床类代号

类别	车床	钻床	镗床	磨床			齿轮加工机床	螺纹加工机床	铣床	刨插床	拉床	锯床	其它机床
代号	C	Z	T	M	2M	3M	Y	S	X	B	L	G	Q
读音	车	钻	镗	磨	二磨	三磨	牙	丝	铣	刨	拉	割	其它

B. 特性代号

a. 通用特性代号。机床通用特性代号如表1-4所列。

表1-4　机床通用特性代号

通用特性	高精度	精密	自动	半自动	数控	加工中心(自动换刀)	仿形	轻型	加重型	简式或经济型	柔性加工单元	数显	高速
代号	G	M	Z	B	K	H	F	Q	C	J	R	X	S
读音	高	密	自	半	控	换	仿	轻	重	简	柔	显	速

b. 结构特性代号:对主参数相同,但结构、性能不同的机床,用结构特性代号予以区分,如A、D、E等。

C. 机床的组系代号。

同类机床因用途、性能、结构相近或有派生而分为若干组,如表1-5所列。

表1-5　车床类别、组别划分表

组别 类别	0	1	2	3	4	5	6	7	8	9
车床C	仪表车床	单轴自动车床	多轴自动半自动车床	回轮转塔车床	曲轴及凸轮轴车床	立式车床	落地及卧式车床	仿形及多刀车床	轮轴辊锭及铲齿车床	其它车床

② 机床型号的识别。

在此举例说明机床型号的识别方法。

例如,C6 :落地及卧式车床;

C5 :立式车床;

C51:单柱立式车床;

C52:双柱立式车床。

例如,CA6140

C :车床(类代号);

A：结构特性代号；

6：组代号（落地及卧式车床）；

1：系代号（普通落地及卧式车床）；

40：主参数（表示加工最大回转直径的1/10，即最大加工件回转直径ϕ400mm）。

4. 数控车床坐标系

数控机床依靠刀具与工件的相对运动完成加工过程。刀具与工件的相对位置必须在相应的坐标系下才能确定。数控机床的坐标系统包括坐标系、坐标原点及运动方向。为了便于描述机床运动，简化程序编制及保证程序的通用性，国际上已经形成了两种标准，即ISO（国际标准化组织）及EIA（美国电子工业协会）标准。我国根据ISO标准制定了JB3051—1982《数字控制机床坐标和运动方向的命名》标准。

数控机床坐标系是为了确定工件在机床中的位置、机床运动部件位置及运动范围，即描述机床运动，产生数据信息而建立的几何坐标系。通过机床坐标系的建立，可确定工件与机床的位置关系，获得所需的相关数据。

1）坐标系及运动方向

（1）坐标系的确定原则。

① 刀具相对于静止工件运动的原则。这一原则使编程人员能在不知道是刀具移近工件还是工件移近刀具的情况下，就可依据零件图样，确定机床的加工过程。

② 标准坐标（机床坐标）系原则。在数控机床上，机床的动作是由数控装置来控制的，为了确定机床上的成形运动和辅助运动，必须先确定机床上运动的方向和运动的距离，这就需要一个坐标系才能实现，这个坐标系就称为机床坐标系。

标准坐标系符合右手笛卡儿直角坐标系。如图1-6所示，(a)图中大拇指的指向为

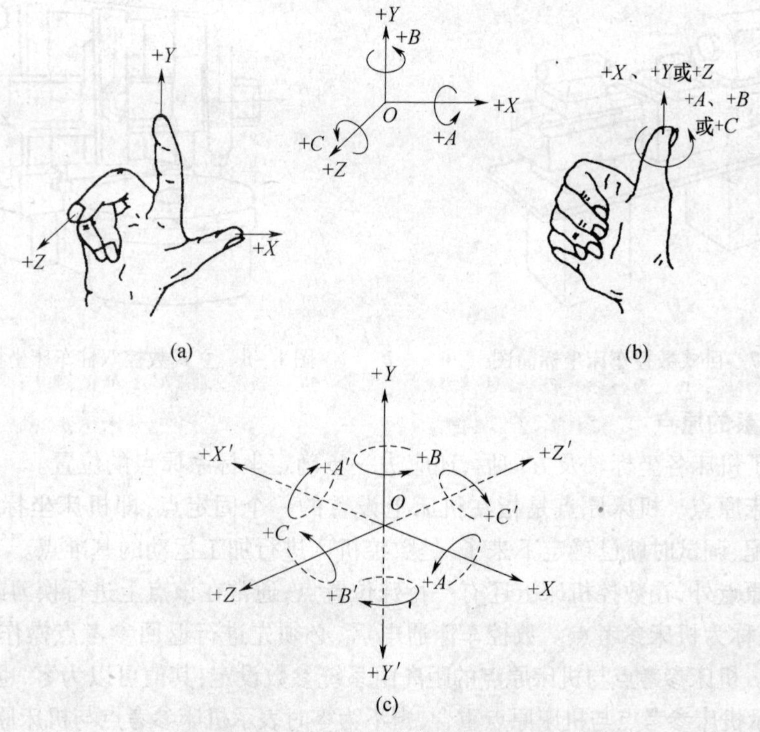

图1-6　右手笛卡儿直角坐标系

X 轴的正方向，食指指向为 Y 轴正方向，中指指向为 Z 轴正方向。图 1－6 中的(b)图规定了旋转轴 A、B、C 轴的转动正方向。

③ 运动方向原则。数控机床的某一部件运动的正方向，是增大工件和刀具之间距离的方向。

(2) 坐标轴的判定方法。

① Z 坐标。Z 坐标的运动是由传递切削动力的主轴所规定的。对于车床、磨床和其它成形表面的机床，由主轴带动工件旋转，故车床主轴为 Z 坐标，正方向为刀具远离工件的方向。

② X 坐标。X 坐标一般是水平的，它平行于工件的装夹平面。这是刀具或工件定位平面内运动的主要坐标。如工件旋转的车床，X 坐标的方向是在工件的径向上，且平行于横向滑板，以刀具离开工件旋转中心的方向为正方向。

图 1－7、图 1－8 为两种代表性的数控车床坐标简图。图中字母表示运动的坐标，箭头表示正方向，当考虑刀具移动时，用不加“′”的字母表示运动的正方向；当考虑工件移动时，则用加“′”字母表示。加“′”与未加“′”的字母所表示的运动方向正好相反。在图中没有列出的机床，可按前述的原则命名运动的坐标。对于使用者，机床运动的坐标可在机床的使用说明书上找到。很多数控机床还用标牌将运动的坐标标注在机床显著位置。

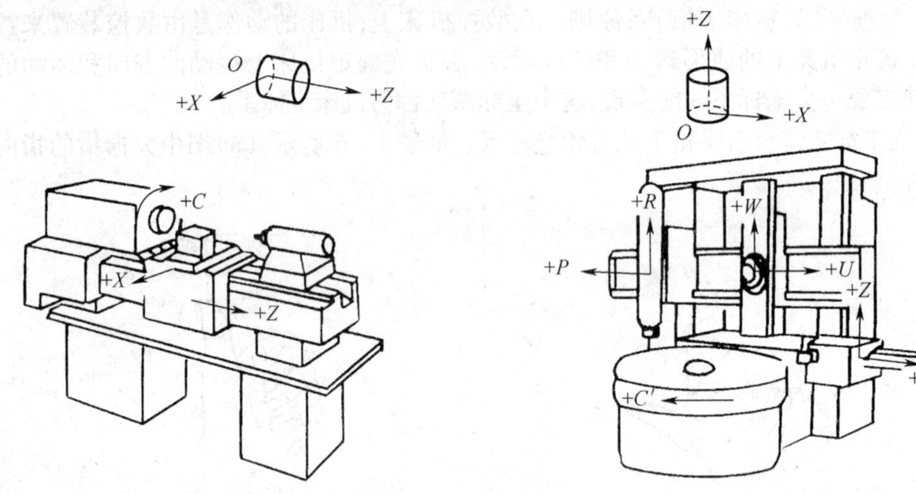

图 1－7　卧式数控车床坐标简图　　图 1－8　立式数控双柱车床坐标简图

2) 坐标系的原点

在确定了机床各坐标轴及方向后，还应进一步确定坐标系原点的位置。

(1) 机床原点。机床原点是指在机床上设置的一个固定点，即机床坐标系的原点。它在机床装配、调试时就已确定下来了，是数控机床进行加工运动的基准点。

除机床原点外，在数控机床上还有一特殊位置点，通常在该点上进行换刀或设定机床坐标系，该点称为机床参考点。数控车床通电后，必须先进行返回参考点操作，用以建立机床坐标系。机床参考点与机床原点的距离由系统参数设定，其值可以为零，也可不为零，当为零时表示机床参考点与机床原点重合，当不为零时表示机床参考点与机床原点不重合，若其值不为零，则机床开机回零后显示的机床坐标系的值即是系统参数设定的距离值。

在数控车床上，机床原点一般取在卡盘端面与主轴中心线的交点处，如图 1 - 9(a)中 O_1 即为机床原点。

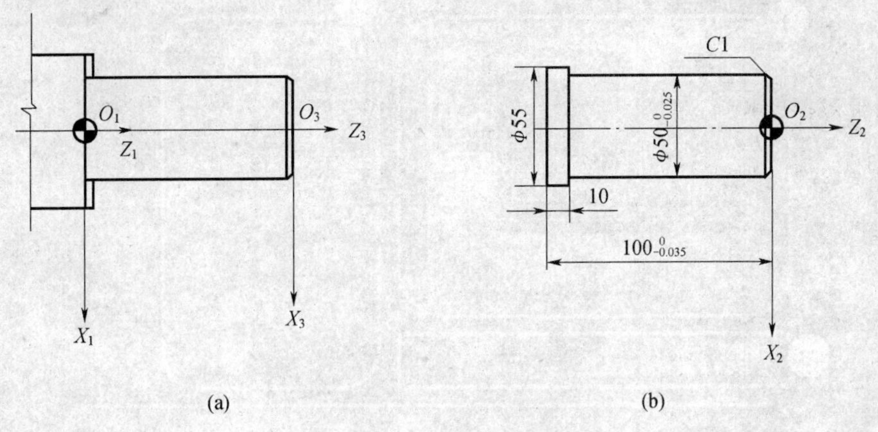

图 1 - 9　机床原点与编程原点

(a) 机床原点；(b) 编程原点。

(2) 编程原点。编程原点是指根据加工零件图样选定的编制零件程序的原点，即编程坐标系的原点。如图 1 - 9(b)中所示的 O_2 点。编程原点应尽量选择在零件的设计基准或工艺基准上，并考虑到编程的方便性，编程坐标系中各轴的方向应该与所使用数控机床相应的坐标轴方向一致。

(3) 加工原点。加工原点也称程序原点，是指零件被装卡好后，相应的编程原点在机床坐标系中的位置。在加工过程中，数控机床是按照工件装卡好后的加工原点及程序要求进行自动加工的。加工原点如图 1 - 9(a)中的 O_3 所示。加工坐标系原点在机床坐标系下的坐标值 X_3、Z_3，即为系统需要设定的加工原点设置值。

因此，编程人员在编制程序时，只要根据零件图样确定编程原点，建立编程坐标系，计算坐标数值，而不必考虑工件毛坯装卡的实际位置。对加工人员来说，则应在装卡工件、调试程序时，确定加工原点的位置，并在数控系统中给予设定(即给出原点设定值)，这样数控机床才能按照准确的加工坐标系位置开始加工。

5. 零件数控车削加工过程

(1) 接收加工任务。

(2) 工艺分析。

① 读图与分析图样(包括：零件图尺寸分析、加工内容分析、技术要求分析)。

② 加工方案确定(包括：毛坯分析、机床的选择、夹具的选择、加工顺序的确定、刀具的选择、切削用量的选择、工量具选用)。

(3) 工艺卡片的制订。

(4) 编制零件加工程序并校验。

(5) 数控车削加工。

(6) 检测(自检、送检)。

6. 数控车床操作

1）系统面板

HNC - 21T 数控系统面板如图 1 - 10 所示。

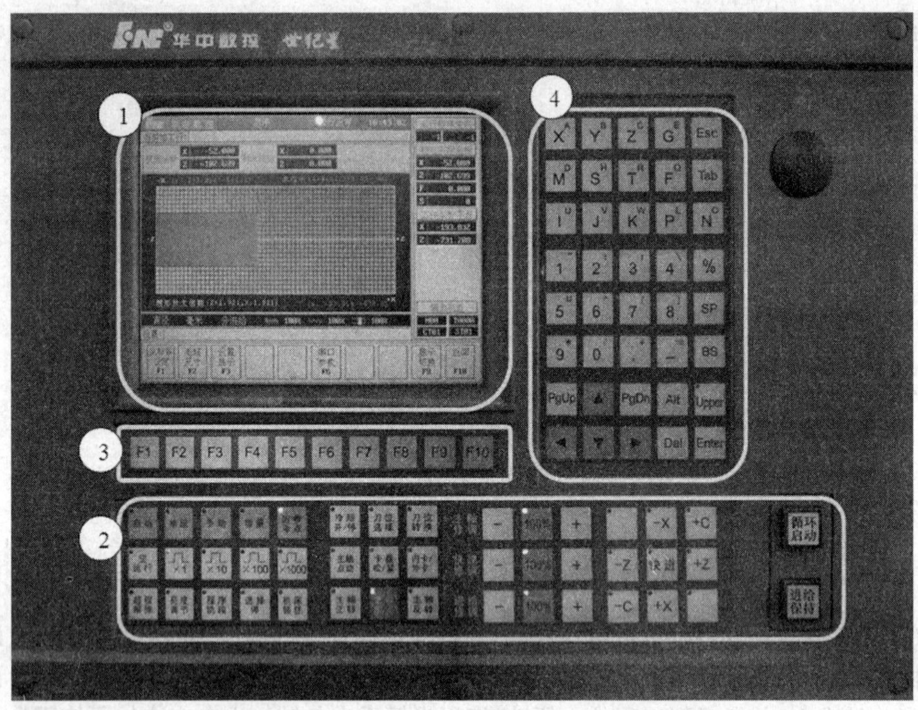

图 1－10　HNC－21T 数控系统面板

HNC－217 数控系统面板分为以下几个部分：

① 显示区域：显示工作相关信息。

② 控制面板区域：控制机床工作过程。

③ 功能键区：F1～F10 功能键对应显示区域中 F1～F10 软键，包括部分显示切换与功能切换。

④ MDI 键盘区：输入参数及程序。

(1) 显示。

显示区域用于显示机床工作相关信息。显示区域的的内容由功能键 F1～F10 进行调节。其主要界面如图 1－11～图 1－15 所示。

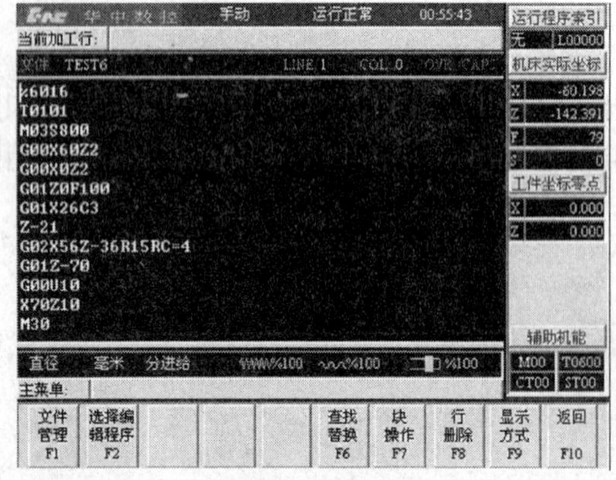

图 1－11　程序界面

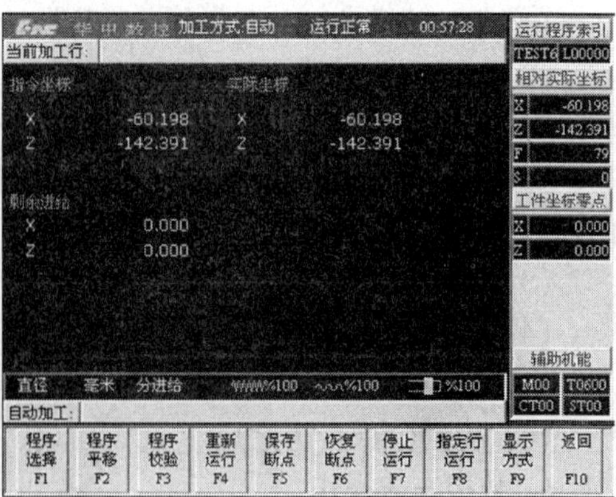

图 1－12　坐标界面

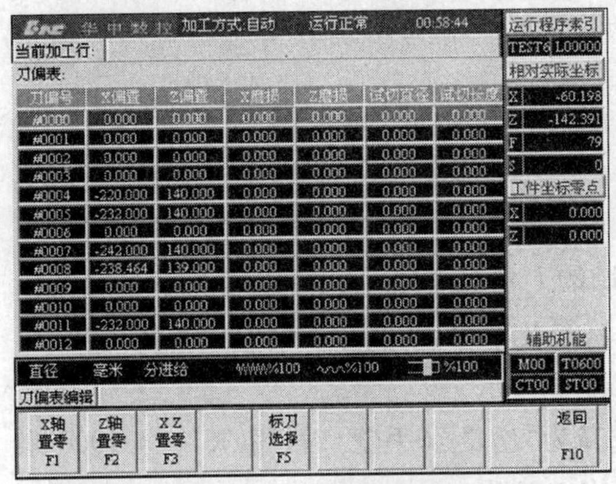

图 1－13　刀偏界面

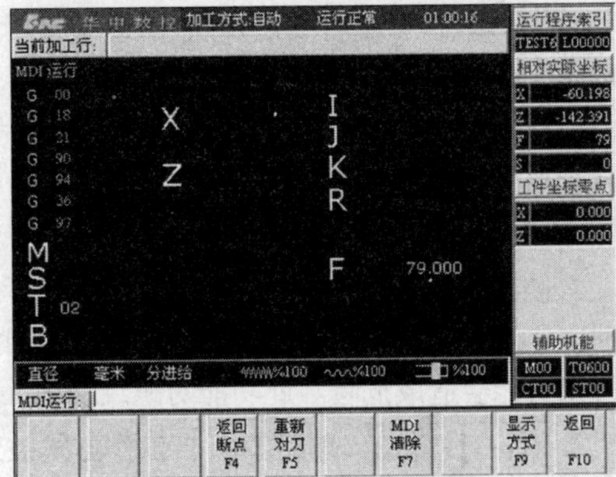

图 1－14　MDI 运行界面

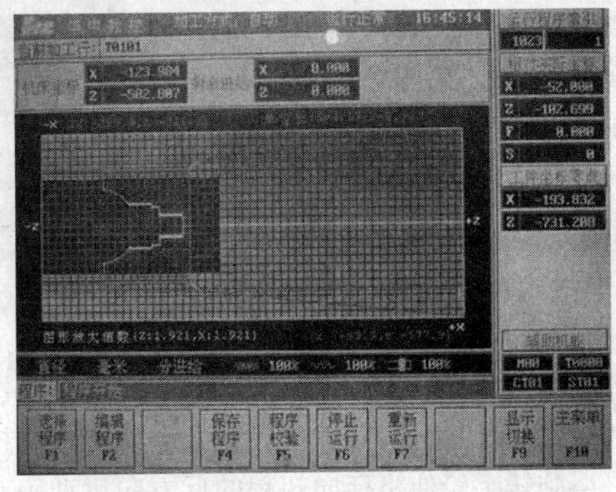

图 1－15　图形界面

(2) 控制面板。

① 5 种工作方式：自动 单段 手动 增量 回参考点

自动：此功能是在自动运行程序时使用，即当编辑好加工程序，装夹好工件之后，按下此按钮，然后按下循环启动按钮，机床将进入自动运行状态，它将按照程序指定的路线进行刀具与工件的相对运动，完成对工件的自动加工。

单段：加工时程序的执行以单程序段为单位，即单程序段执行，通过按循环启动进行后面程序的执行。该功能与“自动”方式互锁，即只能在两种加工方式中选择其中一种进行。

手动：手动移动坐标轴的运动，以及换刀、主轴旋转等操作。在移动坐标轴时，配合 +X、+Z、-X、-Z 坐标方向按钮。

增量：与手轮配合使用，若需使用手轮控制坐标轴运动，则应先将工作方式选为“增量”，然后选择合适的增量倍率，最后通过顺时针或逆时针旋转手轮来移动坐标轴。用手轮控制坐标轴移动时比较灵活，主要运用于对刀的过程中。

回参考点：开机之后的第一个操作，即回到机床的极限位置，让机床重新建立机床坐标系。将工作方式选择为“回参考点”，然后单击“＋X”按钮，待刀架距离工件较远时，单击

“+Z”按钮，将机床回零；当机床回零之后，“+X”与“+Z”按钮左上角的原点灯亮，同时机床实际坐标显示为0。

注意：通常车床回零时为了保证刀架不与顶尖座、工件发生碰撞，必须先回“+X”，然后再回“+Z”。

② 其它控制按钮。

:该状态下自动运行程序时，程序中编制的 F 值被忽略，坐标轴以最大快移速度移动。空运行不作实际切削，目的在于确认切削路径及程序，在实际切削时应关闭此功能，否则可能会造成危险。此功能对螺纹切削无效。

:增量倍率，当工作方式被选择为“增量”（手轮）时，用 ×1 ~ ×1000 来选择手轮移动倍率。手轮如图1-16所示。当刀具将要靠近工件时，应选择小倍率；当刀具与工件距离较远时，应选择大倍率；当不用手轮功能时，应将倍率调节为×1，确保安全。手轮单格移动时，倍率分别表示：×1 = 0.001mm、×10 = 0.01mm、×100 = 0.1mm、×1000 = 1.0mm。

图1-16　车床手轮

:用于解除坐标轴超程。当在手动操作或自动加工过程中，由于操作失误或编程错误等因素，造成某一坐标轴超程，则该按钮指示灯亮，同时，机床不再运动，处于急停状态，需要解除超程之后才可继续操作。解除超程的具体做法：按下“超程解除”按钮不松开（控制器会暂时忽略超程的紧急情况）→将工作方式选择为“增量”→旋转手轮使坐标向超程的反方向运动→观察机床坐标，待其离开超程区域时，松开“超程解除”按钮。

注意：若发生某一坐标轴超程，解除超程后必须将该坐标轴回零，然后再进行其它操作，否则容易造成事故。

:与编程指令配合使用。当在程序中输入“/”（跳步）指令时，选中该按钮，跳步开关打开，则自动加工时“/”所在的程序段不执行，而跳过此段执行下一段。

:用于调节显示器亮度，复选此按钮进行调节。

:与编程指令配合使用。当在程序中输入M01指令并选中该按钮时，自动加工过程中程序执行到M01时，机床进给运动停止，复选“循环启动”后，机床继续执行后面的程序。

:此按钮生效时机床无论在何种工作方式下均不产生运动，通常用于程序效验。此按钮使用完后应使机床重新回零。

:复选此按钮打开或关闭冷却液。

:换刀前的预选。若需选2号刀，则按此键两次。

:换刀过程的执行。当“刀位选择”预选刀具之后，按下“刀位转换”按钮执行换刀过程。

提示：在显示器中右下方的辅助机能区域有选刀与换刀提示。ST后面的数字表示预选刀位号，CT后面的数字表示当前刀位号，如图1-17所示。

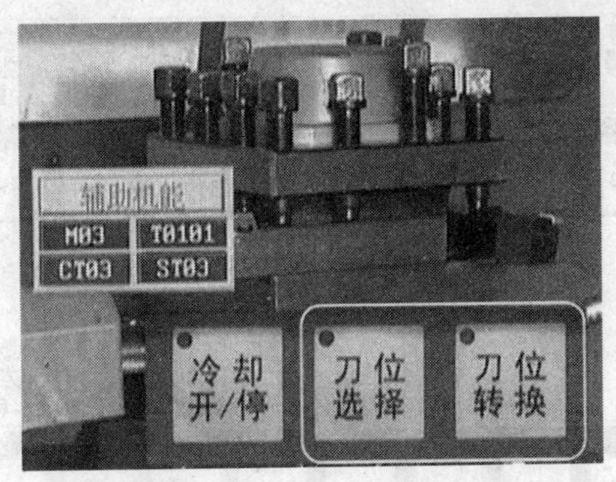

图 1-17 换刀动作

:点按此按钮时,主轴转动几圈后停止。主要用于主轴的手动换挡以及检查工件的装夹情况。

:按钮灯点亮时表示卡盘夹紧,反之表示卡盘未夹紧。该功能用于带有液压或气动卡盘的数控机床上。

:用于选择卡紧类型为内卡或外卡。该功能用于带有液压或气动卡盘的数控机床上。

:主轴状态按钮,此 3 按钮必须在"手动"方式下进行,否则无效。

:当用"手动"方式移动坐标轴时,按下该按钮后,再按"坐标轴"按钮,将会使坐标轴移动速度变快,可提高操作效率。

:主轴倍率修调按钮,用于调节主轴转速。修调结果与显示器内的 %100 相对应。

:快速倍率修调按钮,用于调节程序中 G00 运动速度。修调结果与显示器内的 %100 相对应。

: 进给倍率修调按钮,用于调节手动进给运动速度及程序中 G01、G02、G03 运动速度。修调结果与显示器内的 %100 相对应。

:在"自动"状态下选择该按钮,机床开始进行自动加工;在"单段"状态下选择该按钮时只执行单个程序段的加工,需要不断复选该按钮来进行后续程序段的加工。

:自动加工过程中的暂停,在自动加工过程中按下该按钮时机床坐标移动被暂停,可选择"循环启动"按钮继续进行加工。

:该按钮为机床出现紧急情况下的电源切断开关。当刚刚进入仿真系统,正确选择机床后,首先便要打开急停开关,然后再进行回零等其它操作。

(3) 功能键。

F1 ~ F10 功能键对应显示区域内的 F1 ~ F10 软键,包括部分显示切换与功能切换。该 10 个功能菜单中设置有子选项,当处于不同的功能状态时,F1 ~ F10 对应不同的功能,如图 1-18、图 1-19 所示。

(4) MDI 键盘。

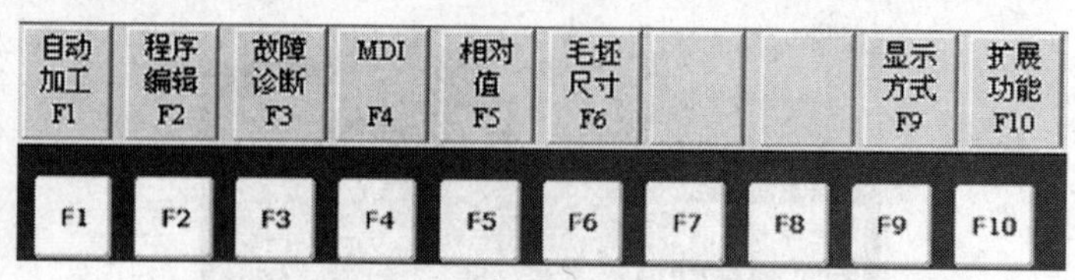

图 1-18　主功能菜单

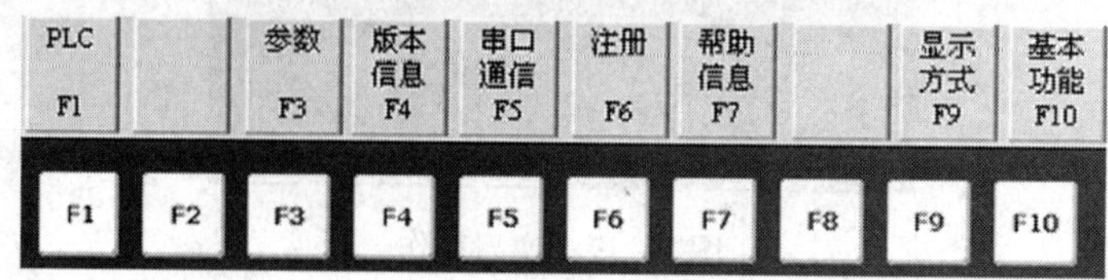

图 1-19　扩展功能菜单

MDI 键盘用于输入参数及程序,其主要编辑键的功能如下:

Alt:替换键。用输入的数据替代光标所在的数据。

Del:删除键。删除光标所在的数据,或者删除一个或全部数控程序。

Esc:取消键。取消当前操作。

Tab:跳格键。

SP:空格键。空出一格。

BS:退格键。删除光标前的一个字符,光标向前移动一个字符位置,余下的字符左移一个字符位置。

Enter:确认键。确认当前操作;结束一行程序的输入并且换行。

Upper:上挡键。输入上挡字符时先选择此键,再选择字符对应的按键,则该字符被输入到相应的位置。

PgUp:向上翻页。使编辑程序向程序头滚动一屏,光标位置不变。如果到了程序头,则光标移到文件首行的第一个字符处。

PgDn:向下翻页。使编辑程序向程序尾滚动一屏,光标位置不变。如果到了程序尾,则光标移到文件末行的第一个字符处。

▲:向上移动光标;

▼:向下移动光标。

◀:向左移动光标。

▶:向右移动光标。

2）基本操作

(1) 开机与回零。

① 开机。打开机床电源开关(“ON”位置),机床系统开始自检,自检完成后系统界面显示正常,工作方式处于“急停”状态,顺时针旋开机床面板上的“急停”按钮。开机顺序如图 1-20 所示。

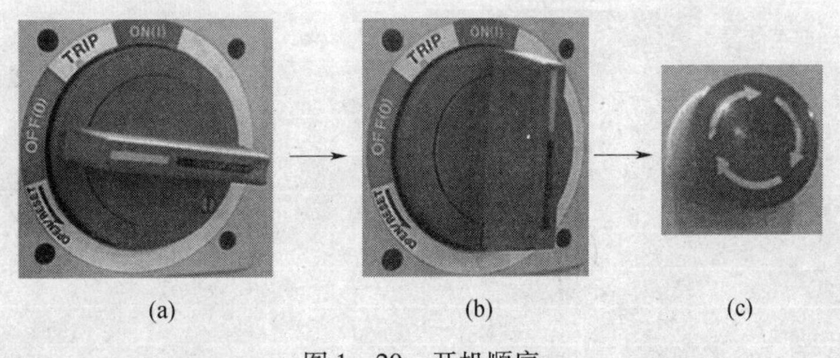

(a)　　　　(b)　　　　(c)

图 1－20　开机顺序

(a) 电源关；(b) 电源开；(c) 旋开急停开关。

注意：系统在自检的过程中，不允许按面板上的任何按键。

② 回零。选择控制面板上的"回参考点"按钮，依次选择"＋X"、"＋Z"，使 X、Z 轴回零。

注意：在回零之前，一定要检查机床导轨、刀架及顶尖座，确保回零过程中不会发生干涉或碰撞等事故。检查回零前刀架所在的坐标位置，若已经在零点位置，需先将坐标轴移出零点，然后再进行回零，以免发生超程，如图 1－21 所示。

图 1－21　易发生碰撞部位

(2) 程序编辑。

① 新建程序。

依次选择 [程序 F1] → [程序编辑 F2] → [新建程序 F3] → 输入以英文字母"O"为起始符的文件名 [程序：O1234] → [Enter] 确认，此时将出现空白程序窗口，可输入与修改程序。

② 选择编辑程序。

依次选择 [程序 F1] → [程序选择 F1] → [▲ ▼] 选择程序 → [Enter] 确认。此时整个程序内容将被显示，可对其进行编辑。若显示界面不是程序界面，可复选 [显示切换 F9] 到出现程序界面为止，如图 1－22 所示。

③ 输入与修改程序。

通过前面两步骤新建或选择将要编辑的程序文件，然后通过 MDI 键盘输入或修改程序，通过方位键 [▲ ▼ ◀ ▶] 确定程序输入或修改位置。将程序编辑结束后，必须依次选择 [保存程序 F4] → [Enter] 确认保存。图 1－23 所示为正在进行编辑的某个程序文件。

当前存储器：	电子盘	DNC	软驱
文件名	大小	日期	
012	1K	2009-08-18	
01234	1K	2009-08-18	
04321	1K	2009-08-18	

直径　毫米　分进给　WWW%100　~~~%100　▭%100

程序:

图 1－22　选择程序窗口

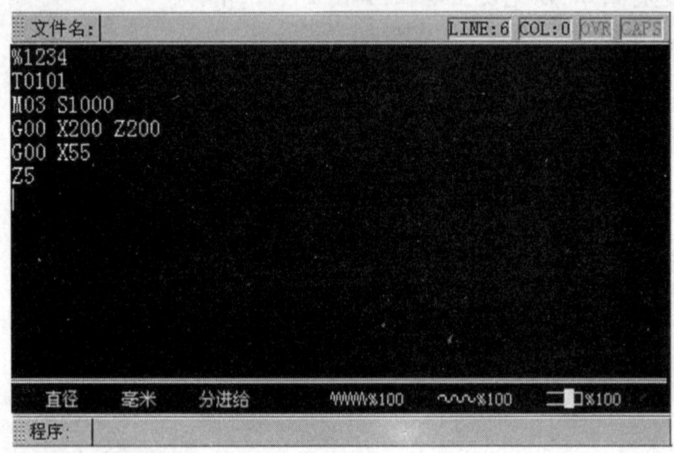

图 1－23　程序文件

④ 删除程序。

单击“F10”返回主功能菜单，依次选择 程序 F1 → 程序选择 F1 → 选择将要删除的程序文件 → Del → Y 确定删除。

(3) 装刀。

在装夹刀具之前，首先要检查刀具是否完好无损，其次才能进行装刀操作，装刀的注意事项主要有以下 3 方面：

① 刀具伸出刀架端面的长度与被加工工件的轮廓有关，在保证加工的前提下，尽量伸出的短一些，以保证足够的刚性，如图1－24(a)所示。

② 刀具的主切削刃要偏离 X 方向一角度，一般刀尖向 $-Z$ 方向倾斜 3°～5°，以保证在切削垂直台阶时，刀尖先于切削刃接触工件，减少切削碰撞，有利于轮廓成形，如图 1－24(b)所示。

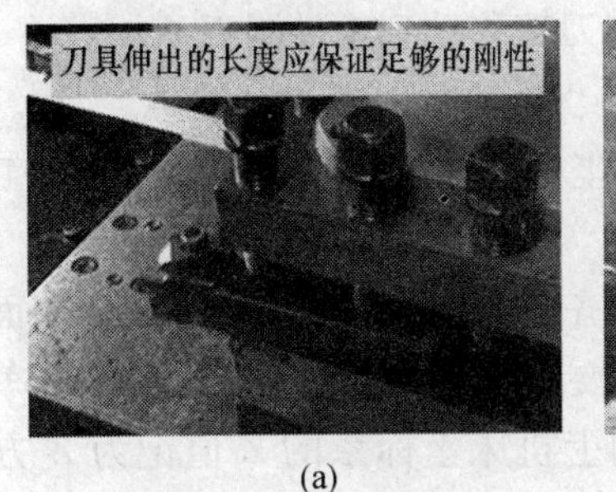

(a)

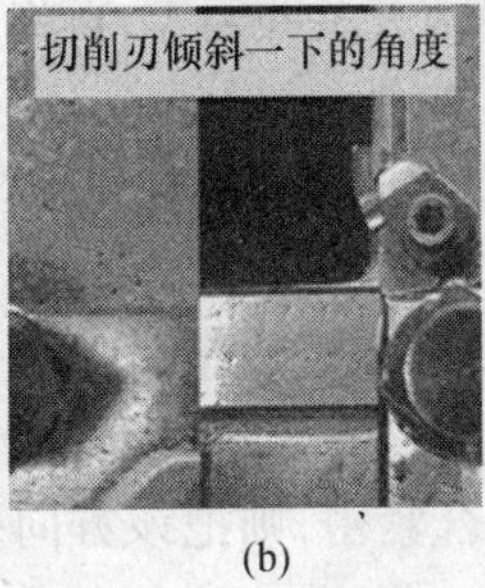

(b)

(c)

图 1－24　装刀注意事项

(a) 刀具长度；(b) 切削刃角度；(c) 刀尖高度。

③ 刀尖应与工件回转轴心重合，或略高于回转轴心，如图 1－24(c)所示。

(4) 装工件。

装工件时，要注意以下几方面：

① 若工件外表面有杂质，应去除干净之后方可装夹。

② 工件伸出卡爪外部分必须略长于加工的最大长度，以免加工时刀具与卡爪发生碰撞。

③ 工件装入卡爪内被夹持的部分应比较规整、无较大缺陷。

④ 装夹工件时应根据具体加工要求进行校正。

⑤ 在夹紧工件时，三爪卡盘的 3 个方向必须全部旋紧。

注意：在安装或卸下刀具、工件前，必须确保机床完全停止运行，其它人不允许操作机床面板。在安装刀具及工件之后，应随手将刀架扳手与卡盘扳手取出，放在指定位置，以免造成事故。

3）对刀与加工

(1) 对刀。

本书以数控车床常用的试切对刀法向读者介绍其对刀方法。

① 对刀前的准备。

a. 毛坯的准备：根据图纸要求选择相应的毛坯。

b. 刀具的准备：针对工件的加工要求，选择相关的刀具。在此以车床上常用的 3 种刀具为例：外圆车刀、切槽刀、螺纹刀；将其分别装在 1、2、3 号刀位上，如图 1－25 所示。

(a)

(b)

(c)

图 1－25　准备好的刀具

(a) 外圆车刀；(b) 切槽刀；(c) 螺纹刀。

c. 机床的准备：解除机床急停开关并回零，再将刀架移动到工件附近。

② 对刀的原理。

对刀即是通过一定的方法找到加工原点在机床坐标系中坐标值的过程（设定工件右端面中心为加工原点）。

a. Z 坐标值的确定：当刀具刀尖与毛坯端面靠齐时，刀尖的位置便是毛坯端面的 Z 坐标值，但为了让刀具刀尖准确的靠上毛坯端面，需要对毛坯进行试切，即用刀具车削一部分端面，此时刀尖与右端面贴合紧密，则把该方向上机床坐标系的 Z 值记为 Z 方向的对刀值。

b. X 坐标值的确定：采用间接测量的方式获得。先找到毛坯某一外圆柱面的 X 坐标值，再测得该圆柱直径，通过计算得出回转轴心的 X 坐标值。如图 1－26 所示，刀具沿 $-Z$ 方向试切毛坯外圆柱面，沿 $+Z$ 方向退刀，得到试切表面 A，则加工原点 O 的 X 坐标值为

$$X_o = X_B - D_A$$

式中 X_o——加工原点的 X 坐标值（机床坐标）；

X_B——刀具试切表面 A 后的 X 坐标值（机床坐标）；

D_A——A 表面所对应的圆柱直径。

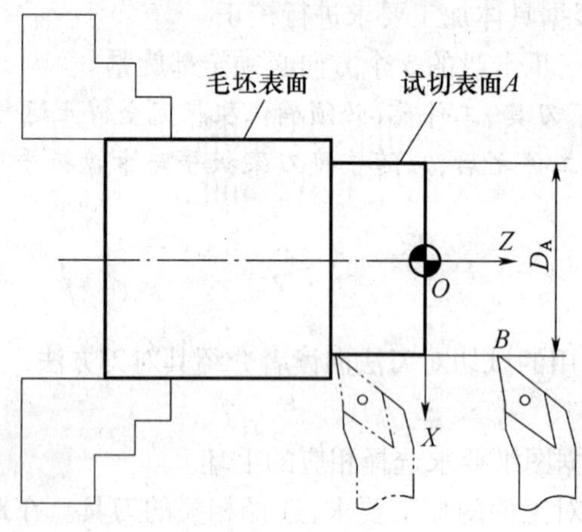

图 1－26 对刀图示

③ 对刀过程。

a. X 方向对刀。

将主轴正转，用手轮方式移动刀具，沿 $-Z$ 方向少量试切外圆柱，待已车外圆面够测量即可，然后沿 $+Z$ 方向退出刀具，主轴停转。测量已车外圆的直径（设为 D_1），按功能键 F4 “刀具补偿”→F1“刀偏表”，将 D_1 值输入#0001 号的“试切直径”栏中，完成 X 方向对刀。试切对刀及参数输入如图 1－27、图 1－28 所示。

注意：华中系统输入参数时，先将光标移动到对应的参数栏（对应栏底色为绿色 0.000），然后“回车”（此时底色变为白色 47.094），输入参数值，最后“回车”确认，则参数被输入系统。

(a)

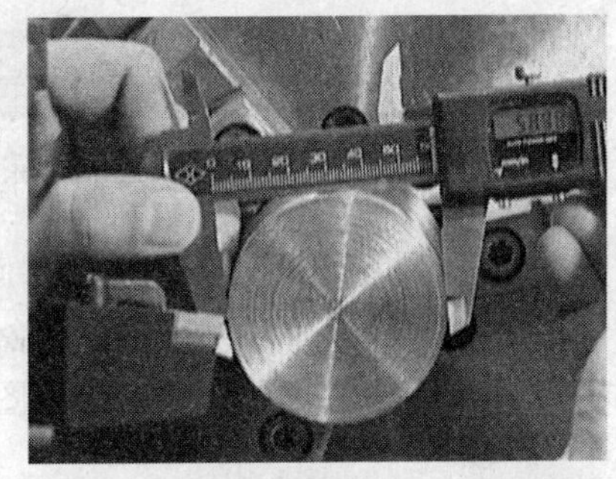

(b)

图 1－27　*X* 方向试切对刀

（a）试切外圆；（b）测量。

华中数控　手动　运行正常

当前加工行：

刀偏表：

刀偏号	X偏置	Z偏置	X磨损	Z磨损	试切直径	试切长度
#0000	79.152	0.000	0.000	0.000	0.000	0.000
#0001	-146.030	-157.701	0.000	0.000	58.980	0.000
#0002	79.152	0.000	0.000	0.000	0.000	0.000
#0003	79.152	0.000	0.000	0.000	0.000	0.000
#0004	-140.848	140.000	0.000	0.000	0.000	0.000
#0005	-152.848	140.000	0.000	0.000	0.000	0.000
#0006	79.152	0.000	0.000	0.000	0.000	0.000
#0007	-162.848	140.000	0.000	0.000	0.000	0.000
#0008	-159.312	139.000	0.000	0.000	0.000	0.000
#0009	79.152	0.000	0.000	0.000	0.000	0.000
#0010	79.152	0.000	0.000	0.000	0.000	0.000
#0011	-152.848	140.000	0.000	0.000	0.000	0.000
#0012	79.152	0.000	0.000	0.000	0.000	0.000

运行程序索引

机床指令坐标　X -166.192　Z -157.701　F 0.000　S 0

工件坐标零点　X 0.000　Z 0.000

辅助机能　M00　T0100　CT00　ST00

直径　毫米　分进给　%100　%100　%100

刀偏表编辑

X轴置零 F1　Z轴置零 F2　XZ置零 F3　标刀选择 F5　返回 F10

图 1－28　*X* 方向对刀参数

b. *Z* 方向对刀。

将主轴正转，刀具少量试切右端面，沿 ＋*X* 方向退出，如图 1－29 所示。

(a)

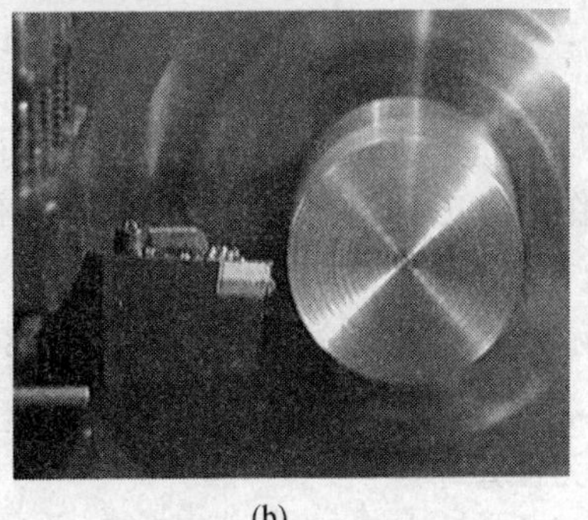

(b)

图 1－29　*Z* 方向试切对刀

（a）试切端面；（b）沿 *X* 方向退刀。

打开“刀具补偿”→“刀偏表”，在#0001 号的“试切长度”栏中输入“0”，完成 *Z* 方向对刀。参数表如图 1－30 所示。

注意：在切槽刀与螺纹刀对刀之前，需先用外圆刀将毛坯车削平整，然后进行对刀，即一般的对刀顺序是先进行外圆刀对刀，再进行切槽刀与螺纹刀对刀。

刀偏号	X偏置	Z偏置	X磨损	Z磨损	试切直径	试切长度
#0001	-388.794	-869.700	0.000	0.000	47.094	0.000

图 1－30　外圆刀对刀结果

切槽刀的对刀，是用左侧刀刃靠毛坯端面，将机床坐标系 Z 值作为 Z 方向对刀值，用前端主切削刃靠外圆柱面，将此外圆柱直径作为测量数据，输入“试切直径”完成 X 方向对刀。切槽刀对刀及参数设置如图 1－31、图 1－32、图 1－33 所示。

(a)

(b)

图 1－31　切槽刀对刀

(a) X 方向对刀；(b) Z 方向对刀。

刀偏号	X偏置	Z偏置	X磨损	Z磨损	试切直径	试切长度
#0001	-388.794	-869.700	0.000	0.000	47.094	0.000
#0002	0.000	-870.673	0.000	0.000	47.094	0.000

图 1－32　切槽刀 X 方向对刀参数

刀偏号	X偏置	Z偏置	X磨损	Z磨损	试切直径	试切长度
#0001	-388.794	-869.700	0.000	0.000	47.094	0.000
#0002	-386.555	-870.673	0.000	0.000	47.094	0.000

图 1－33　切槽刀对刀结果

螺纹刀的对刀，是观察刀尖与试切端面的相对位置，当刀尖与端面重合时，将机床坐标系 Z 值作为 Z 方向对刀值；用刀尖靠毛坯外圆柱面，将此外圆柱直径作为测量数据，输入“试切直径”完成 X 方向对刀。螺纹刀对刀如图 1－34 所示。

在实际加工中，可以通过“X 磨损”、“Z 磨损”进行适当调整因对刀等因素引起的尺寸误差。

④ 对刀注意事项。

a. 为了防止工件上的硬皮层损伤刀尖，在进行试切时，刀尖切入工件的厚度要略大于硬皮层的厚度。

b. 试切对刀时，主轴转速不宜过高。

(2) 程序校验。

① 选择需要加工的程序，按 F5“程序校验”，通过 F9“显示切换”将显示调节为图形界面。

② 在手动状态下选中“空运行”与“机床锁住”功能。

图 1-34　螺纹刀对刀

③ 依次选择“自动”→“循环启动”,图形界面出现模拟图形,观察刀具的运动路线及轮廓形状是否与被加工工件一致,根据情况进行程序的调整,直到校验正确为止。线框校验图形如图 1-35 所示。

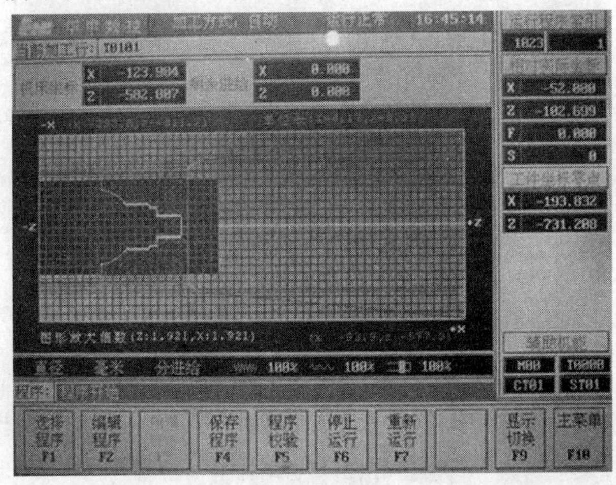

图 1-35　图形校验

④ 程序校验无误后,解除“空运行”及“机床锁住”功能,重新回零。

(3) 自动加工。

① 选择加工程序。依次选择 F1“程序”→“选择程序”,通过光标键选择被加工的程序,按 Enter 确认。使用“显示切换”功能将显示调节为程序界面。当前被选程序的第一行出现蓝色光标,如图 1-36 所示。

② 运行程序。将工作方式调节为“自动”或“单段”状态,按“循环启动”执行当前程序,如图 1-37 所示。

a. 单段方式:依次选择“单段”→“循环启动”,程序开始执行,机床开始加工。由于程序执行在单段状态,所以程序在执行完当前程序段后停止,需要持续选择“循环启动”继续执行后续程序加工。

b. 自动方式:依次选择“自动”→“循环启动”,程序从头到尾依次执行,直到程序结束。

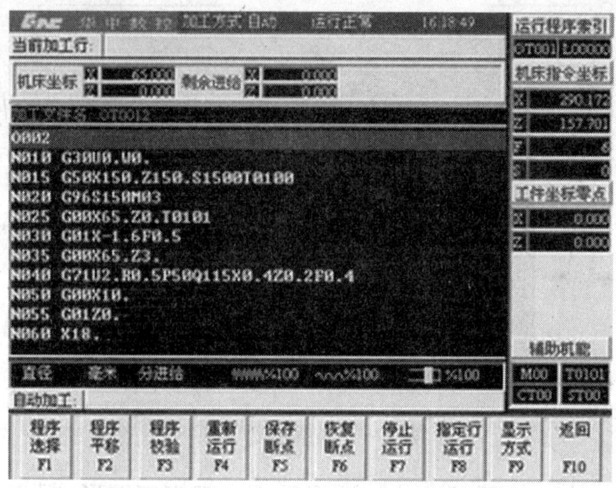

图 1－36　当前加工程序

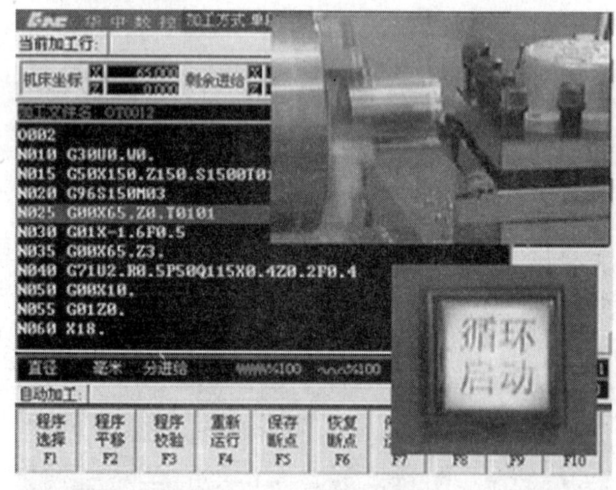

图 1－37　自动加工

(4) 加工中的安全注意事项。

在装刀、装工件及对刀等操作过程中，只允许单人操作。在不熟悉机床操作情况下，建议使用单段运行，一旦出现问题，应立即暂停或停止加工。

7. 数控车床日常维护

为了使数控机床保持良好状态，除了发生故障应及时修理外，坚持经常性的维护保养是十分重要的。坚持定期检查，经常维护保养，可以把许多故障隐患消灭在萌芽之中，防止或减少事故的发生。不同型号的数控车床日常保养内容和要求略有不同。对于具体的机床，应按说明书中的规定执行。

以下几点为普通性的日常维护内容，坚持每天小维护、每周大维护的习惯。

(1) 每天开机前做好各导轨面的润滑工作，有自动润滑系统的机床要检查油量，及时添加润滑油，检查油泵是否定时启动打油及停止。

(2) 注意检查电器柜中冷却风扇是否工作正常，风道过滤网有无堵塞，清洗沾附的尘土。

(3) 注意检查冷却系统，检查液面高度，及时添加油或水，油、水脏时要更换清洗。

(4) 注意检查机床液压系统油箱油泵有无异常噪声，工作油面高度是否合适，压力表指示是否正常，管路及各接头有无泄漏。

(5) 注意检查导轨、机床防护罩是否齐全有效。

(6) 注意检查各运动部件的机械精度，减少形状和位置偏差。

(7) 每天用完机床后应清扫切屑，擦净导轨部位及其它工作部位的冷却液并擦干各部位，注意清除死角部位的切屑与冷却液，如刀架上的装刀位、各螺钉之间的沟槽、行程开关间隙处、刀架托盘下部等。

(8) 每天清洁机床后，要对导轨面、刀架等工作部位加润滑油或防锈油，防止生锈；在加油时应涂抹均匀(可先用润滑油或防锈油浸润干净的棉纱或棉布，再用棉纱或棉布擦拭需要涂油的部位)。

(9) 每天使用完机床后，应将机床工具柜内工量具按要求摆放整齐，擦净使用过的工量具并作防锈处理；做好交接班工作。

(10) 每天或每周维护后，应及时、认真填写机床维护记录，如设备运行表、精密设备仪器使用表等。

8. 数控加工仿真系统

依次单击"开始"→"程序"→"数控加工仿真系统"→"数控加工仿真系统"(或双击桌面上的数控加工仿真系统快捷图标)，系统将弹出如图 1－38 所示的用户登录界面。

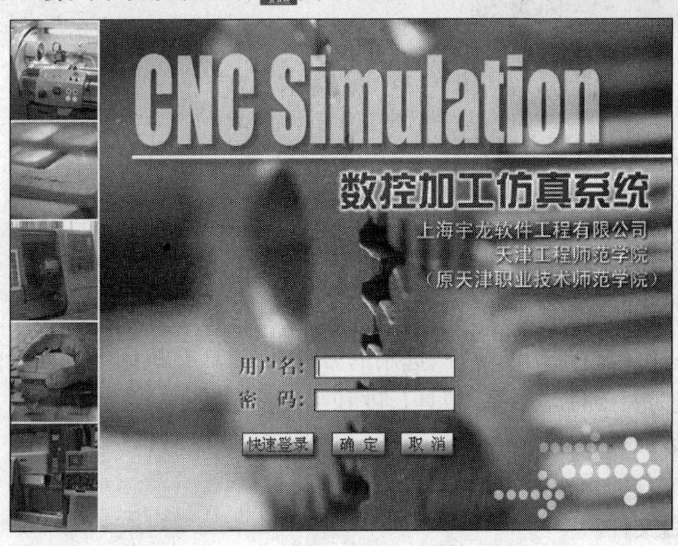

图 1－38 登录界面

单击"快速登录"进入仿真软件主界面，如图 1－39 所示。

仿真系统界面由以下 3 方面组成：

① 菜单栏及快捷工具栏：图形显示调节及其它快捷功能图标。

② 机床显示区域：三维显示模拟机床，可通过视图选项调节显示方式。

③ 系统面板区域：通过对该区域的操作，执行仿真对刀、参数设置及完成仿真加工。

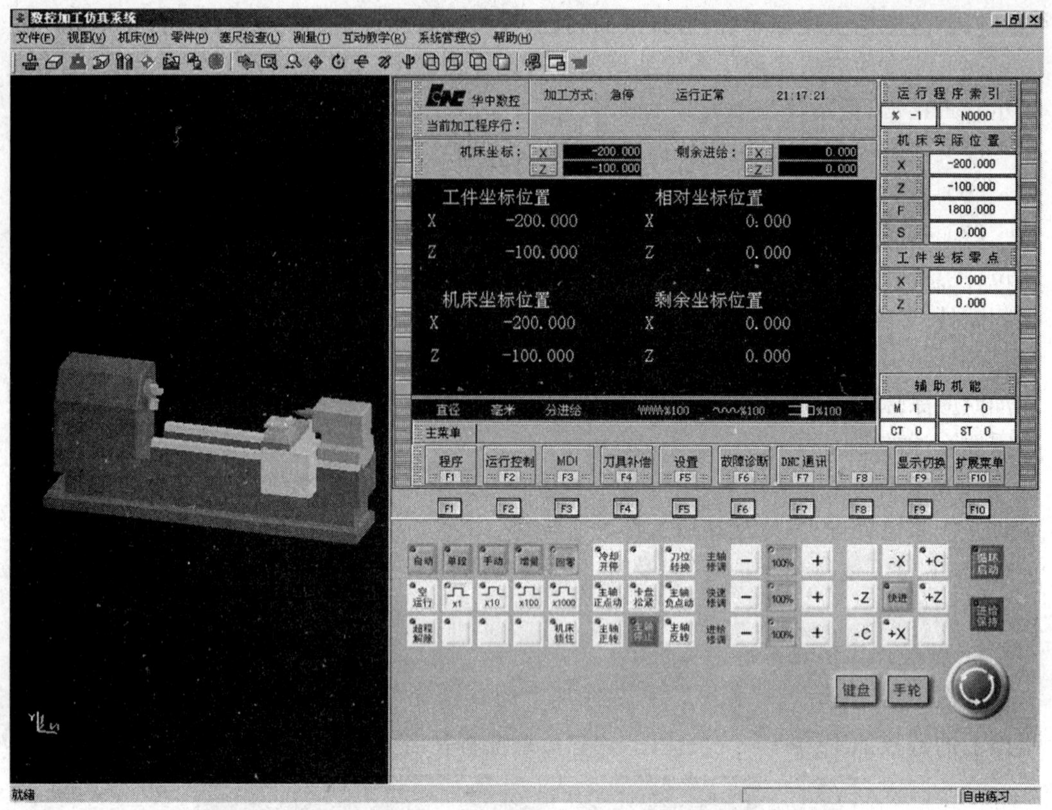

图 1-39　仿真软件主界面

1）数控仿真软件的基本操作

（1）对项目文件的操作。

① 项目文件的作用。

保存操作结果，但不包括操作过程。

② 项目文件包括的内容。

a. 机床、毛坯、经过加工的零件、选用的刀具和夹具、在机床上的安装位置和方式；

b. 输入的参数：工件坐标系、刀具长度和半径补偿数据；

c. 输入的数控程序。

③ 对项目文件的操作。

a. 新建项目文件。

打开菜单"文件"→"新建项目"；选择新建项目后，就相当于回到重新选择机床后的初始状态。

b. 打开项目文件。

打开选中的项目文件夹，在文件夹中选中并打开后缀名为".MAC"的文件。

注意：".MAC"文件只有在仿真软件中才能被识别，因此只能在仿真软件中打开，而不能直接打开。

c. 保存项目文件。

打开菜单"文件"→"保存项目"或"另存项目"；选择需要保存的内容，按下"确认"按钮。如果保存一个新的项目或者需要以新的项目名保存，选择“另存项目”，内容选择完毕后输入另存项目名，“确认”保存。

保存项目时，系统自动以用户给予的文件名建立一个文件夹，所有内容均放在该文件夹中，默认保存在用户工作目录相应的机床系统文件夹内。

提示：在保存项目文件时，实际上是一个文件夹内保存了多个文件，这些文件中包含了“②”中所讲到的所有内容，这些文件共同构成一个完整的仿真项目，因此文件夹中的任一文件丢失都会造成项目内容的不完整，需特别注意。

(2) 其它操作。

① 零件模型。

如果仅想对加工的零件进行操作，可以选择“导入”→“导出零件模型”，零件模型的文件以“.PRT”为后缀。

② 视图变换的选择。

在工具栏中选[工具栏图标]其中之一，它们分别对应于菜单“视图”下拉菜单的“复位”、“局部放大”、“动态缩放”、“动态平移”、“动态旋转”、“绕 X 轴旋转”、“绕 Y 轴旋转”、“绕 Z 轴旋转”、“左视图”、“右视图”、“俯视图”、“前视图”。或者可以将光标置于机床显示区域内，单击鼠标右键，弹出浮动菜单进行相应选择。将鼠标移至机床显示区，拖动鼠标，进行相应操作。

在仿真车床操作中，为了方便观察，通常将视图调节为“俯视图”。

③ 控制面板切换。

在“视图”菜单或浮动菜单中选择“控制面板切换”，或在工具条中单击[图标]，即完成控制面板切换。

未选择“控制面板切换”时，面板状态如图 1-40 所示，此时整个界面均为机床模型空间，适合于较明显的观察仿真加工过程及结果。

选择“控制面板切换”后，面板状态如图 1-41 所示，此时界面分成了两部分，左边为机床模型空间，右边为系统面板，可完成各参数的输入及编辑程序等操作，同时可以观察仿真加工过程及结果。

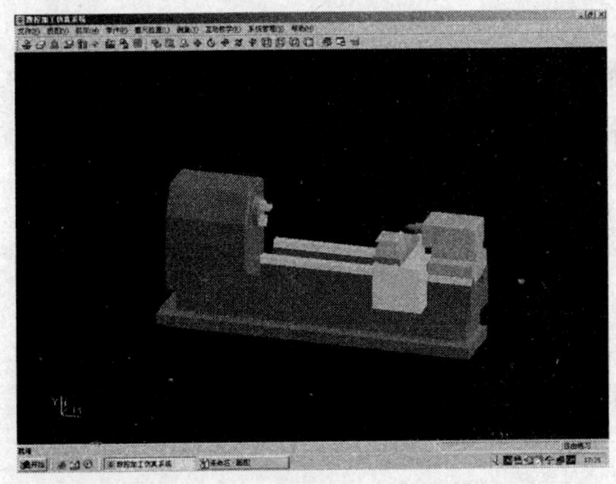

图 1-40　面板切换无效

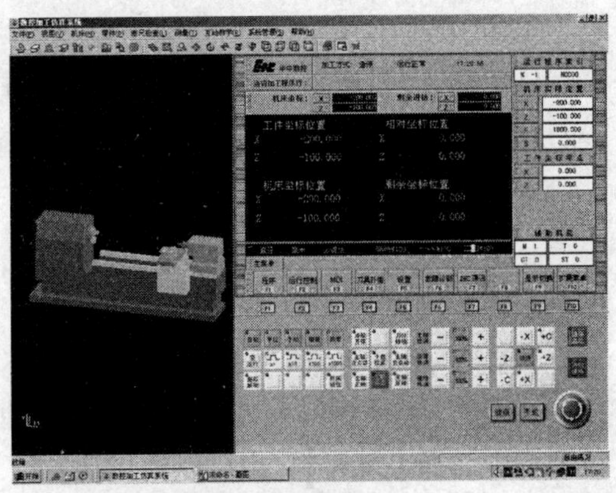

图 1-41　面板切换生效

④ “选项”对话框。

在“视图”菜单或浮动菜单中选择“选项”，或在工具条中选择 ，在该对话框中可以进行仿真倍率、仿真声音开/关、机床与零件显示等设置，改变仿真效率及仿真效果，如图1－42所示。

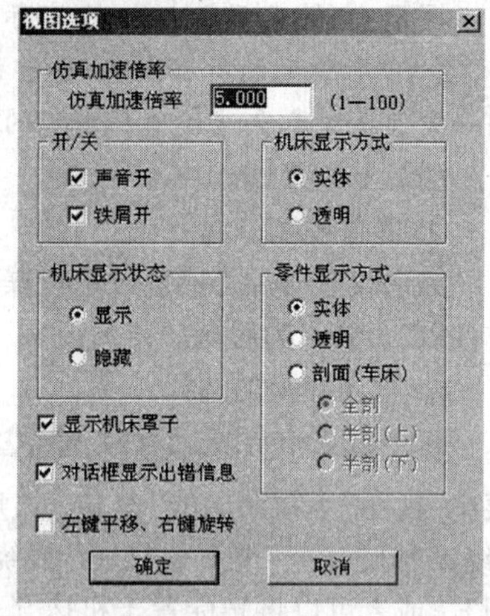

图1－42　选项对话框

“仿真加速倍率”：调节仿真速度，有效数值1～100；为了提高仿真效率，可通过调高该值以提高仿真速度。

“开/关”：调节仿真加工过程中的声音是否打开，切屑是否显示。

“机床显示方式”：调节模型空间机床显示为实体或透明；对其进行适当切换可便于仿真对刀及仿真加工观察等。

“机床显示状态”：调节模型空间机床显示状态。

“零件显示方式”：调节毛坯或零件的显示方式；当车床上加工有内孔的零件时，通常将其调节为“全剖”或“半剖”状态，以便于进行仿真对刀及仿真加工操作。

“显示机床罩子”：当勾选时，机床外罩显示，反之外罩不显示（该选项只用于铣床或加工中心）。

“对话框显示出错信息”：当勾选时，仿真加工过程中若出错，则系统以对话框的形式显示出错的详细信息。可以通过该信息检查仿真错误。

“左键平移、右键旋转”：该选项为对模型空间机床的显示进行操作，根据个人习惯不同，可以勾选或取消。

如果选中“对话框显示出错信息”，出错信息提示将出现在对话框中。否则，出错信息将出现在屏幕的右下角。

2）数控仿真软件的基本操作

（1）机床选择及毛坯选择与安装。

① 机床选择。

依次选择“机床”→“选择机床”→“华中数控”→“华中数控世纪星4代”→“车床”→“平床身前置刀架”，或单击快捷图标 选择机床，如图1－43所示。

② 毛坯选择与安装。

a. 定义毛坯：依次选择“零件”→“定义参数”→”确定”，或单击快捷图标 定义毛坯相关参数，如图1－44所示。

“名字”：在毛坯名字输入框内输入毛坯名，也可以使用缺省值。

“材料”：毛坯材料列表框中提供了多种供加工的毛坯材料，可根据需要在“材料”下拉列表中选择毛坯材料，也可以使用缺省值。

“形状”：车床毛坯形状分为圆柱形与U形两类，当加工实心零件时，选择圆柱形，加工有内腔轮廓的零件时，可选择U形零件。

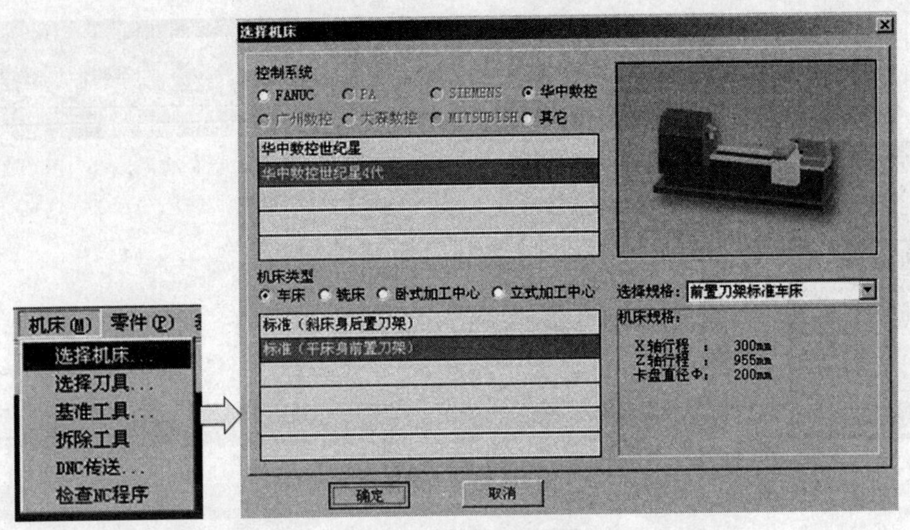

图 1 - 43　选择机床

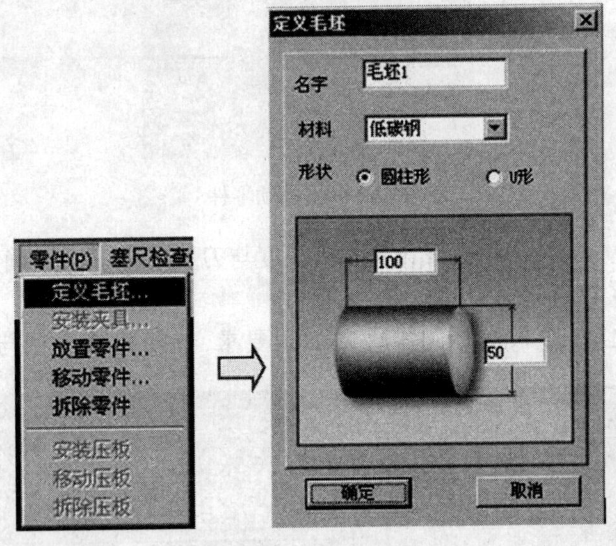

图 1 - 44　定义毛坯

尺寸参数输入:圆柱形毛坯直径的范围为 10mm ~ 160mm,长度的范围为 10mm ~ 280mm。该两尺寸应与所加工零件毛坯尺寸相同。按“确定”按钮,保存定义的毛坯并且退出操作;按“取消”按钮,退出操作。

b. 安装零件:依次选择“零件”→“放置零件”→“选择零件”→“安装零件”→“移动零件”,或单击快捷图标选择零件,如图 1 - 45 所示。

当确认“安装零件”之后,零件被安装到车床的卡盘上,窗口右下方弹出如图 1 - 46 所示的移动零件对话框,根据实际需要,通过与调整零件在卡爪上的位置,然后单击“退出”按钮确定零件的安装。

(2) 刀具的选择与安装。

依次选择“机床”→“选择刀具”(或单击快捷图标),然后在“刀具选择”选择对话

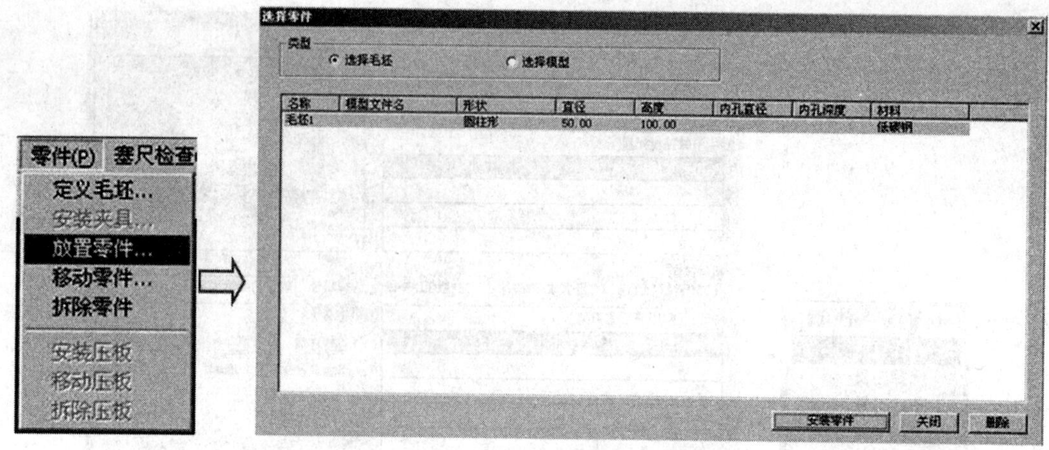

图 1－45　放置零件

图 1－46　移动零件

框中依次选择刀位、刀片、刀柄以及设置刀具长度与刀尖半径，最后“确定”完成刀具的选择与安装，如图 1－47 所示。

在选择刀具之前，应根据不同零件的加工要求，选择相应类型与数量的刀具。图

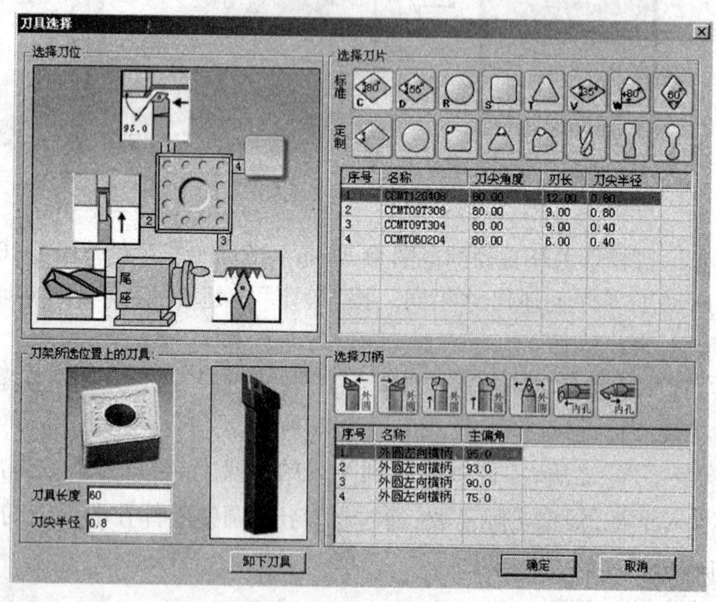

图 1－47　刀具选择

1－47中刀架上选择了常用的三把刀具(95°外圆车刀、4mm 切槽刀、60°螺纹刀),车床顶尖座上选择了一把 $\phi16$ 的钻头。当不需要某些刀具时,可以先选择刀具所在的刀位,然后再选择“卸下刀具”将刀具删除。

提示:在仿真加工时,为了避免刀尖半径对加工结果的影响,得到理想零件尺寸,可以将所选刀具的刀尖半径改为0。

(3) 系统界面。

系统界面如图1－48 所示。

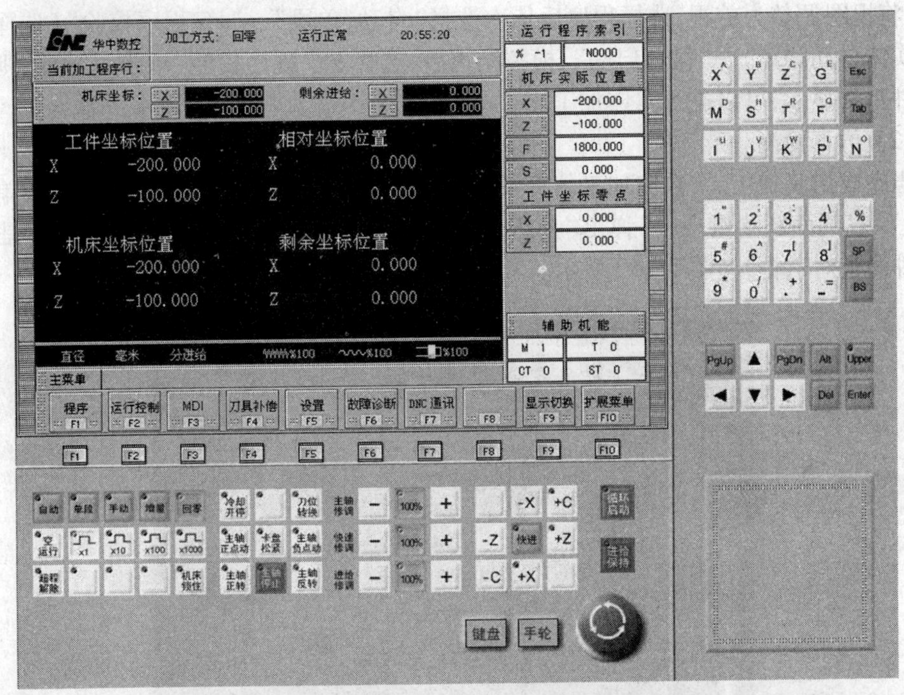

图1－48　系统界面

仿真系统面板区域分布与实际机床系统相同,在此只介绍与数控车床面板中不同的按钮。

回零:与“回参考点”功能相同。

刀位转换:执行换刀过程,选择此按钮,转换所需工作刀位。

键盘:选择此按钮实现 MDI 键盘显示或隐藏。

手轮:选择此按钮显示手轮。当手轮出现之后,在手轮面板上单击隐藏手轮。手轮如图1－49 所示。

图1－49　手轮

该手轮面板上包含了轴选择旋钮、增量倍率选择旋钮及轮盘。使用手轮时,先将工作方式选择为“增量”,然后依次选择所需移动的坐标轴、增量倍率,最后旋转轮盘移动坐标;将鼠标指针放于将要选择的旋钮上,单击鼠标右键为右旋,单击鼠标左键为左旋;当鼠标指针放在轮盘上时,单击鼠标左(右)键为单刻度旋转,按住鼠标左(右)键不放为持续旋转。

3）仿真对刀及仿真检测

（1）仿真对刀及加工。

仿真系统对刀方法及仿真加工方法与实际机床相同，在此不做介绍。

提示：仿真加工时，可以通过仿真软件主界面菜单栏中的"选项→仿真加速倍率"调节仿真速度的快慢。

在仿真模拟时，除了可以进行工件实体加工过程的模拟外，还可以进行刀具路线的模拟，即不显示机床、刀具及工件实体，不进行实体加工，只用线条显示刀具路线。具体操作方法：将视图调整为前视，选择程序后依次选择"自动/单段"→"F5 程序校验"（选择该功能后实体自动隐藏）→"循环启动"；模拟结束后，选择 F5"程序校验"取消该功能，则机床及工件正常显示，可以进行实体加工。

（2）仿真检测。

当完成仿真加工后，数控加工仿真系统提供了卡尺以完成对零件的测量。菜单选择"测量"→"剖面图测量……"弹出"是否保留半径小于 1 的圆弧？"对话框，选择"是"，弹出工件测量对话框，如图 1－50 所示。

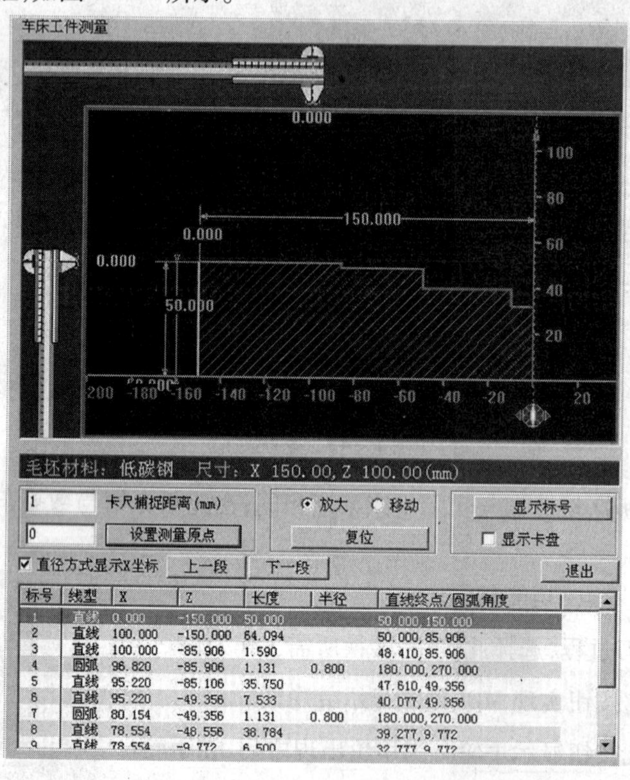

图 1－50　工件测量

对话框上半部分的视图显示了当前零件的剖面图。坐标系水平方向上以零件轴心为 Z 轴，向右为正方向，默认零件最右端中心记为原点，拖动可以改变 Z 轴的原点位置。垂直方向上为 X 轴，显示零件的半径刻度。Z 方向、X 方向各有一把卡尺用来测量两个方向上的投影距离。

下半部分的列表中显示了组成视图中零件剖面图的各条线段。每条线段包含以下数据。

标号:每条线段的编号,单击“显示标号”按钮,视图中将用黄色标注出每一条线段在此列表中对应的标号。

线型:包括直线和圆弧,螺纹将用小段的直线组成。

X:显示此线段自左向右的起点 X 值,即直径/半径值。选中“直径方式显示 X 坐标”,列表中“X”列显示直径,否则显示半径。

Z:显示此线段自左向右的起点距零件最右端的距离。

长度:线型若为直线,显示直线的长度;若为圆弧,显示圆弧的弧长。

半径:线型若为直线,不做任何显示;若为圆弧,显示圆弧的半径。

直线终点/圆弧角度:线型若为直线,显示直线终点坐标;若为圆弧,显示圆弧的角度。

① 选择一条线段。

方法一:在列表中单击选择一条线段,当前行变蓝,视图中将用黄色标记出此线段在零件剖面图上的详细位置,如图 1-50 所示。

方法二:在视图中单击一条线段,线段变为黄色,且标注出线段的尺寸。对应列表中的对应行显示变蓝。

方法三:单击“上一段”、“下一段”可以相邻线段间切换。视图和列表中相应变为选中状态。

② 设置测量原点。

方法一:在按钮前的编辑框中填入所需坐标原点距零件最右端的位置,单击“设置测量原点”按钮。

方法二:拖动,改变测量原点。拖动时在虚线上有一黄色圆圈在 Z 轴上滑动,遇到线段端点时,跳到线段端点处,如图 1-51 所示。

③ 视图操作。

鼠标选择对话框中“放大”或者“移动”可以使鼠标在视图上拖动时做相应的操作,完成放大或者移动视图。单击“复位”按钮视图恢复到初始状态。

选中“显示卡盘”,视图中用红色显示卡盘位置,如图 1-52 所示。

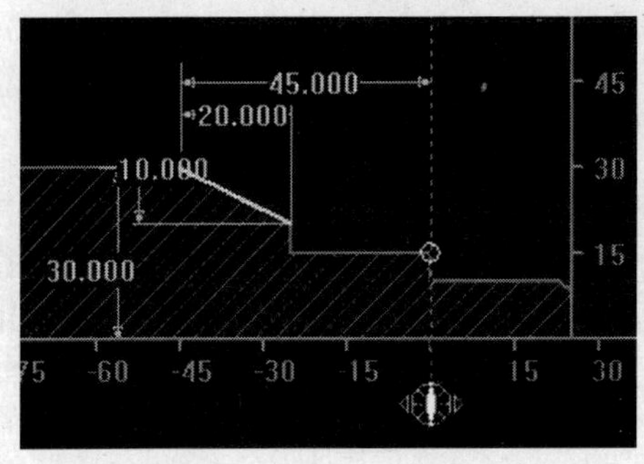

图 1-51　改变测量原点

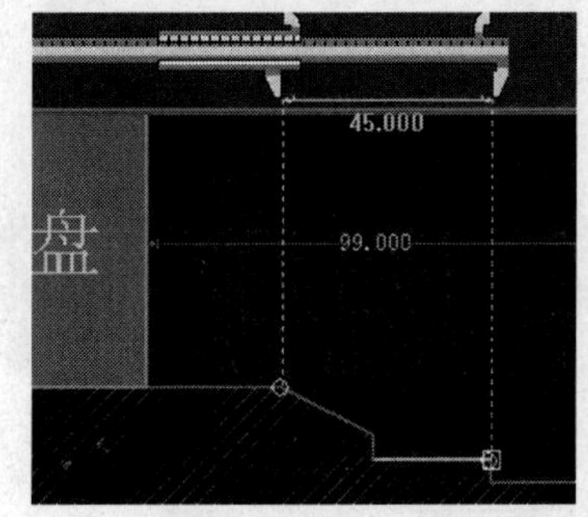

图 1-52　显示卡盘

④ 卡尺测量。

在视图的 X、Z 方向各有一把卡尺,可以拖动卡尺的两个卡爪测量任意两位置间的水平距离和垂直距离。如图 1-52 所示,移动卡爪时,延长线与零件焦点由变为时,卡尺位置为线段的一个端点,用同样的方法使另一个卡爪处于端点位置,就测出两端点间的投影距离,此时卡尺读数为45.000。通过设置“游标卡尺捕捉距离”,可以改变卡尺移动端查找线段端点的范围。

单击“退出”按钮,退出此对话框。

四、任务实施

(1) 按要求完成数控车床的面板操作。

(2) 完成数控车床装刀、装夹工件。

(3) 完成数控车床对刀。

(4) 完成数控加工仿真系统车床部分的操作。

五、项目训练

1. 数控车床操作练习

(1) 功能按钮的使用。

(2) 装夹工件与装夹刀具。

(3) 对刀。

2. 数控加工仿真系统车床操作练习

学习情境二　外圆与端面加工

一、学习目标

知识目标

- 了解数控车削加工工艺分析过程
- 掌握数控机床坐标系的相关知识
- 掌握数控程序编制步骤、方法及编程格式
- 掌握数控车床各功能字及常用指令
- 掌握外圆与端面加工的编程方法

技能目标

- 能对加工零件进行完整的工艺分析
- 会编制外圆与端面加工的完整程序并能加工出合格的零件
- 能对外圆、端面出现的误差进行分析

二、工作任务

某机械制造厂需小批量加工如图 2－1 所示的心轴，要求通过相关知识的学习，完成心轴的数控车削加工。

三、学习导读

1．数控加工工艺分析

数控车床是目前使用最广泛的数控机床之一。数控车床主要用于加工轴类、盘类等回转体零件。通过数控加工程序的运行，可自动完成内外圆柱面、圆锥面、成形表面、螺纹和端面等工序的切削加工，并能进行切槽、钻孔、扩孔、铰孔等工作。

工艺分析是数控车削加工的前期工艺准备工作。工艺制定合理与否，对程序编制、机床的加工效率和零件的加工精度都有重要的影响。因此，应遵循一般的工艺原则并结合数控车床的特点，合理地制订零件的数控加工工艺。

1）数控车削的主要加工对象

（1）要求高的回转体零件。

① 尺寸精度要求高的零件。

由于数控车床的刚性好，制造和对刀精度高，以及能方便和精确地进行人工补偿甚至

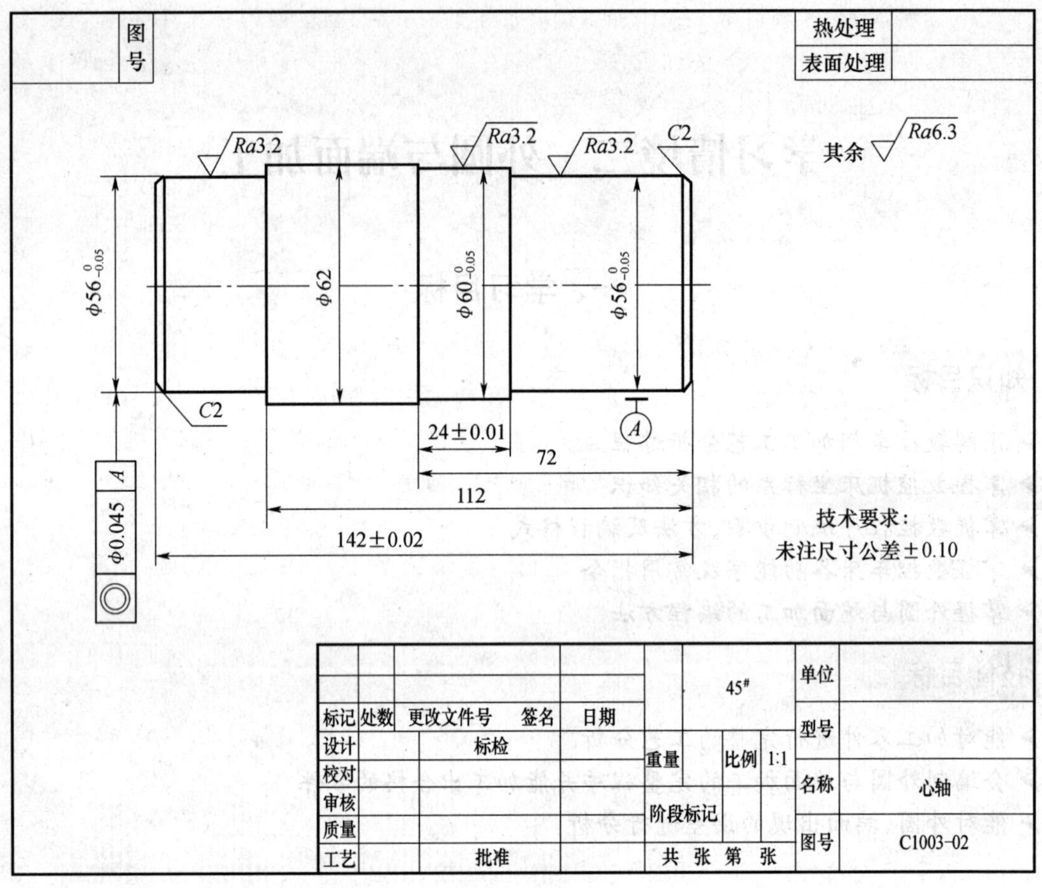

图 2-1　心轴零件

自动补偿，所以它能够加工尺寸精度要求高的零件。

② 表面粗糙度好的回转体零件。

数控车床能加工出表面粗糙度小的零件，不但是因为机床的刚性和制造精度高，还由于它具有恒线速度切削功能。使用数控车床的恒线速度切削功能，可选用最佳线速度来切削端面，使切出的粗糙度既小又一致。

③ 超精密、超低表面粗糙度的零件。

超精加工的轮廓精度可达 0.1μm，表面的粗糙度可达 0.02μm，超精加工所用数控系统的最小设定单位应达到 0.01μm。超精车削零件的材质以前主要是金属，现已扩大到塑料和陶瓷。

（2）表面形状复杂的回转体零件。

由于数控车床具有直线和圆弧插补功能，部分车床数控装置还有某些非圆曲线插补功能，所以可以车削由任意直线和平面曲线组成的形状复杂的回转体零件和难以控制尺寸的零件，如具有封闭内成型面的壳体零件。

（3）带横向加工的回转体零件。

带有键槽或径向孔、端面有分布的孔系以及有曲面的盘套或轴类零件，如带法兰的轴套、带有键槽或方头的轴类零件等，这类零件宜选车削加工中心加工，如果采用普通机床加工,工序分散,工序数目多。采用加工中心加工后,由于有自动换刀系统,使得一次装夹可完成普通机床的多个工序的加工,减少了装夹次数,实现了工序集中的原则,保证了加工质量的稳定性,提高了生产率,降低了生产成本。

(4) 带特殊螺纹的回转体零件。

传统车床所能切削的螺纹相当有限,它只能车等节距的直、锥面公、英制螺纹,而且一台车床只限定加工若干种节距。在数控车床上可以加工各种类型的螺纹,且加工精度高,表面粗糙度小。

2) 数控车削加工工艺的制订

(1) 零件图样分析。

在进行零件图分析之前,首先应熟悉零件在产品中的作用、位置、装配关系和工作条件,搞清楚各项技术要求对零件装配质量和使用性能的影响,找出主要的关键的技术要求,然后对其进行分析。对于数控车削加工应考虑以下几个方面:

① 尺寸标注的完整性与正确性。

分析零件图中尺寸标注是否齐全、是否有遗漏或重复,标注是否正确、清晰,便于识别。

② 尺寸标注应符合数控车削加工的特点。

分析零件图中尺寸标注基准是否统一、明了。在数控加工零件图上,应以同一基准标注尺寸或直接给出坐标尺寸。这样既便于编程,又有利于设计基准、工艺基准、测量基准和编程原点的统一。

③ 加工内容分析。

分析所需加工的内容,其结构是否合理,条件是否明确,根据现有条件是否能够完成加工。

④ 技术要求分析。

零件的技术要求主要是指尺寸精度、形状精度、位置精度、表面粗糙度及热处理等。这些要求在保证零件使用性能的前提下,应经济合理。过高的精度和表面粗糙度要求会使工艺过程复杂、加工困难、成本提高。因此,需要分析所加工零件的技术要求是否合理,根据现有条件是否能够采用数控车床完成加工并达到技术要求。

(2) 机床的选择。

数控机床的选择考虑的因素主要有毛坯的材料和类型、零件轮廓形状复杂程度、尺寸大小、加工精度、零件数量、热处理要求等。机床的选用要满足以下要求:

① 保证加工零件的技术要求,能够加工出合格产品。

② 有利于提高生产率。

③ 有利于降低生产成本。

由于机床工艺范围、技术规格、加工精度、生产率及自动化程度各不相同。为了正确地为每一道工序选择机床,除了充分了解机床的性能外,尚需考虑以下几点:

① 机床的类型应与工序划分的原则相适应。数控机床适用于工序集中的单件小批量生产;对于大批量生产,则应选择高效自动化机床和多刀、多轴机床;工序较分散则应选择结构简单的专用机床。

② 机床的主要规格尺寸应与工件的外形尺寸和加工表面的有关尺寸相适应。即小

工件用小规格机床加工,大工件用大规格的机床加工。

③ 机床的精度与工序要求的加工精度相适应。粗加工工序,应选用精度低的机床;精度要求高的精加工工序,应选用精度高的机床。但机床精度不能过低,也不能过高;机床精度过低,不能保证加工精度;机床精度过高,会增加零件制造成本。应根据零件加工精度要求合理选择机床。

(3) 工序的划分。

根据数控加工的特点,数控加工工序的划分一般可按下列方法进行:

① 以一次安装、加工作为一道工序。这种方法适合于加工内容较少的零件,加工完后就能达到待检状态。

② 以同一把刀具加工的内容划分工序。有些零件虽然能在一次安装中加工出很多待加工表面,但考虑到程序太长,会受到某些限制,如控制系统的限制(主要是内存容量)、机床连续工作时间的限制(如一道工序在一个工作班内不能结束)等。此外,程序太长会增加出错与检索的困难。因此程序不能太长,一道工序的内容不能太多。

③ 以加工部位划分工序。对于加工内容很多的工件,可按其结构特点将加工部位分成几个部分,如内腔、外形、曲面或平面,并将每一部分的加工作为一道工序。

④ 以粗、精加工划分工序。对于经加工后易发生变形的工件,由于对粗加工后可能发生的变形需要进行校形,故一般来说,凡要进行粗、精加工的过程,都要将工序分开。

(4) 零件装夹方法的确定和夹具选择。

数控车床上零件安装要尽量选用已有的通用夹具装夹,且应注意减少装夹次数,尽量做到在一次装夹中能把零件上所有要加工表面都加工出来。零件定位基准应尽量与设计基准重合,以减少定位误差对尺寸精度的影响。

数控加工所用夹具,首先要保证夹具的坐标方向与机床的的坐标方向相对固定;其次要能协调零件与机床坐标系的尺寸关系。此外,还要考虑以下几点:

① 当零件加工批量不大时,应尽量采用组合夹具、可调夹具和其它通用夹具,以缩短准备时间、节省生产费用。

② 在批量生产时才考虑采用专用夹具,并力求结构简单。

③ 夹具要开敞,加工部位开阔,夹具的定位、夹紧机构元件不能影响加工中的送给(如产生碰撞等)。

④ 装卸零件快速、方便、可靠,以缩短准备时间,批量较大时应考虑采用气动或液压夹具、多工位夹具。

(5) 加工顺序的确定。

在数控机床加工过程中,由于加工对象复杂多样,特别是轮廓曲线的形状及位置千变万化,还有材料不同、批量不同等多方面因素的影响,在对具体零件制订加工顺序时,应该进行具体分析和区别,灵活处理。只有这样,才能使所制订的加工顺序合理,从而达到质量优、效率高和成本低的目的。

针对数控车削的特点,应遵循下列原则:

① 先粗后精。

为了提高生产效率并保证零件的精加工质量,在切削加工时,应先安排粗加工工序,在较短的时间内,将精加工前大量的加工余量去掉,同时尽量满足精加工的余量均匀性要求。

当粗加工工序安排完后，再安排换刀后进行的半精加工和精加工。其中，安排半精加工的目的是，当粗加工后所留余量的均匀性满足不了精加工要求时，则可安排半精加工工作为过渡性工序，以便使精加工余量小而均匀，如图 2-2 所示。

② 先近后远。

一般情况下，特别是在粗加工时，通常安排离对刀点近的部位先加工，离对刀点远的部位后加工，以便缩短刀具移动距离，减少空行程时间。对于车削加工，先近后远有利于保持毛坯件或半成品件的刚性，改善其切削条件。

例如，当加工图 2-3 所示零件时，如果按 $\phi38 \to \phi36 \to \phi34$ 的次序安排车削，不仅会增加刀具返回对刀点所需的空行程时间，而且还可能使台阶的外直角处产生毛刺(飞边)。对这类直径相差不大的台阶轴，当第一刀的切削深度(图中最大切削深度可为 3mm 左右)未超限时，宜按 $\phi34 \to \phi36 \to \phi38$ 的次序先近后远地安排车削。

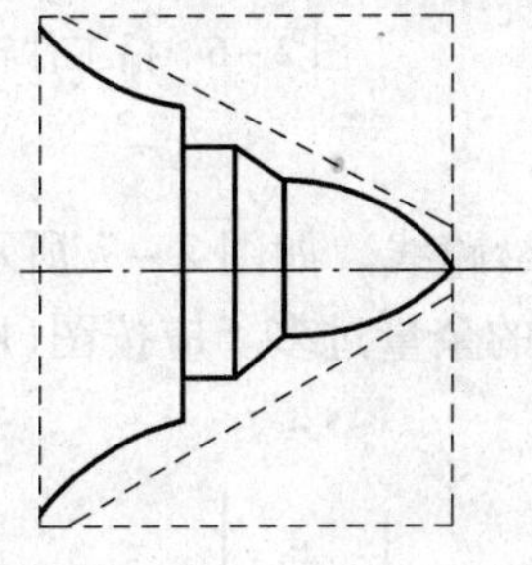

图 2-2　先粗后精示例

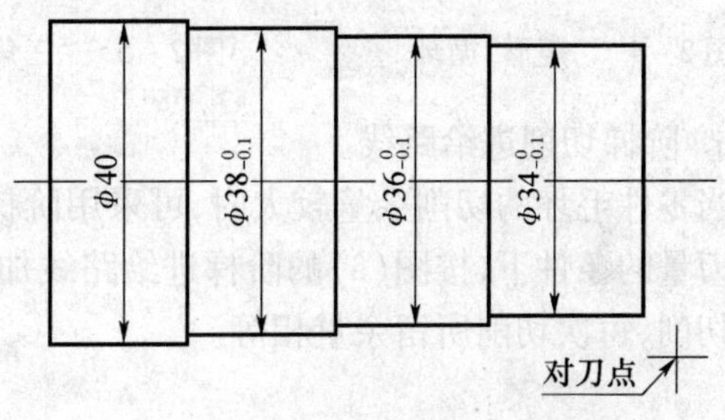

图 2-3　先近后远示例

③ 内外交叉。

对既有内表面(内型腔)又有外表面需加工的零件，安排加工顺序时，应先进行内外表面粗加工，后进行内外表面精加工。切不可将零件上一部分表面(外表面或内表面)加工完毕后，再加工其它表面(内表面或外表面)。

④ 基面先行原则。

用作精基准的表面应优先加工出来，因为定位基准的表面越精确，装夹误差就越小。例如，轴类零件加工时，总是先加工中心孔，再以中心孔为精基准加工外圆表面和端面。

上述原则并不是一成不变的，对于某些特殊情况，则需要采取灵活可变的方案。如有的工件就必须先精加工后粗加工，才能保证其加工精度与质量。这些都有赖于编程者实际加工经验的不断积累与学习。

(6) 进给路线的确定。

进给路线是刀具在整个加工工序中相对于工件的运动轨迹，它不但包括了工步的内容，而且也反映出工步的顺序。进给路线也是编程的依据之一。

进给路线的确定首先必须保持被加工零件的尺寸精度和表面质量，其次考虑数值计算简单、进给路线尽量短、效率较高等。因精加工的进给路线基本上都是沿其零件轮廓顺序进行的，因此确定进给路线的工作重点是确定粗加工及空行程的进给路线。

下面将具体分析：

① 粗加工进给路线的确定。

a. 矩形循环进给路线。

利用数控系统的矩形循环功能，确定矩形循环进给路线，如图2－4所示。这种进给路线刀具切削时间最短，刀具损耗最小，为常用的粗加工进给路线。

b. 三角形循环进给路线。

利用数控系统的三角形循环功能，确定三角形循环进给路线，如图2－5所示。

c. 沿工件轮廓循环进给路线。

利用数控系统的复合循环功能，确定沿工件轮廓循环进给路线，如图2－6所示。这种进给路线刀具切削总行程最长，一般只适用于单件小批量生产和仿形加工。

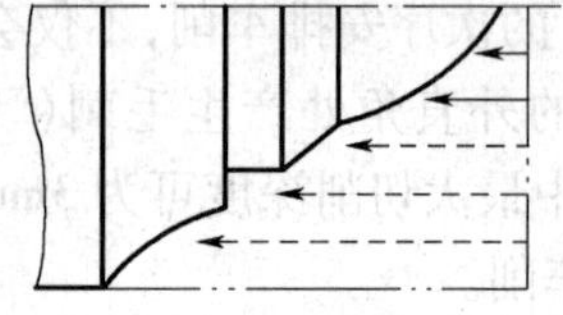

图2－4 “矩形”循环

图2－5 “三角形”循环

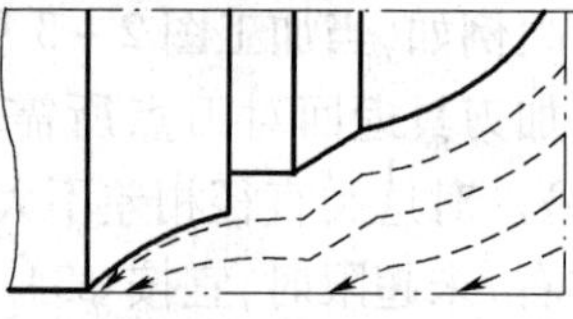

图2－6 沿工件轮廓循环

d. 阶梯切削进给路线。

当零件毛坯的切削余量较大时，可采用阶梯切削进给路线。如图2－7所示，在同样背吃刀量的条件下，按图(a)的阶梯进给路线加工，所剩的余量过多。应按图(b)1～5的顺序切削，每次切削所留余量相等。

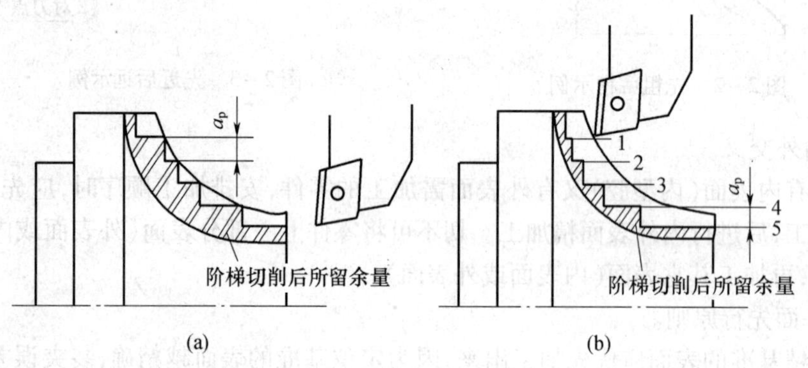

图2－7 阶梯切削进给路线

② 精加工进给路线的确定。

a. 各部位精度要求一致的进给路线。

在多刀进行精加工时，最后一刀要连续加工，并要合理安排进、退刀位置，尽量不要在光滑连接的轮廓上安排切入、切出、换刀及停顿，以免因切削力变化而造成弹性变形，产生表面划伤、形状突变或滞留刀痕等缺陷。

b. 各部位精度要求不一致的进给路线。

当各部位精度要求相差不大时，要以精度要求高的部位为准，连续加工所有部位；当各部位精度要求相差较大时，可将精度相近的部位安排在同一进给路线，并先加工精度低的部位，再加工精度高的部位。

③ 刀具的切入、切出及接刀位置选择。

尽量使刀具沿轮廓的切线方向切入、切出，或将切入、切出及接刀位置选择在工件上有空刀槽或表面间有拐点、转角的位置,不应选在曲线相切或光滑连接的部位。

④ 确定最短的空行程路线。

确定最短的走刀路线,除了依靠大量的实践经验外,还应善于分析,必要时辅以一些简单计算。如图 2-8 所示,起刀点的设置不同,刀具的空行程路线长短就有所不同。

图 2-8(a)将起刀点与换刀点重合为 A,空行程路线较长,而图 2-8(b)则是巧将起刀点与换刀点分离,将起到点设于图示 B 点位置,换刀点设于图示 A 点位置,空行程路线短。

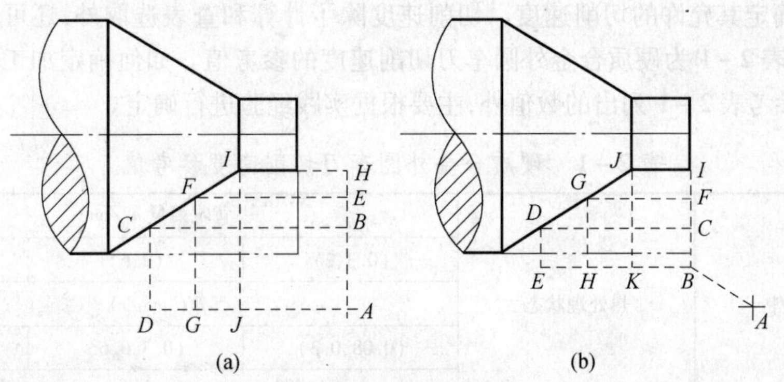

图 2-8 起刀点设置示例

(a) 起刀点换刀点重合;(b) 起刀点换刀点分离。

(7) 刀具选择。

刀具的选择是数控加工工序中的重要内容之一,它不仅影响机床的加工效率,而且直接影响加工质量。另外,数控机床主轴转速比普通机床高 1 倍 ~2 倍,且主轴输出功率大,因此与传统加工方法相比,数控加工对刀具的要求更高,不仅要求精度高、强度大、刚度好、耐用度高,而且要求尺寸稳定、安装高速方便。

刀具的选择应考虑工件材质、加工轮廓类型、机床允许的切削用量和刚性以及刀具耐用度等因素。一般情况下应优先选用标准刀具(特别是硬质合金可转位刀具),必要时也可采用各种高效的复合刀具及其它一些专用刀具。对于硬度大的难加工工件,可选用整体硬质合金、陶瓷刀具、金刚石刀具等。刀具的类型、规格和精度等级应符合加工要求。

(8) 切削用量选择。

数控车削加工中,切削用量是表示机床主体的主运动和进给运动大小的重要参数,包括背吃刀量、进给量和主轴转速,并与普通机床加工中所要求的各切削用量对应一致。切削用量选择是否合理,对于能否充分发挥机床潜力与刀具切削性能,实现优质、高产、低成本和安全操作具有很重要的作用。

① 背吃刀量 a_p 的确定。

背吃刀量是指在垂直于进给方向上,待加工表面与已加工表面间的距离。当机床主体、夹具、刀具、零件间的工艺系统刚性和机床功率允许时,尽可能选取较大的背吃刀量,以减少走刀次数,提高生产效率。当零件精度要求较高时,则应考虑留出精车余量,其所留的精车余量一般比普通车削时所留余量小,常取 0.1mm ~0.5mm。

② 主轴转速的确定。

主轴转速应根据零件上被加工部位的直径与切削速度来确定。其计算公式为

$$n = \frac{1000V_c}{\pi d}$$

式中　n——主轴转速(r/min)；

V_c——切削速度(m/min)；

d——零件上被加工部位的直径。

切削速度又称线速度,是指切削时刀具切削刃上某点相对于待加工表面在主运动方向上的瞬时速度。在确定主轴转速前,需要按零件和刀具的材料及加工性质(如粗、精加工)等条件确定其允许的切削速度。切削速度除了计算和查表选取外,还可以根据实践经验确定。表2-1为硬质合金外圆车刀切削速度的参考值。如何确定加工时的切削速度,除了可参考表2-1列出的数值外,主要根据实践经验进行确定。

表2-1　硬质合金外圆车刀切削速度参考值

工件材料	热处理状态	背吃刀量 a_p/mm		
		(0.3,2)	(2,6)	(6,10)
		f/(mm/r)		
		(0.08,0.3)	(0.3,0.6)	(0.6,1)
		V_c(m/min)		
低碳钢、易切钢	热轧	140~180	100~120	70~90
中碳钢	热轧	130~160	90~110	60~80
	调质	100~130	70~90	50~70
合金结构钢	热轧	100~130	70~90	50~70
	调质	80~110	50~70	40~60
工具钢	退火	90~120	60~80	50~70
灰铸铁	HBS<190	90~120	60~80	50~70
	HBS=190~225	80~110	50~70	40~60
高锰钢			10~20	
铜及铜合金		200~250	120~180	90~120
铝及铝合金		300~600	200~400	150~200
铸铝合金(w_{si}13%)		100~180	80~150	60~100

③ 进给量f。

进给量f主要是指在单位时间里,刀具沿进给方向移动的距离。其单位为mm/min或mm/r。

A. 进给量f的确定原则。

a. 在能保证工件加工质量的前提下或在粗加工时,为提高生产效率,可以选择较高的进给量；

b. 在切断、车削深孔或精车时,应选择较低的进给量；

c. 当刀具空行程特别是远距离"回零"时,可以设定尽量高的进给速度；

d. 切削时的进给量应于主轴转速和切削深度等切削用量相适应,不能顾此失彼。

B. 进给量f的确定。

a. 每转进给量的确定。

粗车时,一般取$f=(0.3\sim0.8)$mm/r,精车时常取$f=(0.1\sim0.3)$mm/r,切断时$f=(0.05\sim0.2)$mm/r。

b. 每分钟进给量的计算。

每分钟进给量的计算公式为

$$F = nf$$

式中 F——每分钟进给量(mm/min);

n——主轴转速(r/min);

f——每转进给量(mm/ r)。

④ 切削用量选择总体原则。

粗车时,首先考虑选择一个尽可能大的背吃刀量 a_p,其次选择一个较大的进给量f,最后确定一个合适的切削速度 V_c。增大背吃刀量 a_p 可使走刀次数减少,增大进给量f有利于断屑,因此,根据以上原则选择粗车切削用量对于提高生产效率,减少刀具消耗,降低加工成本是有利的。

精车时,加工精度和表面粗糙度要求较高,加工余量不大且较均匀,因此选择精车切削用量时,应着重考虑如何保证加工质量,并在此基础上尽量提高生产率。因此,精车时应选用较小(但不太小)的背吃刀量 a_p 和进给量f,并选用切削性能高的刀具材料和合理的几何参数,以尽可能提高切削速度 V_c。

2. 编程基础知识

1)基点计算

基点即是轮廓各几何要素的交点。在编程时,需要对各个基点坐标位置进行定义,即给出各个节点的坐标值。

在加工程序中,基点坐标值的给定有绝对尺寸和增量尺寸两种方式,分别采用 G90、G91 指令指定。

G90:绝对坐标编程,每个编程坐标轴上的编程值是相对于程序原点的。编程时,用 G90 指令后面的 X、Z 表示 X 轴、Z 轴的坐标值。

G91:相对坐标编程,每个编程坐标轴上的编程值是相对于前一位置而言的,该值等于沿轴移动的距离。

如图 2-9 所示,要求刀具由 1 点移动到 2 点,然后到达 3 点。由 1 点移动到 2 点时,2 点的绝对坐标为(45,40),增量坐标为(30,20)。由 2 点移动到 3 点时,3 点的绝对坐标为(25,60),增量坐标为(-20,20)。

G90、G91 为模态功能,可相互注销,G90 为缺省值。

选择合适的编程方式可使编程简化。当图纸尺寸由一个固定基准给定时,采用绝对方式编程较为方便;而当图纸尺寸是以轮廓顶点之间的间距给出时,采用相对方式编程较为方便。G90、G91 可用于同一程序段中,但要注意其顺序所造成的差异。

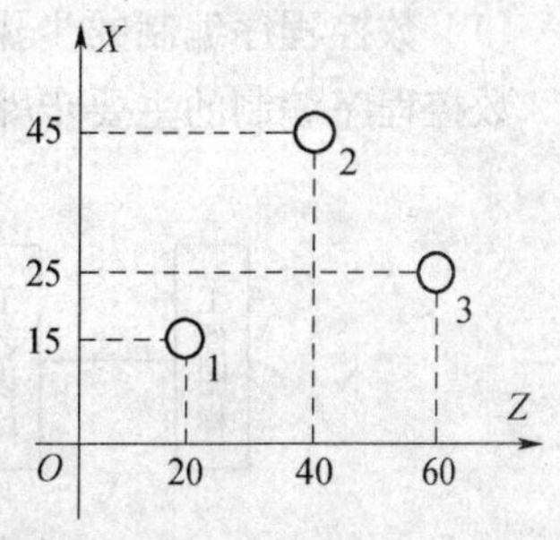

图 2-9 基点的确定

例 2.1 如图 2-10 所示，现将刀具定位在起刀点 K，按 $K \to O \to A \to B \to C \to D \to E \to F \to G$ 的走刀路线加工，计算各基点的坐标值。

（1）设置编程坐标系。将编程原点设定在右端面与工件轴线的交点处，标注出编程坐标系，如图 2-11 所示。

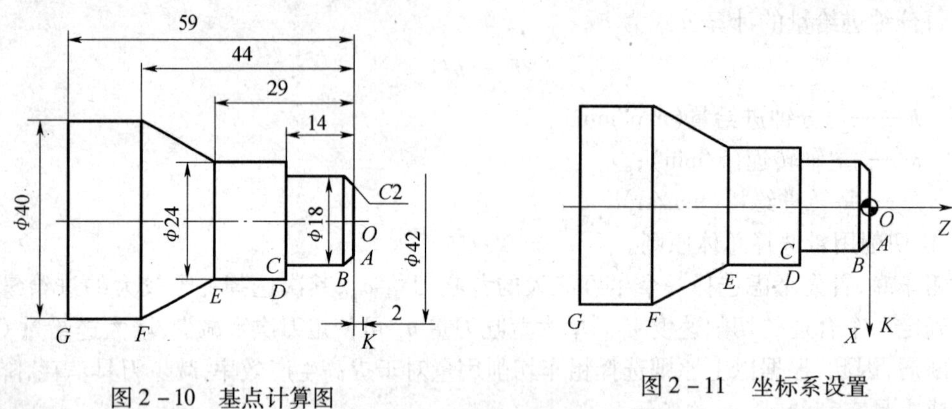

图 2-10 基点计算图　　图 2-11 坐标系设置

（2）基点计算。根据图 2-11 中的编程坐标系，各基点的绝对坐标值及增量坐标值如下：

绝对坐标值		增量坐标值	
O	0,0	*O*	-42,-2
A	14,0	*A*	14,0
B	18,-2	*B*	4,-2
C	18,-14	*C*	0,-12
D	24,-14	*D*	6,0
E	24,-29	*E*	0,-15
F	40,-44	*F*	16,-15
G	40,-59	*G*	0,-15

2）数控程序编制的步骤、方法及格式

（1）数控程序编制的步骤。

数控程序编制的主要步骤如图 2-12 所示。

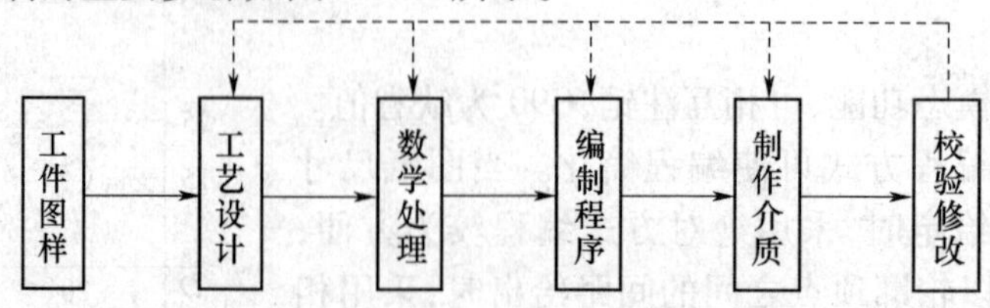

图 2-12 数控程序编制的主要步骤

① 工艺设计。

这项工作的内容包括:对零件图样进行分析,明确加工的内容和要求;确定加工方案;选择适合的数控机床;选择或设计刀具和夹具;确定合理的走刀路线及选择合理的切削用量等。这一工作要求编程人员能够对零件图样的技术特性、几何形状、尺寸及工艺要求进行分析,并结合数控机床使用的基础知识,如数控机床的规格、性能、数控系统的功能等,确定加工方法和加工路线。

② 数学处理。

在确定了工艺方案后,就需要根据零件的几何尺寸、加工路线等,计算刀具中心运动轨迹,以获得刀位数据。数控系统一般均具有直线插补与圆弧插补功能,对于加工由圆弧和直线组成的较简单的平面零件,只需要计算出零件轮廓上相邻几何元素交点或切点的坐标值,得出各几何元素的起点、终点、圆弧的圆心坐标值等,就能满足编程要求。当零件的几何形状与控制系统的插补功能不一致时,就需要进行较复杂的数值计算,一般需要使用计算机辅助计算,否则难以完成。

③ 编制程序。

程序编制人员使用数控系统的程序指令,按照规定的程序格式,逐段编写加工程序。程序编制人员应对数控机床的功能、程序指令及代码十分熟悉,才能编写出正确的加工程序。

④ 程序校验与修改。

将编写好的加工程序输入数控系统,就可控制数控机床的加工工作。一般在正式加工之前,要对程序进行校验。通常可采用机床空运转的方式,来检查机床动作和运动轨迹的正确性,以检验程序。

(2) 数控程序编制的方法。

数控加工程序的编制方法主要有两种:手工编制和自动编制。

① 手工编程。

手工编程指主要由人工来完成数控编程中各个阶段的工作,如图 2-13 所示。

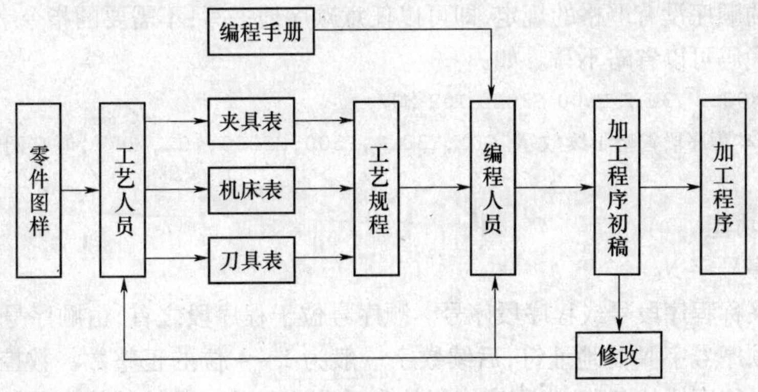

图 2-13　手工编程

手工编程耗费时间较长,容易出现错误,无法胜任复杂形状零件的编程。一般对几何形状不太复杂的零件,所需的加工程序不长,计算比较简单,用手工编程比较合适。

② 自动编程。

计算机自动编程是指在编程过程中，除了分析零件图样和制订工艺方案由人工进行外，其余工作均由计算机辅助完成。其特点在于编程工作效率高，可解决复杂形状零件的编程难题。

(3) 程序格式。

① 程序结构。

一个完整的零件加工程序，它主要由程序名、程序主体、程序结束指令组成。例如，下面是一个小程序：

```
程序名：    %1234
程序主体：  N01 T0101
            N02 M03 S1000
            N03 G00 X100 Z100
            …
程序结束指令：N10 M30
```

a. 程序名。

程序名是该加工程序的标识，一般是%和1~4位正整数组成，一般要求单列一段。

b. 程序主体。

程序主体由若干个程序段组成，每个程序段单列一行。

c. 程序结束指令。

程序结束指令可以用M02或M30，一般要求单列一段。

② 程序段的格式。

程序段的格式是指一个程序段中指令字的排列顺序和书写规则，不同的数控系统往往有不同的程序段格式，格式不符合规定，数控系统就不能接受。目前广泛采用的是地址符可变程序段格式(或者称字地址程序段格式)。

格式：N_G_X_Y_Z_F_S_T_M_

特点：程序段中的每个指令字均以字母(地址符)开始，其后再跟符号和数字；指令字在程序段中的顺序没有严格的规定，即可以任意顺序地书写；不需要的指令字或者与上段相同的续效代码可以省略不写。如：

N30 G01 X88.1 Y30.2 F500 S3000 T02 M07

N40 X90(本程序段省略了续效字“G01,Y30.2,F500,S3000,T02,M07”，但它们的功能仍然有效)

3）字的功能

(1) 顺序号字N。

顺序号又称程序段号或程序段序号。顺序号位于程序段之首，由顺序号字N和后续数字组成。顺序号字N是地址符，后续数字一般为1~4位的正整数。数控加工中的顺序号实际上是程序段的名称，与程序执行的先后顺序无关。数控系统不是按顺序号的顺序来执行程序，而是按照程序段编写时的排列顺序逐段执行。

(2) 准备功能字G。

准备功能字的地址符是G，又称为G功能或G指令，是用于建立机床或控制系统工作方式的一种指令，后续数字一般为1~3位正整数。常用G代码如表2-2所示。

表2-2　G功能字含义对照表

G代码	组	功　能	参数(后续地址字)
G00	01	快速定位	X,Z
G01		直线插补	同上
G02		顺圆插补	X,Z,I,K,R
G03		逆圆插补	同上
G04	00	暂停	P
G20	08	英寸输入	
★G21		毫米输入	
G28	00	返回到参考点	X,Z
G29		由参考点返回	同上
G32	01	螺纹切削	X,Z
★G40	09	刀尖半径补偿取消	
G41		左刀补	D
G42		右刀补	D
G52	00	局部坐标系设定	X,Z
★G54	11	零点偏置	
G55			
G56			
G57			
G58			
G59			
G65	00	宏指令简单调用	P,A~Z
G71	06	外/内径车削复合循环	X, Z, U, W, P, Q, R
G72		端面车削复合循环	
G73		闭环车削复合循环	
G76		螺纹切削复合循环	
G80	01	内/外径车削固定循环	X,Z,I,K
G81		端面车削固定循环	
G82		螺纹切削固定循环	
★G90	13	绝对值编程	
G91		增量值编程	
G92	00	工件坐标系设定	X,Z
★G94	14	每分钟进给量	
G95		每转进给量	
★G36	16	直径编程	
G37		半径编程	

注意:① 00组中的G代码是非模态的,其它组的G代码是模态的;

② ★ 标记者为缺省值

(3) 尺寸字。

尺寸字用于确定机床上刀具运动终点的坐标位置。其中,第一组 X,Y,Z,U,V,W,等用于确定终点的直线坐标尺寸;第二组 A,B,C 等用于确定终点的角度坐标尺寸;第三组 I,J,K 用于确定圆弧轮廓的圆心坐标尺寸。在一些数控系统中,还可以用 P 指令暂停时间、用 R 指令圆弧的半径等。

(4) 进给功能字 F。

进给功能字的地址符是 F,又称为 F 功能或 F 指令,用于指定切削的进给速度。对于车床,F 可分为主轴每转进给量和每分钟进给量两种。其中,华中数控系统默认为每分钟进给量。

① 每转进给量。

编程格式:G95 F_

F:每转进给量,单位为 mm/r。如:G95 F0.2 表示进给量为 0.2mm/r。

② 每分钟进给量。

编程格式:G94 F_

F:每分钟进给量,单位为 mm/min。如:G94 F100 表示进给量为 100mm/min。

说明:F 指令在螺纹切削程序段中常用来指令螺纹的导程。

(5) 主轴转速功能字 S。

主轴转速功能字的地址符是 S,又称为 S 功能或 S 指令,用于指定主轴转速,单位为 r/min。对于具有恒线速度功能的数控车床,程序中的 S 指令还可以用来指定车削加工的线速度,单位为 m/min。华中数控系统一般默认的是转速 r/min。

① 恒线速控制。

编程格式:G96 S_

S:恒定的线速度,单位为 m/min。如:G96 S150 表示切削点线速度控制在 150 m/min。

注意:使用恒线速度功能,主轴必须能自动变速,并应在系统参数中设定主轴最高限速。

② 恒转速控制。

编程格式:G97 S_

S:恒线速度控制取消后的主轴转速。如:G97 S3000 表示恒线速控制取消后主轴转速为 3000 r/min。

③ 最高转速限制。

编程格式:G46 X_ P_

X:最低转速,单位为 r/min;

P:最高转速,单位为 r/min。

如:G46 X200 P3000 表示最低转速限制为 200r/min,最高转速限制为 3000r/min。

(6) 刀具功能字 T。

刀具功能字的地址符是 T,又称为 T 功能或 T 指令,用于指定加工时所用刀具的编号。对于数控车床,其后的数字还兼作指定刀具长度补偿和刀尖半径补偿用。数控车床中,T 后面通常有四位数字,前两位是刀具号,后两位既是刀具长度补偿号,又是刀尖圆弧半径补偿号。如果后两位数为 0,则表示取消刀具补偿。

如:T0303 表示选用3 号刀及3 号刀具长度补偿值和刀尖圆弧半径补偿值。T0300 表示取消刀具补偿。

(7) 辅助功能字 M。

辅助功能字的地址符是 M,后续数字一般为 1 ~3 位正整数,又称为 M 功能或 M 指令,用于指定数控机床辅助装置的开关动作,常用 M 代码如表 2 -3 所列。

表 2 -3　M 功能字含义对照表

代码	模态	功能说明	代码	模态	功能说明
M00	非模态	程序停止	M03	模态	主轴正转起动
M02	非模态	程序结束	M04	模态	主轴反转起动
M30	非模态	程序结束并 返回程序起点	M05	★模态	主轴停止转动
			M06	非模态	换刀
M98	非模态	调用子程序	M07	模态	切削液打开
M99	非模态	子程序结束	M09	★模态	切削液停止

3. 编程指令

1) 快速点定位 G00

(1) 指令功能:使刀具以点定位的控制方式从刀具所在的位置,按各轴设定的最高允许速度移动到指定点,属于模态指令。

(2) 编程格式:G00 X(U)_ Z(W)_

X:定位点 X 轴终点坐标值(绝对坐标值);

Z:定位点 Z 轴终点坐标值(绝对坐标值);

U:定位点 X 轴终点坐标值(相对坐标值);

W:定位点 Z 轴终点坐标值(相对坐标值)。

如图 2 -14 所示,用绝对方式编程为:G00 X20 Z0

用增量方式编程为:G00 U -30 W -10

(3) 指令说明。

① G00 指令为快速移动指令,其移动速度不能用进给功能 F 控制,而由系统参数控制。

② 车削加工时,G00 的快速移动过程不能与工件发生接触。定位目标点不能直接选在工件上,一般要离工件表面至少 1mm ~2mm。

③ G00 指令对运动轨迹没有要求。刀具的走刀路线往往不是直线,而是折线。如图 2 -15 所示,用 G00 使刀具从 A 移动到 B,刀具先走一条 45°斜线到达 C 点,再到达 B 点。

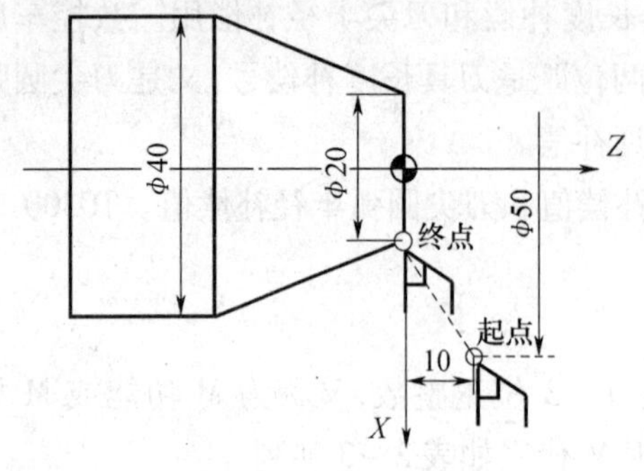

图 2-14　G00 走刀

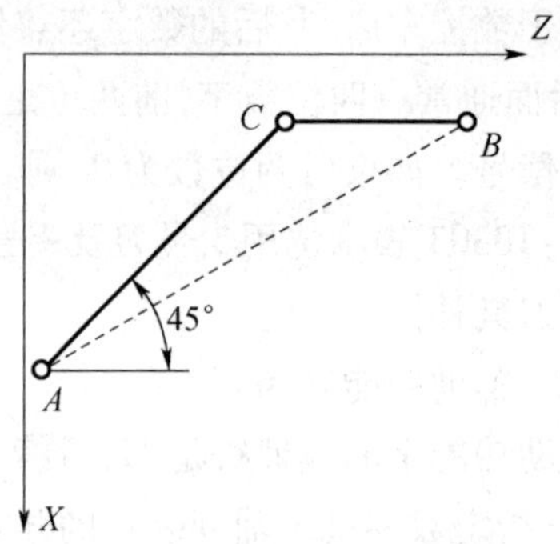

图 2-15　G00 走刀路线

2）直线插补 G01

(1) 指令功能：刀具以指令给定的轨迹（直线）和指令给定的速度移动到目标点。

(2) 编程格式：`G01 X(U)_Z(W)_F_`

X：直线插补 X 轴终点坐标值（绝对坐标值）；

Z：直线插补 Z 轴终点坐标值（绝对坐标值）；

U：直线插补 X 轴终点坐标值（相对坐标值）；

W：直线插补 Z 轴终点坐标值（相对坐标值）；

F：直线插补进给速度（每转进给或每分钟进给）。

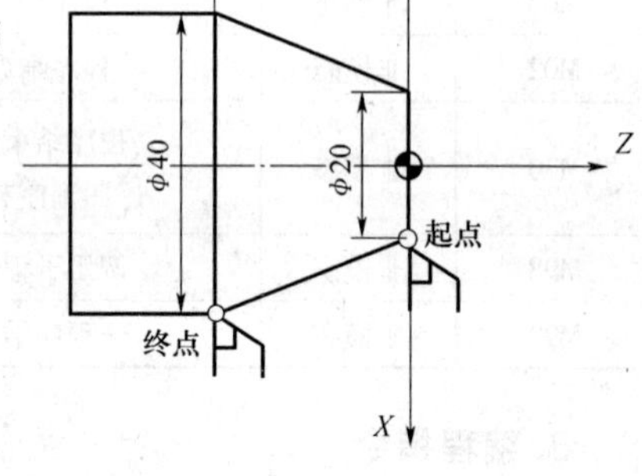

图 2-16　G01 走刀

如图 2-16 所示，用绝对方式编程为：`G01 X40 Z-26 F150`

用增量方式编程为：`G00 U20 W-26 F150`

(3) 编程举例。

例 2.2　如图 2-17 所示零件，该回转零件各表面已完成粗加工，要求完成该零件精加工。

① 将编程原点设定在右端面与工件轴线的交点处，编程坐标系如图 2-18 所示。

② 精加工程序编写如表 2-4 所列。

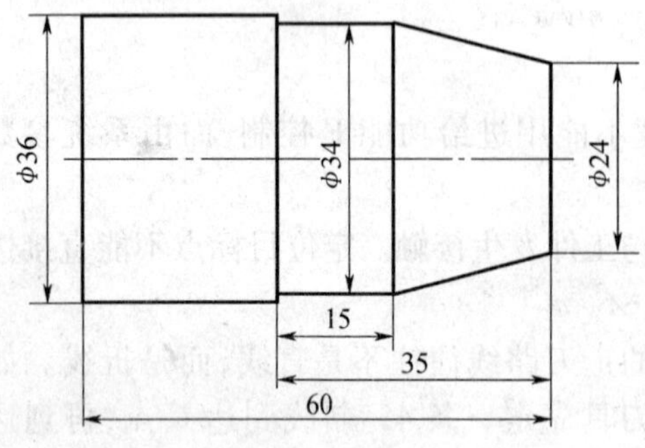

图 2-17　加工零件

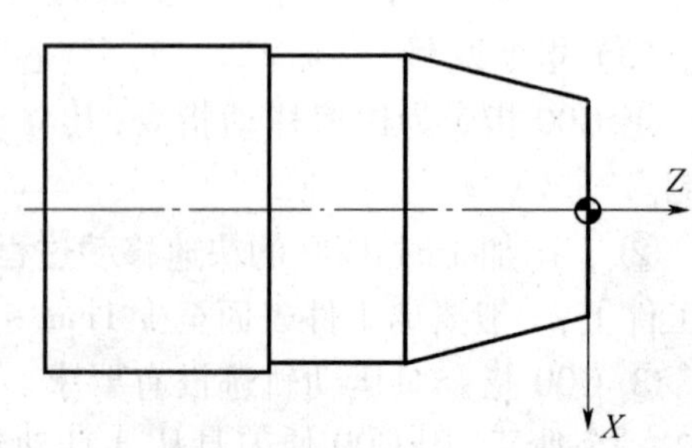

图 2-18　编程坐标系设定

表 2-4 程序单

程 序	程序说明	程 序	程序说明
%1234	程序名	X34 Z-20	加工锥面
T0101	设立坐标系,选一号刀,一号刀补	Z-35	加工圆柱面
M03 S1000	主轴正转,转速 1000r/min	X40	直线退刀
G00 X100 Z100	定义起刀点	G00 Z5	快速退回切削起点
X40 Z5	快速到达切削起点	G00 X100 Z200	退刀至安全位置
G01 X0 F200	切削至端面轴心延长线,进给速度 200mm/min	M05	主轴停转
Z0 F100	切入端面,进给速度 100mm/min	M02	程序结束
X24	加工端面		

4. 调头加工

当零件的一端外形加工完后,需调头装夹以加工另一端。如图 2-19 所示的零件,毛坯为 $\phi40\times100$ 的棒料,当加工完左端端面及 $\phi36$ 外圆后,需要调头装夹 $\phi36$ 外圆加工右端面及 $\phi28$、$\phi32$ 外圆。调头加工时,一定要注意应满足工件总长要求。

如图 2-19 所示的零件,加工完左端调头加工右端时,编程原点设置如图 2-20 所示,通过程序保证总长。

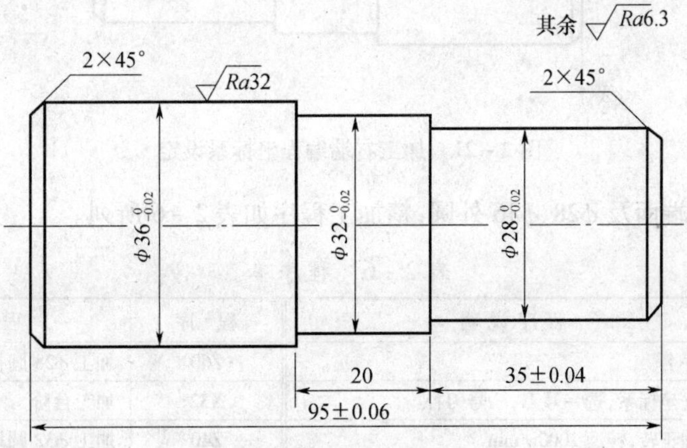

图 2-19 加工零件图

例 2.3 加工如图 2-19 所示的零件,毛坯尺寸为 $\phi40\times100$ 的棒料,工件材料为 45# 钢,完成零件程序的编制。

(1) 加工左端时编程坐标系如图 2-20 所示。

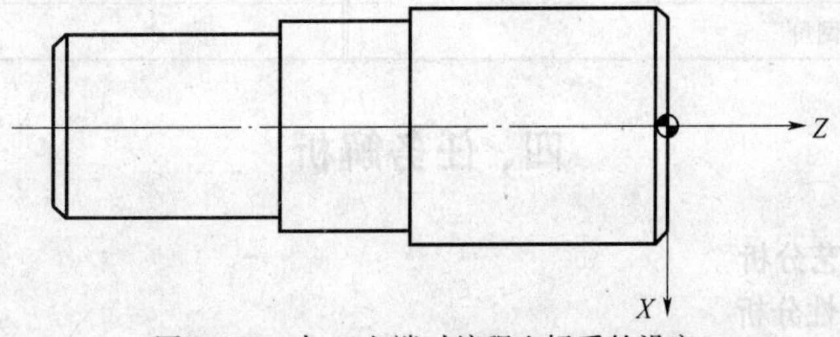

图 2-20 加工左端时编程坐标系的设定

（2）加工左端面及 $\phi36$ 外圆，精加工程序如表 2－5 所列。

表 2－5　程序单

程　序	程序说明	程　序	程序说明
%12	程序名	X36 Z－2	加工倒角
T0101	设立坐标系，选一号刀，一号刀补	Z－42	加工 $\phi36$ 圆柱面
M03 S1000	主轴正转，转速 1000r/min	X42	直线退刀
G00 X100 Z100	定义起刀点	G00 Z5	快速退回切削起点
X40 Z5	快速到达切削起点	G00 X100 Z200	退刀至安全位置
G01 X0 F200	切削至左端面轴心延长线，进给速度 200mm/min	M05	主轴停转
Z0 F100	切入左端面，进给速度 100mm/min	M02	程序结束
X32	加工左端面		

（3）加工右端时编程坐标系如图 2－21 所示。

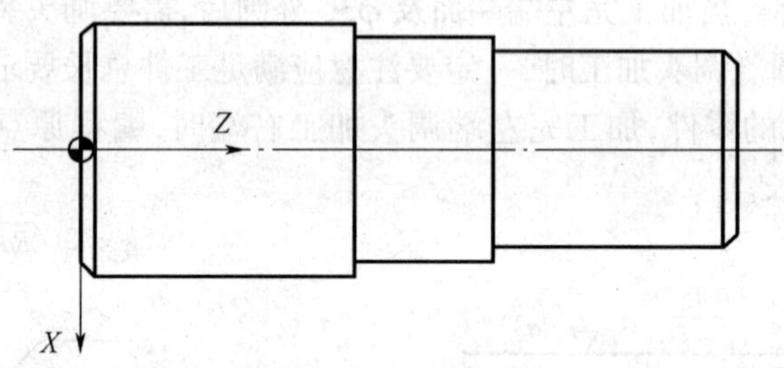

图 2－21　加工右端编程坐标系设定

（4）加工右端面及 $\phi28$、$\phi36$ 外圆，精加工程序如表 2－6 所列。

表 2－6　程序单

程　序	程序说明	程　序	程序说明
%13	程序名	Z60	加工 $\phi28$ 圆柱面
T0101	设立坐标系，选一号刀，一号刀补	X32	加工台阶
M03 S1000	主轴正转，转速 1000r/min	Z40	加工 $\phi32$ 圆柱面
G00 X100 Z200	定义起刀点	X42	直线退刀
X40 Z100	快速到达切削起点	G00 Z100	快速退回切削起点
G01 X0 F200	切削至右端面轴心延长线，进给速度 200mm/min	G00 X100 Z300	退刀至安全位置
Z95 F100	切入右端面，进给速度 100mm/min	M05	主轴停转
X24	加工右端面	M02	程序结束
X28Z93	加工倒角		

四、任务解析

1．零件图工艺分析

1）结构工艺性分析

此零件毛坯形状为棒料，材料为 45# 钢，切削加工性能较好，无热处理和硬度要求。

零件加工要素为外圆柱以及端面，加工部位不多，属于简单零件；零件结构合理，能够进行数控加工。

2）尺寸标注及精度分析

此零件尺寸标注完整，轮廓描述清楚。图样中四处直径尺寸分别为 $\phi 56_{-0.05}^{0}$、$\phi 62$、$\phi 60_{-0.05}^{0}$、$\phi 56_{-0.05}^{0}$，长度方向有精度要求的尺寸为 $24_{-0.01}^{+0.01}$、$142_{-0.02}^{+0.02}$，精度为中等公差等级。表面粗糙度最高要求为 $Ra3.2$，最低要求为 $Ra6.3$。左端 $\phi 56_{-0.05}^{0}$ 外圆轴线有同轴度要求，基准为右端 $\phi 56_{-0.05}^{0}$ 外圆轴线，公差要求为0.045mm。通过数控加工容易满足这些精度要求。

2. 机床及装夹方法的选择

根据被加工零件的外形、材料及车间设备等条件，选用CAK6140数控车床。

本零件形状为规则轴类，长度适中，选用三爪自定心卡盘装夹，装夹方便、快捷，定位精度高。

3. 零件加工工艺过程卡(表2－7)

表2－7　心轴零件加工工艺过程卡(参考)

(单位)	零件工艺过程卡		产品型号				
			产品名称		心轴		
材料牌号	45[#]	毛坯种类	棒料	毛坯外形尺寸	$\phi 64\times 145$		
工序号	工序名	工序内容	车间	机床	工艺装备		
1	下料	棒料 $\phi 64\times 145$	下料车间	锯床			
2	数车	夹左端车外圆车至尺寸 $\phi 56_{-0.05}^{0}\times 48$、$\phi 60_{-0.05}^{0}\times 24_{-0.01}^{+0.01}$、$\phi 62\times 40$，车端面见平即可	数车车间	CAK6140	三爪卡盘		
3	数车	调头装夹，车外圆至 $\phi 56_{-0.05}^{0}\times 30$，与上工序接刀，车端面，保证总长 $142_{-0.02}^{+0.02}$	数车车间	CAK6140	三爪卡盘		
4	检验	按图样检查各部尺寸及精度					
5	入库	油封、入库					
			设计	校对	审核	标准化	会签
标记	处数	更改文件号					

4. 刀具的选择(表2－8)

表2－8　心轴零件加工刀具卡(参考)

产品名称或代号			零件名称	心轴	零件图号	02
序号	刀具号	刀具规格名称	数量	加工表面		备注
1	T01	90°外圆车刀	1	粗、精车外圆及端面		
编制		审核		批准	共　页	第　页

5. 制订工序卡片(表2-9)

表2-9 心轴零件加工工序卡(参考)

<table>
<tr><td colspan="2" rowspan="2">单位名称</td><td colspan="2">产品名称或代号</td><td colspan="2">零件名称</td><td colspan="2">零件图号</td></tr>
<tr><td colspan="2"></td><td colspan="2">心轴</td><td colspan="2">02</td></tr>
<tr><td colspan="2" rowspan="2"></td><td>程序编号</td><td>夹具名称</td><td colspan="2">使用设备</td><td colspan="2">车 间</td></tr>
<tr><td>%0014
%0015</td><td>三爪卡盘</td><td colspan="2">CAK6140</td><td colspan="2"></td></tr>
<tr><td>工序号</td><td>工步号</td><td>工 步 内 容</td><td>刀具号</td><td>主轴转速
/(r/min)</td><td>进给速度
/(mm/min)</td><td>背吃刀量
/mm</td><td>备注</td></tr>
<tr><td rowspan="3">2</td><td>1</td><td>车平端面</td><td>T01</td><td>1000</td><td>150</td><td>/</td><td></td></tr>
<tr><td>2</td><td>粗车外圆至 $\phi56.5\times48$、$\phi60.5\times24$、$\phi62.5\times40$</td><td>T01</td><td>1000</td><td>150</td><td>2</td><td></td></tr>
<tr><td>3</td><td>精车外圆保证尺寸 $\phi56_{-0.05}^{0}\times48$、$\phi60_{-0.05}^{0}\times24_{-0.01}^{+0.01}$、$\phi62\times40$、保证各表面质量要求</td><td>T01</td><td>1200</td><td>100</td><td>0.25</td><td></td></tr>
<tr><td rowspan="2">3</td><td>1</td><td>工件调头,粗车外圆至 $\phi56.5\times30$ 保证总长 $142_{-0.02}^{+0.02}$</td><td>T01</td><td>1000</td><td>150</td><td>3.5</td><td></td></tr>
<tr><td>2</td><td>精车外圆保证尺寸 $\phi56_{-0.05}^{0}\times30$、保证各表面质量要求</td><td>T01</td><td>1200</td><td>100</td><td>0.25</td><td></td></tr>
<tr><td>编 制</td><td></td><td>审 核</td><td>批 准</td><td colspan="2">年 月 日</td><td>共 页</td><td>第 页</td></tr>
</table>

6. 程序的编制

数控加工参考程序清单如表2-10所列。

表2-10 程序单

程 序	程 序 说 明
%0014	程序名
N01 T0101	调用一号刀具,一号刀补,建立工件坐标系
N02 M03 S1000	设置粗加工时主轴正转,转速1000r/min
N03 G00 X100 Z100	定义起刀点
N04 X68 Z5	快速到达切削起点
N05 G01 Z0 F200	到达端面垂直线上,进给速度200mm/min
N06 X0 F150	加工右端面,进给速度150mm/min
N07 G00 X68 Z5	快速退回切削起点
N08 G01 X62.5 F150	到达 $\phi62.5$ 外圆的延长线,进给速度150mm/min
N09 Z-115	粗车外圆至 $\phi62.5\times112$

（续）

N10 X68	直线退刀
N11 G00 Z5	快速退回切削起点
N12 G01 X60.5 F150	到达 $\phi60.5$ 外圆的延长线，进给速度 150mm/min
N13 Z-72	粗车外圆至 $\phi60.5\times72$
N14 X68	直线退刀
N15 G00 Z5	快速退回切削起点
N16 G01 X56.5 F150	到达 $\phi56.5$ 外圆的延长线，进给速度 150mm/min
N17 Z-48	粗车外圆至 $\phi56.5\times48$
N18 X68	直线退刀
N19 G00 Z5	快速退回切削起点
N20 M03 S1200	设置精加工时主轴正转，转速 1200r/min
N21 G01 X52 F200	到达倒角点外，进给速度 200mm/min
N22 Z0 F100	到达倒角点，进给速度 100mm/min
N23 X56 Z-2	车倒角
N24 Z-48	精车外圆至 $\phi56_{-0.05}^{0}\times48$
N25 X60	车台阶
N26 Z-72	精车外圆至 $\phi60_{-0.05}^{0}\times24$
N27 X62	车台阶
N28 Z-115	精车外圆至 $\phi62_{-0.05}^{0}\times40$
N29 X68	直线退刀
N30 G00 Z5	快速退回切削起点
N31 G00 X100 Z100	退刀至安全位置
N32 M30	程序结束并复位
调头	
%0015	程序名
N01 T0101	调用一号刀具，一号刀补，建立工件坐标系
N02 M03 S1000	设置粗加工时主轴正转，转速 1000r/min
N03 G00 X100 Z250	定义起刀点
N04 X68 Z150	快速到达切削起点
N05 G01 Z142 F200	到达端面垂直线上，进给速度 200mm/min
N06 X0 F150	加工左端面，进给速度 150mm/min
N07 G00 X68 Z150	快速退回切削起点
N08 G01 X56.5 F150	到达 $\phi56.5$ 外圆的延长线，进给速度 150mm/min
N09 Z112	粗车外圆至 $\phi56.5\times30$
N10 X68	直线退刀

（续）

N11 G00 Z150	快速退回切削起点
N12 M03 S1200	设置精加工时主轴正转,转速 1200r/min
N13 G01 X52 F200	到达倒角点外,进给速度 200mm/min
N14 Z142 F100	到达倒角点,进给速度 100mm/min
N15 X56 Z140	车倒角
N16 Z112	精车外圆至 $\phi 56_{-0.05}^{0} \times 30$
N17 X68	直线退刀
N18 G00 Z150	快速退回切削起点
N19 G00 X100 Z250	退刀至安全位置
N20 M30	程序结束并复位

五、任务实施

1. 工量具准备清单(表 2-11)

表 2-11　心轴零件加工工量具清单(参考)

序 号	名 称	规 格	数 量	备 注
1	游标卡尺	0~150mm	1 把	
2	钢板尺	0~125mm	1 把	
3	外径千分尺	50mm~75mm	1 把	
7	铜皮	$t=1$mm	若干	

2. 加工操作

1) 程序的输入

在编辑操作方式下进行程序的输入,注意不同程序程序号的区别。

2) 程序的检测

输入程序后进行程序的检测,检测程序是否有误。

3) 工件的安装

根据加工工艺要求装夹工件,注意毛坯伸出长度要适宜。调头后要注意装夹误差对位置公差的影响。

4) 车刀的安装

安装外圆车刀,应注意下列几点:

(1) 车刀安装在刀架上,伸出部分不宜太长,伸出量一般为刀杆高度的 1 倍 ~1.5 倍。伸出太长会使刀杆的刚性变差,切削易产生振动,影响表面粗糙度。

(2) 车刀垫铁要平整,数量要少,并与刀架对齐。

(3) 车刀至少要用两个螺钉压紧在刀架上,并逐个轮流拧紧。

(4) 车刀刀尖一般应与工件轴线等高,如图 2-22(a)所示,否则会因基面和切削平面的位置发生变化,而改变车刀工作时的前角和后角的数值。当刀尖高于工件轴线时会使后角减小，增大车刀后刀面与工件的摩擦，如图 2－22(b)所示；当刀尖低于工件轴线时会减小前角，切削不顺利，如图 2－22(c)所示。

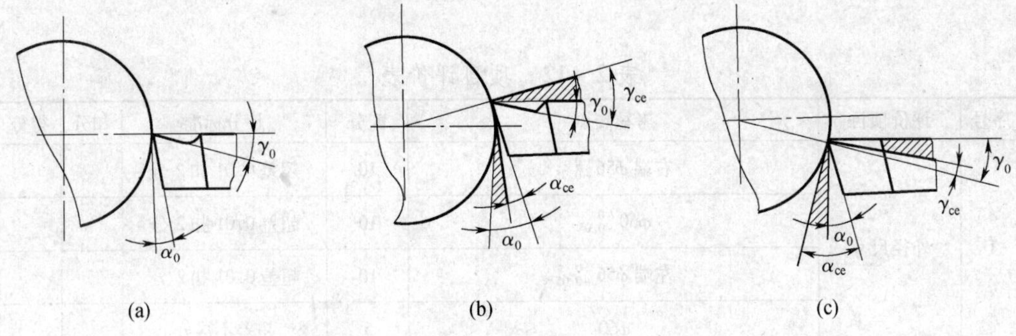

图 2－22　装刀高低对前后角的影响

(a) 正确；(b)太高；(c) 太低。

(5) 车刀刀杆中心应与进给方向垂直，否则会使主偏角和副偏角的数值发生变化，如图 2－23 所示。

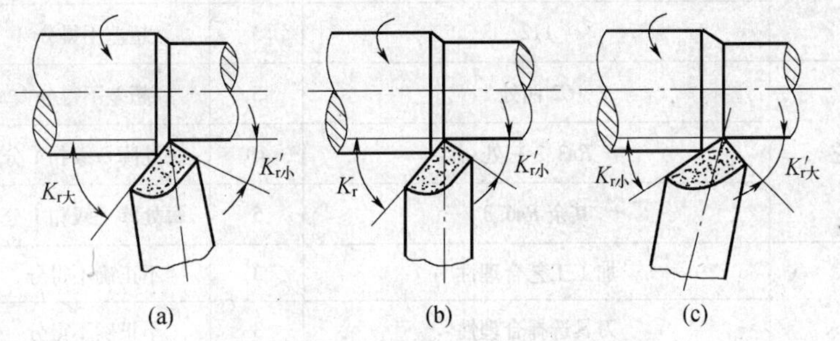

图 2－23　车刀装偏对主、副偏角的影响

(a) Kr 增大；(b) 装夹正确；(c) Kr 减小。

5）对刀

选择工件坐标系的原点，进行对刀操作。

6）刀具参数设置的检查

对刀后进行刀具参数设置的检查，避免出现撞刀事故或产生废品。

7）零件的加工

为了保证车削过程的可靠性，车削首件时，必须用单段操作方式进行，当确认程序无误时，再使用连续操作方式进行车削。

8）零件尺寸的检测

选用合适的量具完成零件尺寸的检测。

3. 安全操作和注意事项

(1) 严格遵守数控车床安全操作规程，做到文明操作。

(2) 程序输入完成后，必须对程序进行空运行检查。

(3) 检查坐标设置和对刀是否正确。

(4) 二次装夹时应避免夹伤加工表面。

(5) 因各种刀具长度不同，故安全退刀点的设置应避免方式碰撞。

六、项目评价(表 2-12)

表 2-12 项目评价表

序号	评价项目	考核要点	配分	评分标准	扣分	得分
1	外径尺寸	右端 $\phi56_{-0.05}^{0}$	10	超差 0.01 扣 2 分		
		$\phi60_{-0.05}^{0}$	10	超差 0.01 扣 2 分		
		左端 $\phi56_{-0.05}^{0}$	10	超差 0.01 扣 2 分		
		$\phi60$	5	超差不得分		
2	长度尺寸	$24_{-0.01}^{+0.01}$	10	超差 0.01 扣 2 分		
		$142_{-0.02}^{+0.02}$	10	超差 0.01 扣 2 分		
		72	5	超差不得分		
		112	5	超差不得分		
3	其它	C2 两处	5	超差不得分		
		Ra3.2 三处	10	每处降一级扣 1 分		
		其余 Ra6.3	5	每处降一级扣 1 分		
4	加工工艺和程序编制	加工工艺合理性	3	不正确不得分		
		刀具选择合理性	3	不正确不得分		
		工件装夹定位合理性	3	不正确不得分		
		切削用量选择合理性	3	不正确不得分		
		切削液使用合理性	3	不正确不得分		
5	安全文明生产	1. 安全正确操作设备; 2. 工作场地整洁,工件、量具、夹具等器具摆放整齐规范; 3. 做好事故防范措施,填写交接班记录,并将出现的事故发生原因、过程及处理结果记入运行档案; 4. 做好环境保护	每违反一项从总分扣除 2 分,扣分不超过 10 分			
合 计			100			

七、误差分析

1. 外圆加工误差分析

数控车床在外圆加工过程中会遇到各种各样的加工误差问题,在表 2-13 中,对外圆加工中较常出现的问题、产生的原因、预防及解决方法进行分析。

表2-13　外圆加工误差分析

问题现象	产生原因	预防和消除
工件外圆尺寸超差	1. 刀具对刀不准确； 2. 切削用量选择不当产生让刀； 3. 程序错误； 4. 工件尺寸计算错误	1. 调整或重新设定刀具数据； 2. 合理选择切削用量； 3. 检查、修改加工程序； 4. 正确计算工件尺寸
外圆表面粗糙度太差	1. 切削速度过低； 2. 刀具中心过高； 3. 切屑控制较差； 4. 刀尖产生积屑瘤； 5. 切削液选用不合理	1. 调高主轴转速； 2. 调整刀具中心高度； 3. 选择合理的进刀方式及切深； 4. 选择合适的切削范围； 5. 选择正确的切削液，并充分喷注
台阶处不清根或呈圆角	1. 程序错误； 2. 刀具选择错误； 3. 刀具损坏	1. 检查修改加工程序； 2. 正确选择加工刀具； 3. 更换刀片
加工过程中出现扎刀，引起工件报废	1. 进给量过大； 2. 切屑阻塞； 3. 工件安装不合理； 4. 刀具角度选择不合理	1. 降低进给速度； 2. 采用断、退屑方式切入； 3. 检查工件安装，增加安装刚性； 4. 正确选择刀具
台阶端面出现倾斜	1. 程序错误； 2. 刀具安装不正确	1. 检查、修改加工程序； 2. 正确安装刀具
工件圆度超差或产生锥度	1. 车床主轴间隙过大； 2. 程序错误； 3. 工件安装不合理	1. 调整车床主轴间隙； 2. 检查、修改加工程序； 3. 检查工件安装，增加安装刚性

2. 端面加工误差分析

端面加工是零件加工中必不可缺的工序，而且直接或间接的影响到工件的整体尺寸精度，因此，有必要对加工出现的加工质量问题进行控制，预防和消除方法作简要介绍（表2-14）。

表2-14　端面加工误差分析

问题现象	产生原因	预防和消除
端面加工时长度尺寸超差	1. 刀具数据不准确； 2. 尺寸计算错误； 3. 程序错误	1. 调整或重新设定刀具数据； 2. 正确进行尺寸计算； 3. 检查、修改加工程序
端面光洁度太差	1. 切削速度过低； 2. 刀具中心过高； 3. 切屑控制较差； 4. 刀尖产生积屑瘤； 5. 切削液选用不合理	1. 调高主轴转速； 2. 调整刀具中心高度； 3. 选择合理的进刀方式及切深； 4. 选择合适的切速范围； 5. 选择正确的切削液，并充分喷注
端面中心处有凸台	1. 程序错误； 2. 刀具中心过高； 3. 刀具损坏	1. 检查、修改加工程序； 2. 调整刀具中心高度； 3. 更换刀片

（续）

问题现象	产生原因	预防和消除
加工过程中出现扎刀引起工件报废	1. 进给量过大； 2. 刀具角度选择不合理	1. 降低进给速度； 2. 正确选择刀具
工件端面凹凸不平	1. 机床主轴径向间隙过大； 2. 程序错误； 3. 切削用量选择不当	1. 调整机床主轴间隙； 2. 检查、修改加工程序； 3. 合理选择切削用量

八、项目训练

1. 编制如习题图 2－1 所示的各零件数控车削工艺及加工程序，上机操作加工或数控仿真加工，毛坯尺寸 $\phi38\times47$。

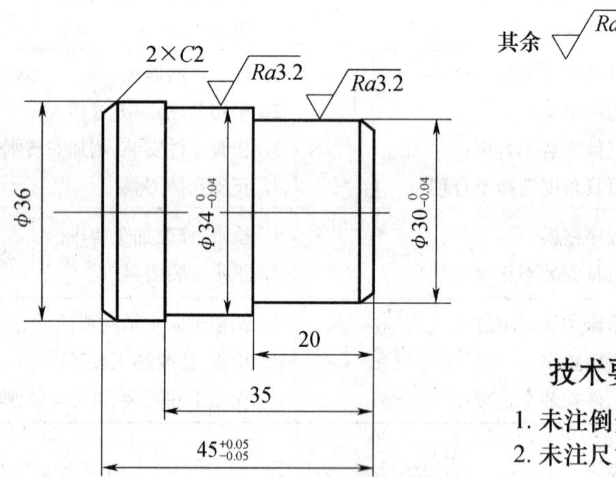

习题图 2－1

2. 编制如习题图 2－2 所示的各零件数控车削工艺及加工程序，上机操作加工或数控仿真加工，毛坯尺寸 $\phi45\times92$。

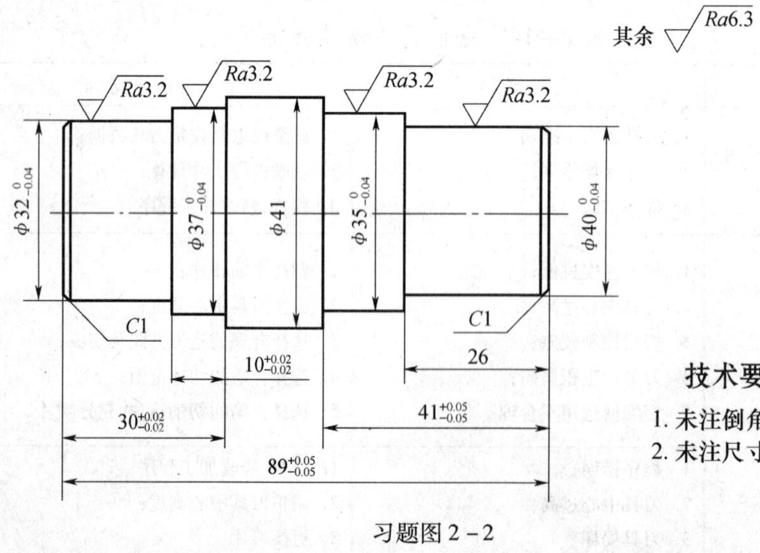

习题图 2－2

学习情境三　锥面及圆弧加工

一、学习目标

知识目标

- 了解锥面常用的加工方法
- 掌握圆弧插补指令
- 掌握刀具半径补偿方法与指令
- 掌握复合循环指令
- 掌握数控车削刀具的选用方法

技能目标

- 会编制带锥面及圆弧面零件的加工程序并能加工出合格的零件
- 能使用复合循环指令简化零件编程
- 能使用刀具半径补偿保证零件加工尺寸
- 会根据零件加工表面选择合理的数控车削刀具

二、工作任务

某制造厂需小批量加工如图 3－1 所示的连接轴零件，要求通过相关知识的学习，完成连接轴零件的数控车削加工。

三、学习导读

1. 圆锥面与圆弧面加工走刀路线

在零件数控加工编程中，合理选择圆锥面与圆弧面加工走刀路线能够提高加工效率，简化编程。

1）圆锥面加工走刀路线

数控车床上车外圆锥，假设圆锥大径为 D，小径为 d，锥度为 L，车削圆锥的加工路线如图 3－2 所示。

按图 3－2(a)所示中的阶梯切削路线，两刀粗车，最后一刀精车；此种加工路线，粗车时，刀具背吃刀量相同，但精车时，背吃刀量不同；同时刀具切削运动的路线最短。

按图 3－2(b)所示的相似斜线切削路线，需计算粗车时终刀距 S，同样由相似三角形可计算得出，按此种加工路线，刀具切削运动的距离较短。

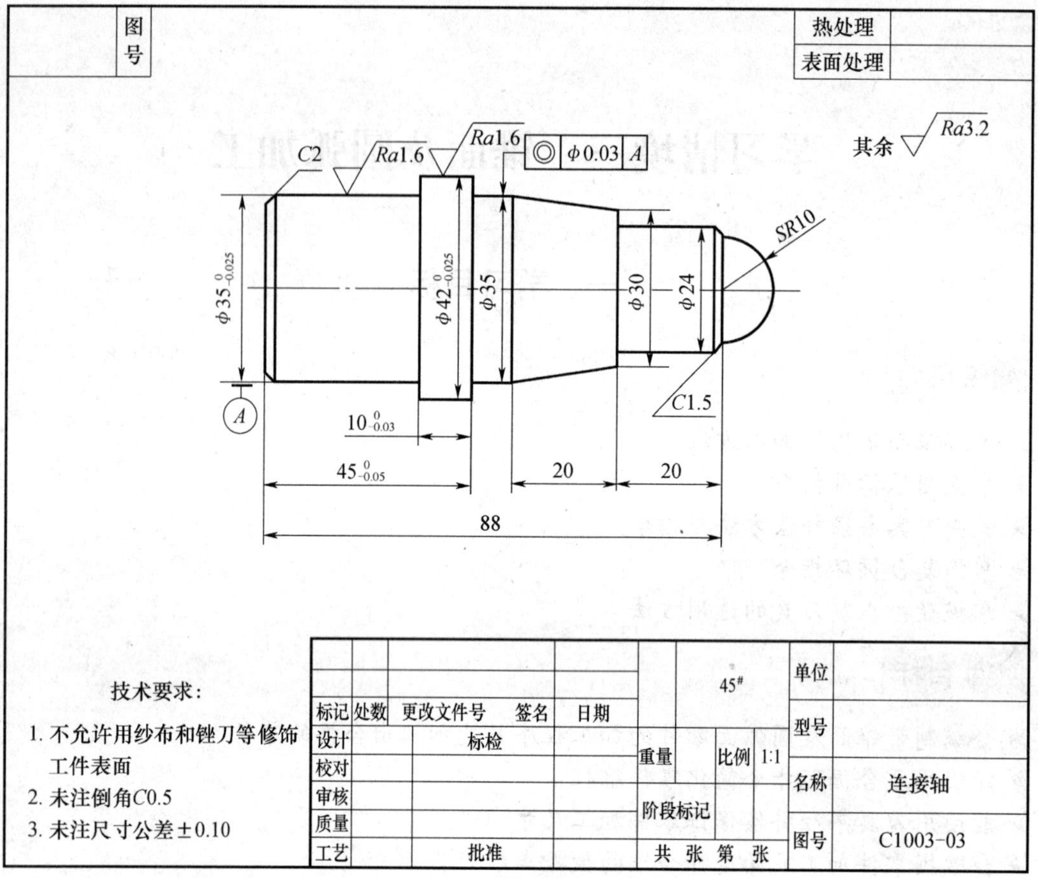

图号		热处理	
		表面处理	

其余 $\sqrt{Ra3.2}$

C2　$Ra1.6$　$Ra1.6$　◎ $\phi 0.03$ A

$\phi 35_{-0.025}^{0}$　$\phi 42_{-0.025}^{0}$　$\phi 35$　$\phi 30$　$\phi 24$　SR10　C1.5　A

$10_{-0.03}^{0}$　$45_{-0.05}^{0}$　20　20　88

技术要求：

1. 不允许用纱布和锉刀等修饰工件表面
2. 未注倒角C0.5
3. 未注尺寸公差±0.10

					45#		单位	
标记	处数	更改文件号	签名	日期				
设计		标检					型号	
校对				重量	比例	1:1	名称	连接轴
审核				阶段标记				
质量							图号	C1003-03
工艺		批准		共 张 第 张				

图 3-1　连接轴零件

按图 3-2(c)所示的斜线加工路线时，只需确定每次背吃刀量 a_p，而不需计算切削终点坐标，编程方便。但在每次切削中背吃刀量是变化的，且刀具切削运动的路线较长。

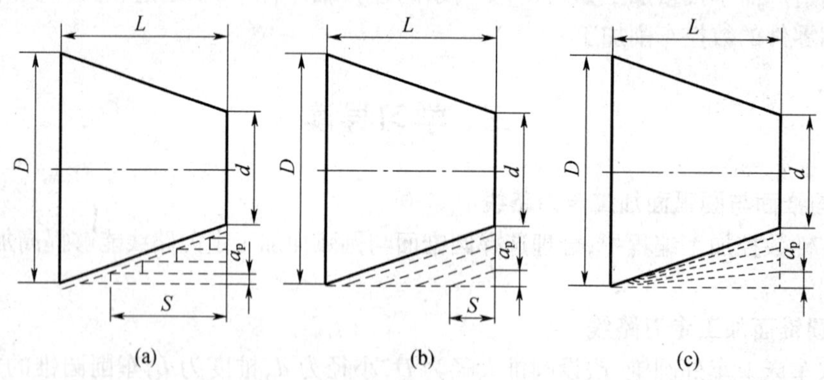

图 3-2　圆锥车削走刀路线

2）圆弧面加工走刀路线

图 3-3 所示为车圆弧的阶梯形切削路线，即先粗车成阶梯，最后一刀精车出圆弧。此方法在确定了每次背吃刀量 a_p，需精确计算出粗车的终刀距离，即求圆弧与直线的交

点。此方法刀具切削运动距离较短，但数值计算较复杂。

图3-4(a)、(b)所示为车圆弧的同心圆弧切削路线，即沿不同的半径圆来车削，最后将所需圆弧加工出来。此方法在确定了每次背吃刀量。对于圆弧的起点、终点坐标较易确定，数值计算简单，编程方便，因此常被采用。但按图3-4(b)所示路线加工时，空行程较长。

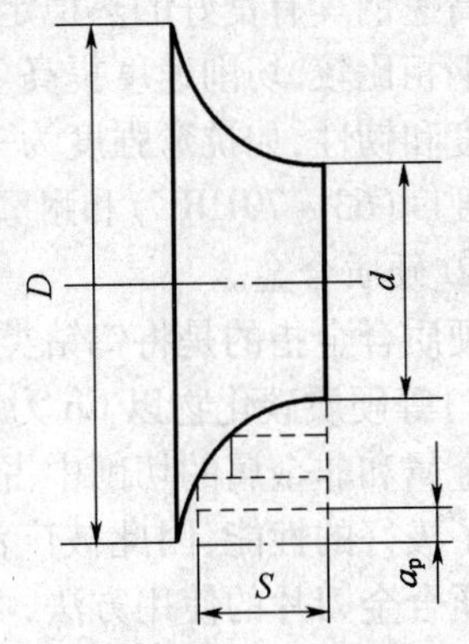

图3-3 阶梯形切削路线车圆弧

图3-5所示为车圆弧的车锥法切削路线，即先车一个圆锥，再车圆弧。但要注意车圆锥时起点和终点的确定，若确定不好，则可能损坏圆锥表面，也可能将余量留得过大。确定方法如图3-5所示，连接 OC 交圆弧于 D，过 D 点作圆弧的切线 AB。

由几何关系可知：$CD = OC - OD = \sqrt{2}R - R = 0.414R$，此为车锥时的最大切削余量，即车锥时的加工路线不能超过 AB 线。由图示关系，可得 $AC = BC = 0.586R$，这样可确定出车锥时的起点和终点。当其不太大时，可取 $AC = BC = 0.5\ R$。此方法数值计算较复杂，刀具切削路线短。

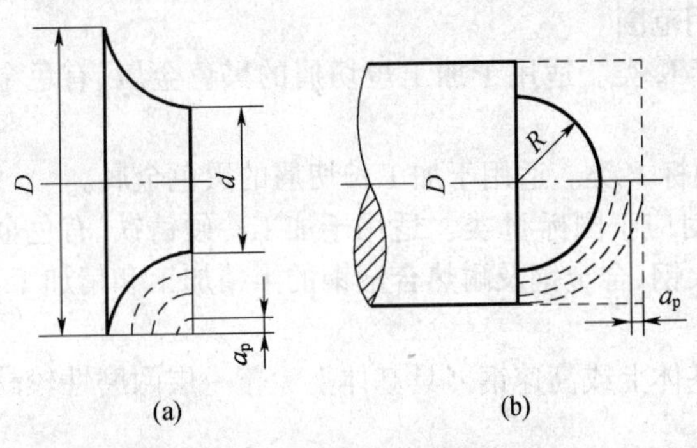

图3-4 同心圆弧切削路线车圆弧

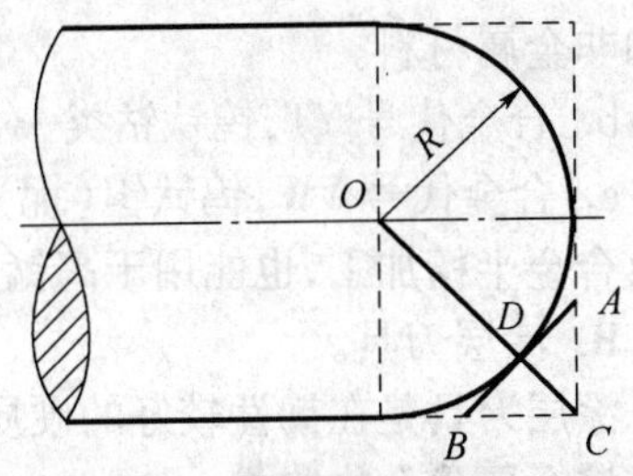

图3-5 车锥法切削路线车圆弧

2. 数控车削刀具

1）刀具材料

(1) 刀具材料的基本要求。

金属加工时，刀具由于受到很大切削力、摩擦力和冲击力，产生很高的切削温度。在这种高温、高压和剧烈摩擦环境下工作，刀具材料需满足如下基本要求：

① 高硬度；

② 高强度与强韧性；

③ 较强的耐磨性和耐热性；

④ 优良导热性；

⑤ 良好的工艺性与经济性。

(2) 常用材料。

① 高速钢。

高速钢(HSS)指的是加入了较多的钨、钼、铬、钒等合金元素的高合金工具钢。按照用途不同，高速钢可以分为通用型高速钢和高性能高速钢；按照制造工艺方法不同，可以分为熔炼高速钢和粉末冶金高速钢。

高速钢具有良好的热稳定性,在500℃~600℃的高温仍能切削,和碳素工具钢、合金工具钢相比较,切削速度提高1倍~3倍,刀具耐用度提高10倍~40倍。高速钢具有较高强度和韧性,如抗弯强度为一般硬质合金的2倍~3倍,是陶瓷的5倍~6倍,且具有一定的硬度(63~70HRC)和耐磨性。

② 硬质合金。

硬质合金指的是将钨钴类(WC)、钨钛钴类(WC-TiC)、钨钛钽(铌)钴类(WC-TiC-TaC)等硬质碳化物以Co为结合剂烧结而成的物质,其主体为WC-Co系,其在铸铁、非铁金属和非金属的切削中占有非常重要的地位。硬质合金由于在铁系金属的切削中显示出了极好的性能,因此被广泛用作刀具材料。多数车刀都采用硬质合金作刀具材料。按硬质合金刀片的使用方法,可分为焊接式刀片和可转位机夹式刀片两类,目前可转位机夹式刀片应用较广。

硬质合金常温硬度很高,达到78~82HRC,热熔性好,热硬性可达800℃~1000℃以上,切削速度比高速钢提高4倍~7倍。

硬质合金缺点是脆性大,抗弯强度和抗冲击韧性不强。抗弯强度只有高速钢的1/3~1/2,抗冲击韧性只有高速钢的1/4~1/35。

A. 普通硬质合金的种类、牌号及适用范围。

a. 合金代号YG,钨钴类,对应于国标K类。适用于加工短切屑的黑色金属、有色金属和非金属材料。

b. 合金代号YT,钨钛钴类,对应于国标P类。适用于加工长切屑的黑色金属。

c. 合金代号YW,钨钛钽(铌)钴类,对应于国标M类。适用于加工冷硬铸铁、有色金属及合金半精加工,也能用于高锰钢、淬火钢、合金钢及耐热合金钢的半精加工和精加工。

B. 涂层刀具。

涂层刀具是在韧性较好的硬质合金基体上或高速钢刀具基体上涂覆一层耐磨性较高的难熔金属化合物制成。

涂层刀具具有高的抗氧化性能和抗黏结性能,因此具有较高的耐磨性。涂层摩擦系数较低,可降低切削时的切削力和切削温度,提高刀具耐用度,高速钢基体涂层刀具耐用度可提高2倍~10倍,硬质合金基体刀具提高1倍~3倍。

涂层刀具应用范围十分广泛,非金属、铝合金、铸铁、钢、高强度钢、高硬度钢、耐热合金、钛合金等材料的切削都可以使用,相比硬质合金性能较好。

硬质合金涂层刀具在涂覆后强度和韧性都有所降低,不适合受力大和冲击大的粗加工,涂层刀具经过钝化处理,切削刃锋利程序减小,不适合进给量很小的精密切削。

2) 数控车削刀具常用类型

随着数控机床结构、功能的发展,现在数控车床所使用的刀具,是多种不同类型的刀具同时在数控车床的刀架上轮换使用,可以自动换刀、提高加工效率。数控刀具按不同的分类方式可分成以下几类:

(1) 从设备安装方式上分左偏刀具和右偏刀具,如图3-6所示。

图3-6 数控车削刀具分类
(a) 左偏刀具;(b) 右偏刀具。

左偏刀具和右偏刀具的用法如表3-1所列。

表3-1 左偏刀具和右偏刀具的用法

名 称	说 明
左偏刀具	在前置刀架数控车床上使用
右偏刀具	在后置刀架数控车床上使用

(2) 从结构上分整体式、镶嵌式和减振式,如图3-7所示。

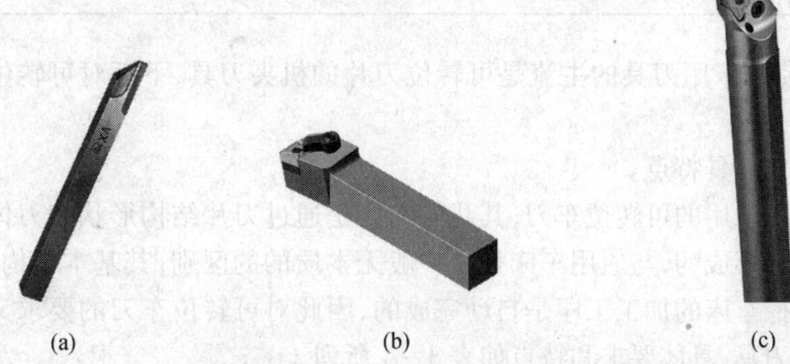

图3-7 数控车削刀具分类

(a) 整体式; (b) 镶嵌式; (c) 减振式。

各种刀具的特点如表3-2所列。

表3-2 各种刀具的特点

名 称	说 明
整体式	由整块材料磨制而成,使用时可根据不同用途将切削部分修磨成所需要的形状
镶嵌式	分为焊接式和机夹式,机夹式又根据刀体结构的不同
减振式	当刀具的工作臂长度与直径比大于4时,为了减少刀具的振动,提高加工精度,所采用的一种特殊结构的刀具,主要用于镗孔

(3) 从功能上分外圆车刀、内孔车刀、螺纹车刀、切槽刀、端面车刀,如图3-8所示。

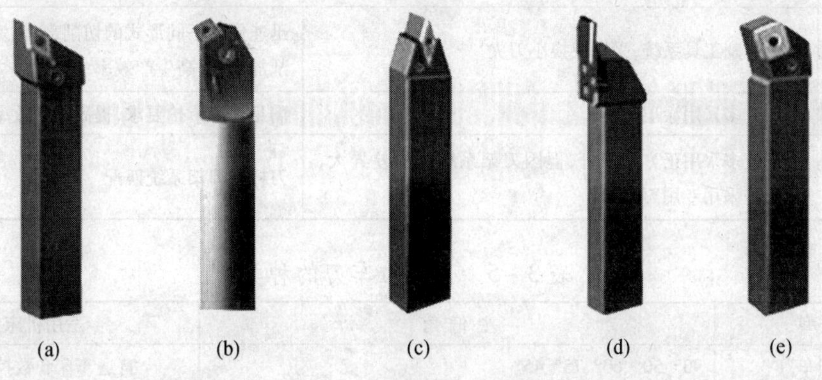

图3-8 数控车削刀具分类

(a) 外圆车刀; (b) 内孔车刀; (c) 螺纹车刀; (d) 切槽刀; (e) 端面车刀。

各种刀具的用途如表3－3所列。

表3－3　各种刀具的用途

名称	说　明
外圆车刀	主要用于车削工件外圆
内孔车刀	用于车削内孔
螺纹车刀	用于车削螺纹
切槽刀	在工件上切槽、切断等，根据加工部位不同，可分为外切槽刀和内切槽刀
端面车刀	用于车削工件端面

目前，数控车床用刀具的主流是可转位刀片的机夹刀具，下面对可转位刀具作详细介绍。

(1) 可转位刀具特点。

数控车床所采用的可转位车刀，其几何参数是通过刀片结构形状和刀体上刀片槽座的方位安装组合形成的，与通用车床相比一般无本质的的区别，其基本结构、功能特点是相同的。但数控车床的加工工序是自动完成的，因此对可转位车刀的要求又有别于通用车床所使用的刀具，具体要求和特点如表3－4所列。

(2) 可转位车刀的种类。

可转位车刀按其用途可分为外圆车刀、端面车刀、内圆车刀、切断车刀、螺纹车刀等，如表3－5所列。

表3－4　可转位车刀特点

要求	特　点	目　的
精度	采用M级或更高精度等级的刀片；多采用精密级的刀杆；用带微调装置的刀杆在机外预调好	保证刀片重复定位精度，方便坐标设定，保证刀尖位置精度
可靠性	采用断屑可靠性高的断屑槽形或有断屑台和断屑器的车刀；采用结构可靠的车刀，采用复合式夹紧结构和夹紧可靠的其它结构	断屑稳定，不能有紊乱和带状切屑；适应刀架快速移动和换位以及整个自动切削过程中夹紧不得有松动的要求
换刀迅速	采用车削工具系统；采用快换小刀夹	迅速更换不同形式的切削部件，完成多种切削加工，提高生产效率
刀片材料	刀片较多采用涂层刀片	满足生产节拍要求，提高加工效率
刀杆截形	刀杆较多采用正方形刀杆，但因刀架系统结构差异大，有的需采用专用刀杆	刀杆与刀架系统匹配

表3－5　可转位车刀的种类

类型	主 偏 角	适用机床
外圆车刀	90°、50°、60°、75°、45°	普通车床和数控车床
仿形车刀	93°、107.5°	仿形车床和数控车床
端面车刀	90°、45°、75°	普通车床和数控车床

（续）

类型	主偏角	适用机床
内圆车刀	45°、60°、75°、90°、91°、93°、95°、107.5°	普通车床和数控车床
切断车刀		普通车床和数控车床
螺纹车刀		普通车床和数控车床
切槽车刀		普通车床和数控车床

(3)可转位车刀的结构形式。

① 杠杆式。

结构如图3-9所示，由杠杆、螺钉、刀垫、刀垫销、刀片组成。这种方式依靠螺钉旋紧压靠杠杆，由杠杆的力压紧刀片达到夹固的目的。其特点适合各种正、负前角的刀片，有效的前角范围为-6°~+18°；切屑可无阻碍地流超额完成，切削热不影响螺孔和杠杆；两面槽壁给刀片有力的支撑，并确保转位精度。

② 楔块式。

结构如图3-10所示，由紧定螺钉、刀垫、销、楔块、刀片组成。这种方式依靠销与楔块的挤压力将刀片坚固。其特点适合各种负前角刀片，有效前角的变化范围为-6°~+18°。两面无槽壁。便于仿形切削或倒转操作时留有间隙。

③ 楔块夹紧式。

结构如图3-11所示，由紧定螺钉、刀垫、销、压紧楔块、刀片组成。这种方式依靠销与楔块的挤压力将刀片夹紧。其特点同楔块式，但切屑流畅性不如楔块式。

此外还有螺栓上压式、压孔式、上压式等形式。

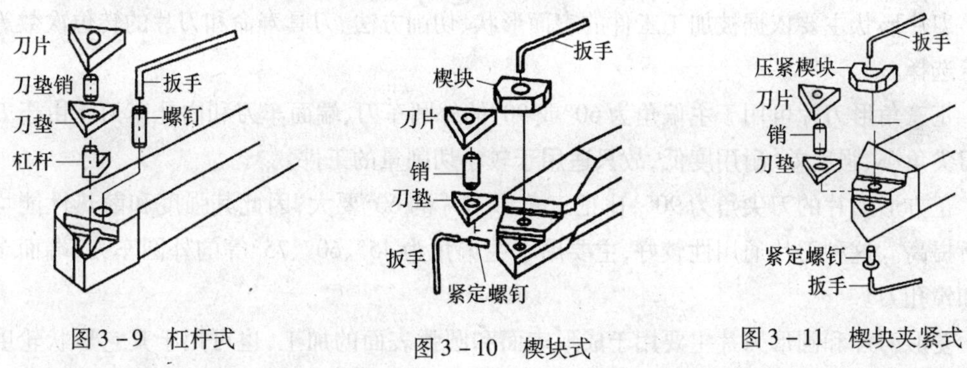

图3-9　杠杆式　　图3-10　楔块式　　图3-11　楔块夹紧式

楔块夹紧式刀具和楔块式刀具如图3-12、图3-13所示。

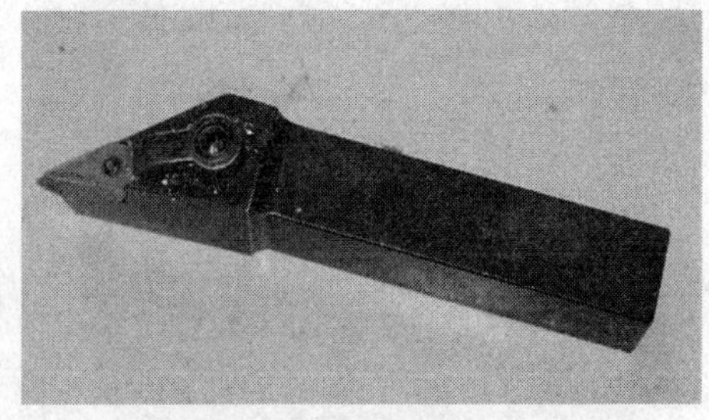

图3-12　楔块夹紧式刀具

图3-13　楔块式刀具

(4) 刀片形状的选择。

数控车削加工用刀片形状如图 3－14 所示,主要参数选择方法如下。

① 刀尖角。

刀尖角的大小决定了刀片的强度。在工件结构形状和系统刚性允许的前提下,应选择尽可能大的刀尖角,通常这个角度在 35°～90°之间。图 3－14 中 R 型圆刀片,在重切削时具有较好的稳定性,但易产生较大的径向力。

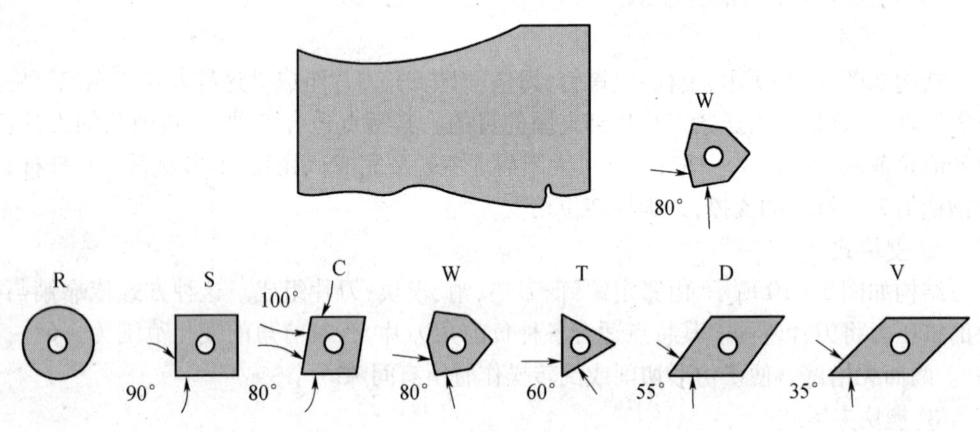

图 3－14　选择刀片形状

② 刀片形状的选择。

刀片形状主要依据被加工工件的表面形状、切削方法、刀具寿命和刀片的转位次数等因素选择。

正三角形刀片可用于主偏角为 60°或 90°的外圆车刀、端面车刀和内孔车刀。由于刀片刀尖角小、强度差、耐用度低,故只适用于较小切削量的工件。

正方形刀片的刀尖角为 90°,比正三角形刀片的 60°要大,因此其强度和散热性能均有所提高。这种刀片通用性较好,主要用于主偏角为 45°、60°、75°等的外圆车刀、端面车刀和镗孔刀。

菱形刀片和圆形刀片主要用于成形表面和圆弧表面的加工,也可用于其它形状轮廓的加工,刀片通用性较好,其形状及尺寸可结合加工对象参照国家标准确定。

3. 相关指令讲解

1) 圆弧加工功能指令

(1) 圆弧插补 G02/G03 指令介绍。

① 编程格式:

$$\begin{Bmatrix} G02 \\ G03 \end{Bmatrix} X(U)\_Z(W)\_\begin{Bmatrix} I\_K\_ \\ R\_ \end{Bmatrix} F\_$$

② 格式含义。

圆弧指令格式含义如表 3－6 所列。

表 3-6　圆弧指令格式含义

条件	指　令		说　明
旋转方向	G02		顺时针方向
	G03		逆时针方向
终点位置	X、Z		为终点数值，是工件坐标系中的坐标值
	U、W		为从起点到终点的增量（U 为直径值）
圆弧特征	圆心坐标	I、K	起点到圆心的增量
	圆弧半径	R	圆弧半径
进给速度	F		被编程的两轴的合成进给速度

各参数之间的关系如图 3-15 所示。

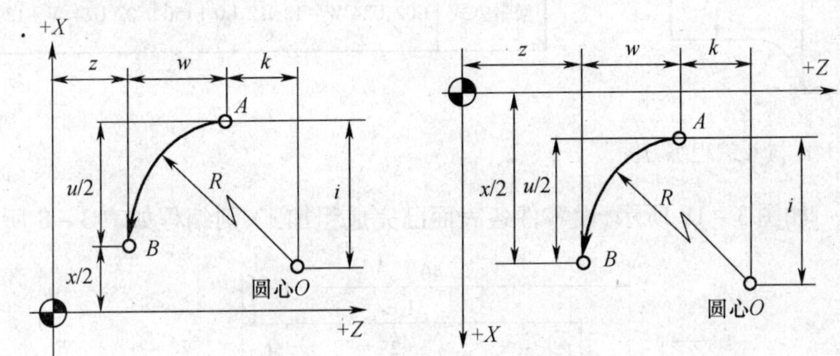

图 3-15　G02/G03 参数说明

注意：I、K 为起点到圆心的距离，在绝对、增量编程时都是以增量方式指定，在直径、半径编程时 I 都是半径值。I、K 的算法为：圆心坐标 - 圆弧起点坐标。分别表述如下：

$$I = X_{圆心} - X_{圆弧起点}$$
$$K = Z_{圆心} - Z_{圆弧起点}$$

③ 圆弧插补 G02/G03 的判断方法。

沿着不在圆弧平面内的坐标轴，由正方向往负方向看，顺时针走向用 G02，逆时针走向用 G03，如图 3-16 所示。

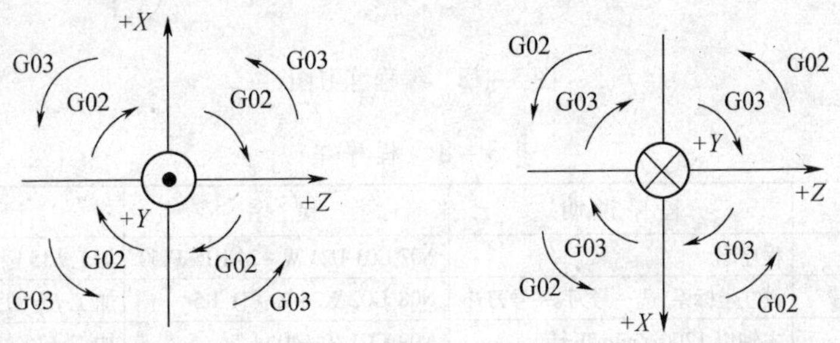

图 3-16　G02/G03 插补方向

（2）圆弧插补指令使用注意事项。

① 在编程时，若同时编入 R 与 I、K，则 R 有效；

② R 编程时，若圆弧所夹的圆心角 $\alpha \leqslant 180°$，R 值取正；若圆心角 $\alpha > 180°$，R 值取负，但一般情况下不会加工圆心角大于 180°的圆弧。

例 3.1 如图 3－17 所示，编程原点在工件的右端面中心，使用 I、K 编程与 R 编程编写图中 *R*12 圆弧，如表 3－7 所列。

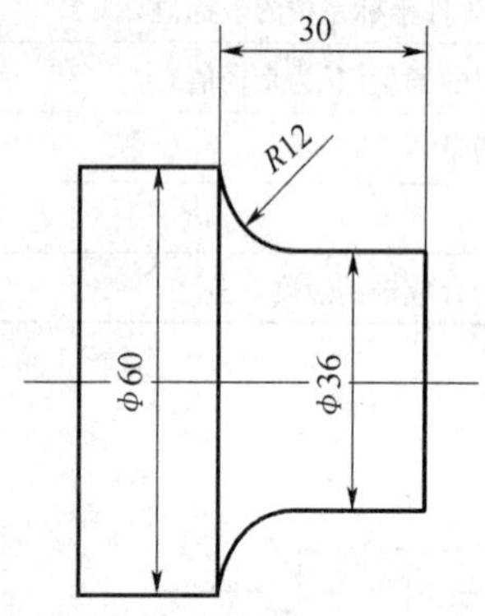

图 3－17 I、K 与 R 编程练习图

表 3－7 编程方式

编程方式	指定圆心 I、K	指定半径 R
绝对方式	G02 X60 Z－30 I12 K0 F150	G02 X60 Z－30 R12 F150
增量方式	G02 U24 W－12 I12 K0 F150	G02 U24 W－12 R12 F150

例 3.2 如图 3－18 所示，设零件各表面已完成粗加工，则编程如表 3－8 所列。

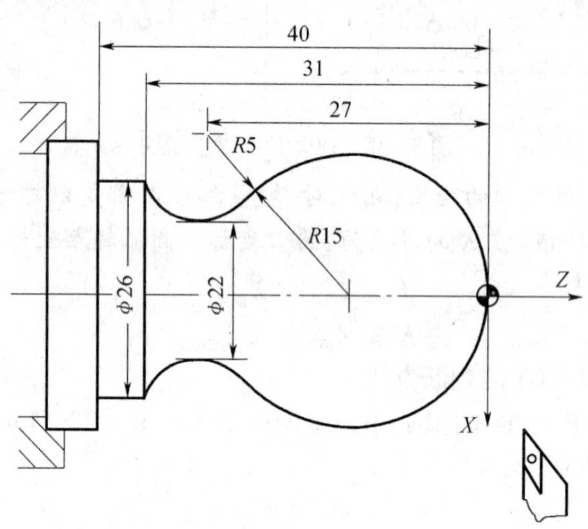

图 3－18 编程练习图

表 3－8 程序单

程 序	程序说明	程 序	程序说明
%3001	程序名	N07 G03 U24 W－24 R15 F150	加工 *R*15 圆弧段（增量方式）
N01 T0101	设立坐标系，选一号刀，一号刀补	N08 G02 X26 Z－31 R5	加工 *R*5 圆弧段（绝对方式）
N02 M03 S1200	主轴以 1200r/min 正转	N09 G01 Z－40	加工 φ26 外圆
N03. G00 X100Z100	确定起刀点	N10 G00 X40 Z5	回起刀点
N04 G00 X50 Z5	快速移至工件附近	N1 1G00 X100 Z200	回到安全位置
N05 G00 X0	到达工件中心	N12 M05	主轴停
N06 G01 Z0 F200	工进接触工件毛坯	N12 M30	主程序结束并复位

2) 刀尖圆弧补偿 G41、G42 功能

(1) 刀尖半径补偿的原因。

数控车床加工是按车刀理想刀尖为基准进行编写数控轨迹代码的,对刀时也希望能以理想刀尖来对刀。但实际加工中,刀尖不可能绝对尖,通常有一个小圆弧,理想刀尖实际上不存在,故又称之为假想刀尖,如图 3-19 所示。理想刀尖(假想刀尖)并不是车刀与工件接触点,实际起作用的是刀尖圆弧上各切点。当车削内外圆柱表面或端面时,刀尖圆弧大小并不会造成加工表面形状误差,但用于圆锥面或圆弧车削时,则会产生过切或少切现象(图 3-20),影响精度,因此编制数控车削程序时,必须予以考虑。

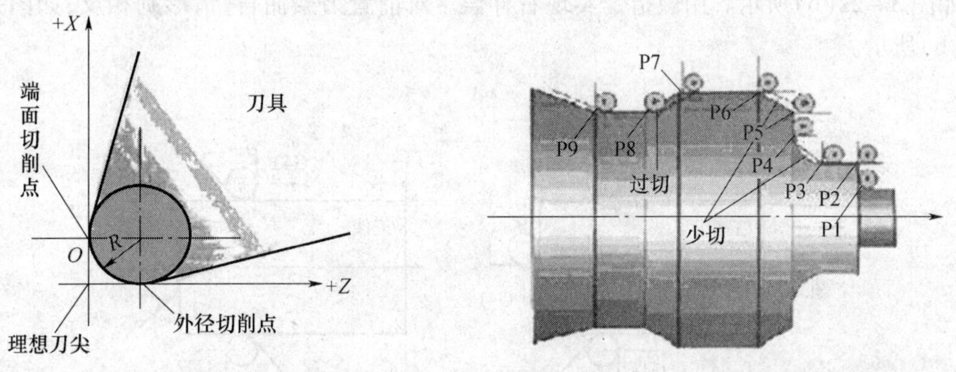

图 3-19　刀尖半径 R 和理想刀尖　　图 3-20　刀尖圆弧 R 造成的少切与过切

由于大多数全功能的数控车床都具备刀尖半径自动补偿功能,因此,只要按工件轮廓尺寸编程,再通过系统补偿一个刀尖半径值即可。刀尖半径补偿的基本原理是当加工轨迹到达圆弧或圆锥部位时并不马上执行所读入的程序段,而是再读入下一段程序,判断两段轨迹之间的转接情况,然后根据转接情况计算相应的运动轨迹(转接向量)。由于多读了一段程序进行预处理,故能进行精确的补偿,自动消除车刀存在刀尖圆弧带来的加工误差,从而能实现精密加工,如图 3-21 所示。

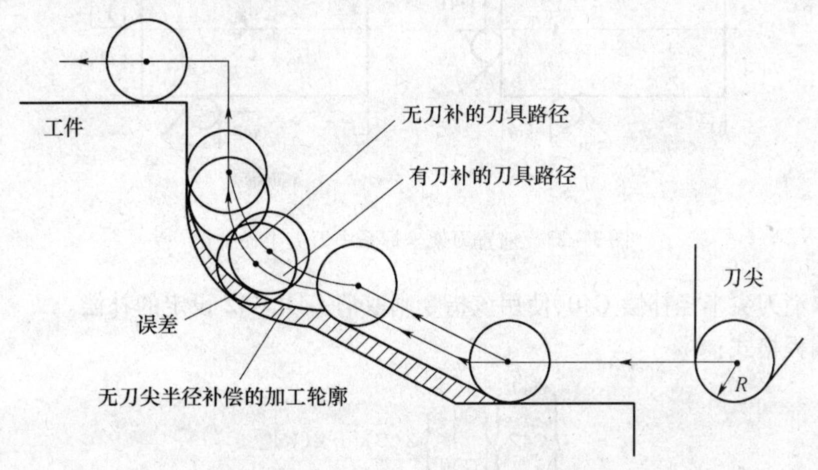

图 3-21　刀尖半径补偿示意图

(2) 刀尖半径补偿指令 G41、G42、G40。

刀尖半径补偿是通过 G41、G42、G40 代码及 T 代码指定的刀尖圆弧半径补偿号来加入或取消半径补偿。

① 刀尖半径左补偿 G41。

在后置刀架坐标系中，沿着刀具运动方向看，刀具位于工件轮廓左侧时，称为左刀补，如图 3－22(a)所示。用该指令实现左补偿。对前置刀架而言，情形则相反，如图 3－23(a)所示。

② 刀尖半径右补偿 G42。

在后置刀架坐标系中，沿着刀具运动方向看，刀具位于工件轮廓右侧时，称为右刀补，如图 3－22(b)所示。用该指令实现右补偿。对前置刀架而言，情形则相反，如图 3－23(b)所示。

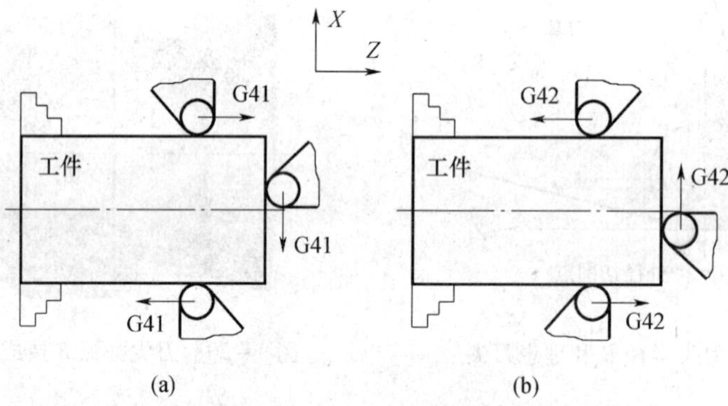

图 3－22　后置刀架坐标系中刀尖半径补偿

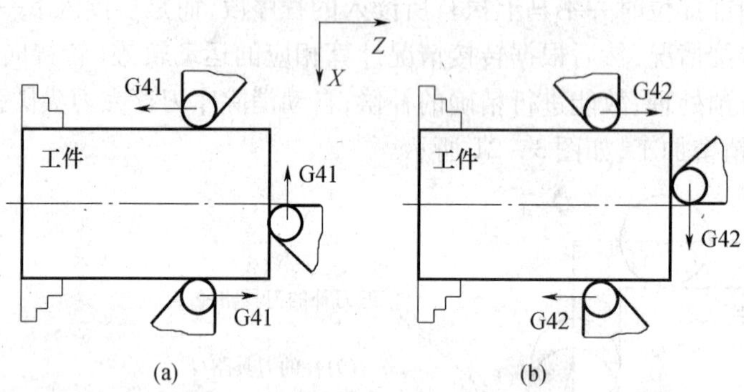

图 3－23　前置刀架坐标系中刀尖半径补偿

③ 取消刀尖半径补偿 G40，使用该指令则取消 G41、G42 设定的补偿。

④ 编程格式：

$$\begin{Bmatrix} \mathrm{G41} \\ \mathrm{G42} \\ \mathrm{G40} \end{Bmatrix} \begin{Bmatrix} \mathrm{G01} \\ \mathrm{G00} \end{Bmatrix} \mathrm{X(U)\_\ \ Z(W)\_}$$

说明：

① G40、G41、G42 后可不跟 G00 或 G01 指令，X(U)、Z(W)为 G00/G01 的参数，即建立或取消刀补的终点；

② G40、G41、G42 均为模态 G 代码；

③ 判断左刀补还是右刀补时，无论是前置刀架还是后置刀架，观察者均是从 Y 轴的正往负向观察刀具与工件的位置，然后判别左右刀补。

(3) 车刀刀尖方位。

在实际加工中，由于被加工工件的加工需要，刀具和工件间将会存在不同的位置关系；刀尖圆弧半径补偿寄存器中，定义了车刀圆弧半径及刀尖的方向号。车刀刀尖的方向号定义了刀具刀位点与刀尖圆弧中心的位置关系，其 0 ~ 9 有十个方向，如图 3 - 24 所示。

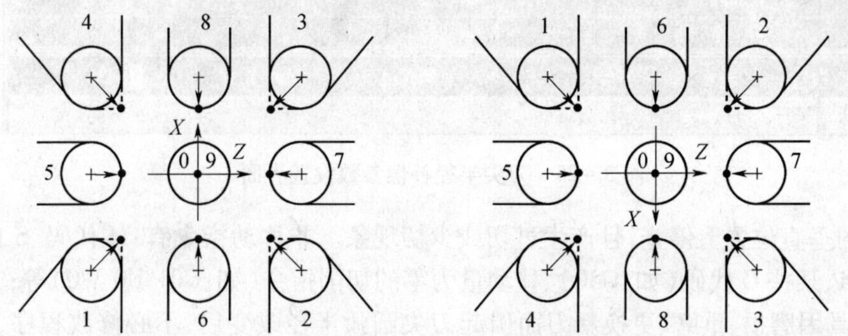

• 代表刀具刀位点A，+代表刀尖圆弧圆心O　　• 代表刀具刀位点A，+代表刀尖圆弧圆心O

图 3 - 24　前置与后置刀架刀尖方位定义

(4) 刀尖半径补偿的设置。

① 输入刀尖半径补偿参数。

按软键 刀补表 F3 进入参数设定页面，如图 3 - 25 所示；用 ▲ ▼ ◀ ▶ 以及 PgUp PgDn 将光标移到对应刀补号的半径栏中，按 Enter 键后，输入刀尖半径补偿值，输入完毕，按 Enter 键确认，或按 Esc 键取消。

② 输入刀尖方位参数。

数控程序中调用刀具补偿命令时，需在刀补表中设定所选刀具的刀尖方位参数值。刀尖方位参数值根据所选刀具的刀尖方位参照图 3 - 24 得到，在"刀尖方位"对应的栏中输入参数值。

注意：

① 刀补表中的序号参数必须与刀偏表中的序号对应；

② 刀补表和刀偏表中#XX00 行虽然可以输入补偿参数，但在数控程序调用时数据被取消，因此该栏中不能输入参数。

(5) 刀尖半径补偿注意事项。

① G41、G42 指令不能与 G02 或 G03 指令写在同一程序段；

② 刀尖半径补偿使用结束后，必须用 G40 指令取消补偿；

③ 在使用 G41 或 G42 指令时，不允许有两个连续的非移动指令，否则刀具在前面程

刀补表：

刀补号	半径	刀尖方位
#XX00	0.000	0
#XX01	0.000	0
#XX02	0.000	0
#XX03	0.000	0
#XX04	0.000	0
#XX05	0.000	0
#XX06	0.000	0
#XX07	0.000	0
#XX08	0.000	0
#XX09	0.000	0
#XX10	0.000	0
#XX11	0.000	0
#XX12	0.000	0

直径　毫米　分进给　　WWW%100　〜〜%100　%0

MDI:

图 3－25　刀尖半径补偿参数设置界面

序段终点的垂直位置上停止，且产生过切或少切现象。非移动指令有：M 代码、S 代码、暂停指令 G04、某些 G 代码（如：G50）、移动量为零的切削指令（如：G01 U0 W0）等；

④ 刀具因磨损、重磨、更换新刀而引起刀尖圆弧半径改变后，不必修改程序，只需在刀补表界面中修改刀尖半径补偿量即可；

⑤ 加工程序中，当调用另一把刀具或要更改刀尖补偿方向时，中间必须取消刀尖补偿，否则会产生加工误差。

3）刀尖半径补偿举例

例 3.3　如图 3－26 所示，考虑刀尖半径补偿，编程图 3－26 所示零件的精加工程序，如表 3－9 所列。

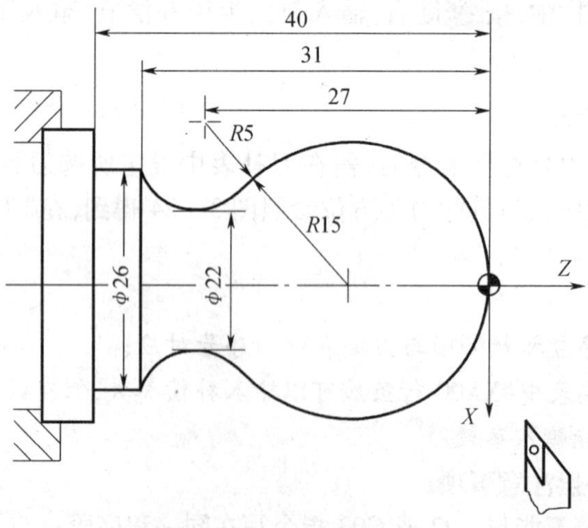

图 3－26　编程练习图

表3-9 程序单

程 序	程序说明
%1234	程序名
N01 T0101	设立坐标系,选一号刀,一号刀补
N02 M03 S1000	主轴以1000r/min正转
N03 G00 X100 Z100	确定起刀点
N04 G00 X50 Z5	快速到达切削起点
N05 G00 X0	到达工件中心
N06 G01 G42 Z0 F200	建立刀尖半径补偿,工进接触工件毛坯
N07 G03 U24 W-24 R15 F150	加工 $R15$ 圆弧段(增量方式)
N08 G02 X26 Z-31 R5	加工 $R5$ 圆弧段(绝对方式)
N09 G01 Z-40	加工 $\phi26$ 外圆
N10 G01 X40	退出加工表面
N11 G00 G40 X50 Z5	取消刀尖半径补偿,回起刀点位置
N12 G00 X100 Z200	回到安全位置
N13 M05	主轴停
N14 M30	主程序结束并复位

4)复合循环指令

车床加工的复合循环指令有4类,分别是:G71内(外)径粗车复合循环、G72端面粗车复合循环、G73封闭轮廓复合循环、G76螺纹切削复合循环,在本节中介绍前3种循环。

运用这些复合循环指令,只需指定粗加工路线和粗加工的背吃刀量,系统会自动计算粗加工路线和走刀次数,非常方便的完成零件复杂零件程序的编制。

(1)内(外)径粗车复合循环G71。

编程格式:G71 U(Δd)_R(r)_P(ns)_Q(nf)_X(Δx)_Z(Δz)_F(f)_S(s)_T(t)_

说明:

① 该指令执行如图3-27所示的粗加工和精加工,并且循环结束后刀具回到循环起点。精加工路径为 $A \to A' \to B' \to B$ 的轨迹。

Δd:切削深度(每次切削量,半径值),指定时无正负号;方向由矢量 AA' 决定;

r:每次退刀量(半径值),指定时无正负号;

ns:精加工路径起始程序段顺序号,起始程序段一般选择沿 X 方向进刀程序段;

nf:精加工路径结束程序段顺序号,结束程序段一般选择沿 X 方向退刀程序段;

Δx:X 方向精加工余量(直径值);

Δz:Z 方向精加工余量;

f,s,t:粗加工时G71中编程的F、S、T有效,而精加工时处于ns到nf程序段之间的F、S、T有效。

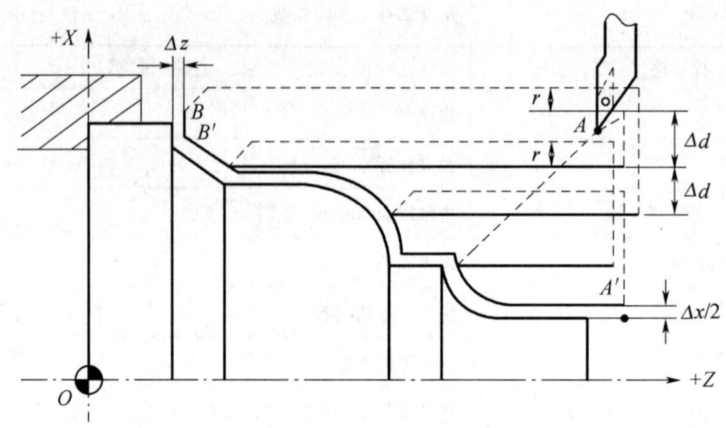

图 3 - 27　内外径粗切切复合循环

② G71 切削循环下，切削进给方向平行于 Z 轴，X(Δx) 和 Z(Δz) 的符号随加工位置的不同而选择不同的符号（即往正方向留余量还是往负方向留余量）。如图 3 - 28 所示，其中(+)表示沿轴正方向移动，(-)表示沿轴负方向移动。

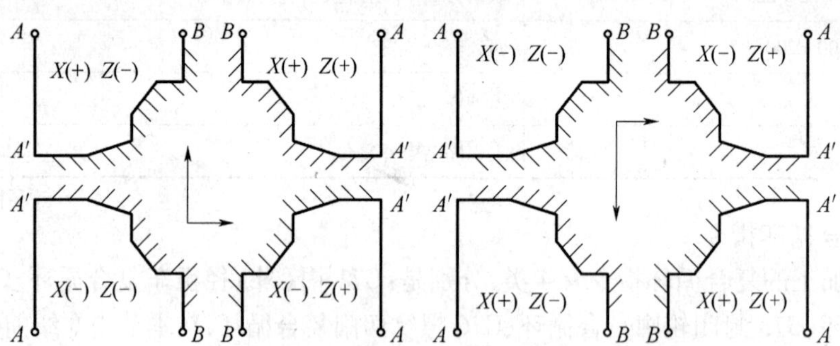

图 3 - 28　G71 复合循环下 X(Δx) 和 Z(Δz) 的符号

由图 3 - 28 可得，加工外轮廓时，Δx 应为正值，即向 +X 方向留余量；加工内轮廓时，Δx 应为负值，即向 -X 方向留余量，若 Δx 为正值，则会产生过切。

而 Δz 值则应根据加工方向及加工轮廓沿 Z 方向的走向决定。

注意：

① G71 指令必须带有 P，Q 地址 ns、nf，且与精加工路径起、止顺序号对应，否则不能进行该循环加工；

② ns 的程序段必须为 G00/G01 指令，即从 A 到 A′的动作必须是直线或点定位运动；

③ 在顺序号 ns 到 nf 的程序段中，不应包含子程序。

例 3.4　用外径粗加工复合循环编制如图 3 - 29 所示零件的加工程序，要求循环起点在 A(46,3)，切削深度为 1.5mm（半径值），退刀量为 1mm，X 方向精加工余量为 0.4mm，Z 方向精加工余量为 0.1mm，其中点划线部分为工件毛坯；工件右端面中心为编程原点，水平向右为 +Z，垂直方向为 X，因前置刀架及后置刀架坐标编程相同，故未给出 +X 方向。编程如表 3 - 10 所列。

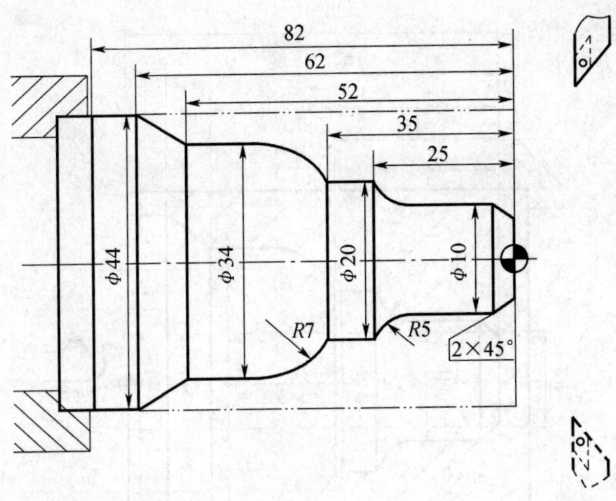

图 3-29　G71 复合循环编程实例

表 3-10　程序单

程　序	程 序 说 明
%3002	程序名
N01 T0101	设立坐标系,选一号刀,一号刀补
N02 G00 X80 Z80	快速定位到起刀点
N03 M03 S700	主轴以 700r/min 正转
N04 G01 X46 Z3 F150	刀具到循环起点位置
N05 G71 U1.5 R1 P6 Q16 X0.6 Z0.1 F100	粗切削循环,粗切量 1.5,精切量 X0.6,Z0.1
N06 G01 X0 F150	精加工程序起始行,到轴心延长线上
N07 G01 Z0 F100	到端面中心
N08 X6	精加工端面
N09 X10 Z-2	精加工 *C*2 倒角
N10 Z-20	精加工 φ10 外圆
N11 G02 X20 Z-25 R5	精加工 *R*5 圆弧
N12 G01 Z-35	精加工 φ20 外圆
N13 G03 X34 W-7 R7	精加工 *R*7 圆弧
N14 G01 Z-52	精加工 φ34 外圆
N15 X44 Z-62	精加工外圆锥
N16 X46	精加工程序结束行,退出加工面
N17 G00 X100	*X* 方向快速退刀到安全位置
N18 G00 Z200	*Z* 方向快速退刀到安全位置
N19 M05	主轴停转
N20 M02	程序结束

例 3.5　用内径粗加工复合循环编制如图 3-30 所示零件的加工程序,要求循环起点在 *A*(6,5),切削深度为 1.5mm(半径量)。退刀量为 1mm,*X* 方向精加工余量为 0.4mm,*Z* 方向精加工余量为 0.1mm,其中点划线部分为工件毛坯。编程如表 3-11 所列。

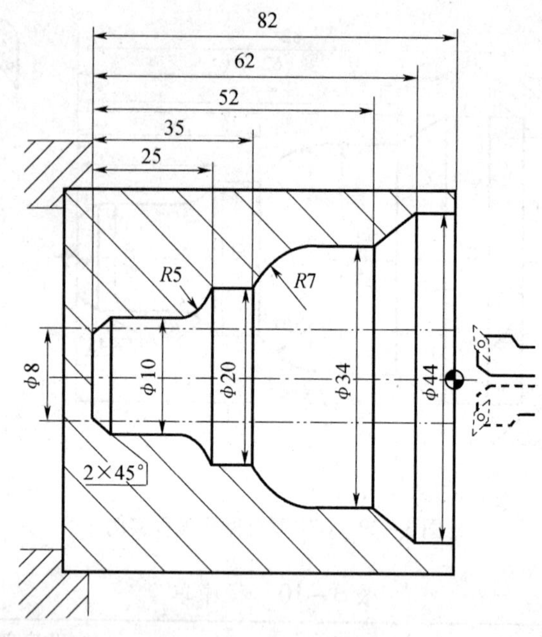

图 3-30　G71 复合循环编程实例

表 3-11　程序单

程　序	程序说明
%3003	程序名
N01 T0101	设立坐标系,选一号刀,一号刀补
N02 G00 X80 Z80	快速定位到起刀点
N03 M03 S800	主轴以 800r/min 正转
N04 G01 X6 Z5 F200	刀具到循环起点位置
N05 G71 U1.5 R1 P06 Q14 X-0.4 Z0.1 F150	粗切削循环,粗切量 1.5,精切量 X-0.4,Z0.1
N06 G01 X44 F150	精加工程序起始行,到 ϕ44 内圆延长线上
N07 G01 Z-20 F100	精加工 ϕ44 内圆
N08 X34 Z-30	精加工内圆锥
N09 W-10	精加工 ϕ34 内圆
N10 G03 X20 W-7 R7	精加工 *R*7 圆弧
N11 G01 W-10	精加工 ϕ20 内圆
N12 G02 X10 W-5 R5	精加工 *R*5 圆弧
N13 G01 W-18	精加工 ϕ10 内圆
N14 X6 W-4	精加工 *C*2 倒角,精加工程序结束行
N15 G01 Z5 F200	退刀到工件外
N16 G00 X80 Z80	快速退刀到起刀点位置
N17 G00 X100 Z200	快速退刀到安全位置
N18 M05	主轴停转
N19 M02	程序结束

(2) 端面粗车复合循环 G72。

编程格式：G72 W(Δd)_ R(r)_ P(ns)_ Q(nf)_ X(Δx)_ Z(Δz)_ F(f)_ S(s)_ T(t)_

说明：

① 该循环与 G71 的区别仅在于切削方向平行于 *X* 轴。该指令执行如图 3-31 所示的粗加工和精加工，并且循环结束后刀具回到循环起点。精加工路径为 $A \to A' \to B' \to B$ 的轨迹。

Δd：切削深度（每次切削量），指定时无正负号；方向由矢量 AA' 决定；

r：每次退刀量，指定时无正负号；

ns：精加工路径起始程序段顺序号，起始程序段一般选择沿 *Z* 方向进刀程序段；

nf：精加工路径结束程序段顺序号，结束程序段一般选择沿 *Z* 方向退刀程序段；

Δx：*X* 方向精加工余量（直径值）；

Δz：*Z* 方向精加工余量；

f，s，t：粗加工时 G72 中编程的 F、S、T 有效，而精加工时处于 ns 到 nf 程序段之间的 F、S、T 有效。

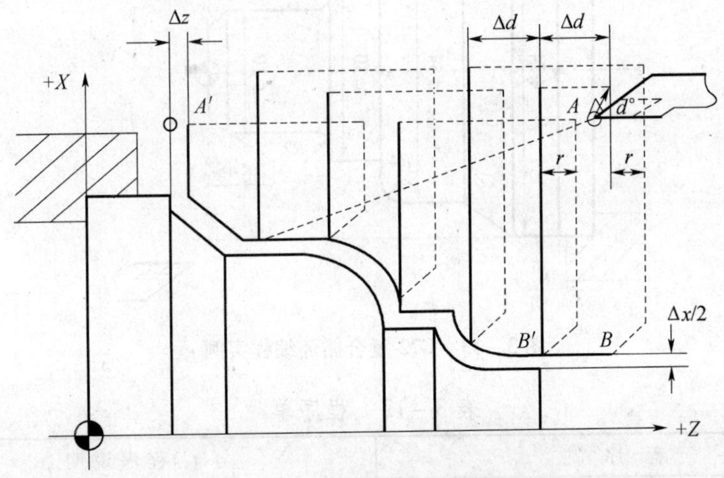

图 3-31　端面粗车复合循环 G72

② G72 切削循环下，切削进给方向平行于 *X* 轴，X(Δx) 和 Z(Δz) 的符号随加工位置的不同而选择不同的符号（即往正方向留余量还是往负方向留余量）。如图 3-32 所示，其中（+）表示沿轴正方向移动，（-）表示沿轴负方向移动。

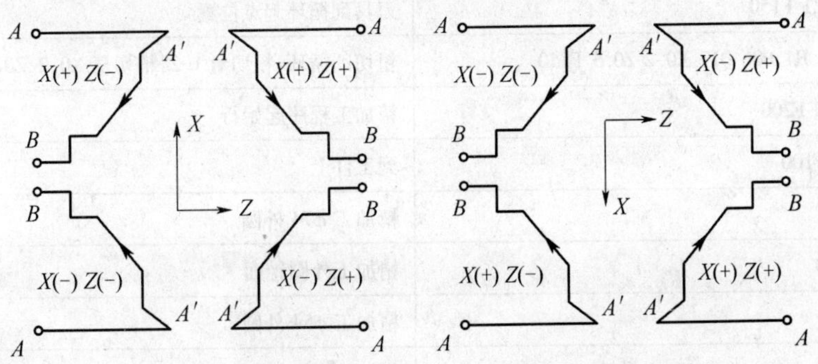

图 3-32　G72 复合循环下 *X*(Δx) 和 *Z*(Δz) 的符号

注意：

① G72 指令必须带有 P,Q 地址 ns、nf，且与精加工路径起、止顺序号对应，否则不能进行该循环加工；

② ns 的程序段必须为 G00/G01 指令，即从 A 到 A' 的动作必须是直线或点定位运动；

③ 在顺序号 ns 到 nf 的程序段中，不应包含子程序。

例 3.6 用端面粗加工复合循环编制如图 3－33 所示零件的加工程序，要求循环起点在 A(80,1)，切削深度为 1.2mm，退刀量为 1mm，X 方向精加工余量为 0.2mm，Z 方向精加工余量为 0.5mm，其中点划线部分为工件毛坯。编程如表 3－12 所列。

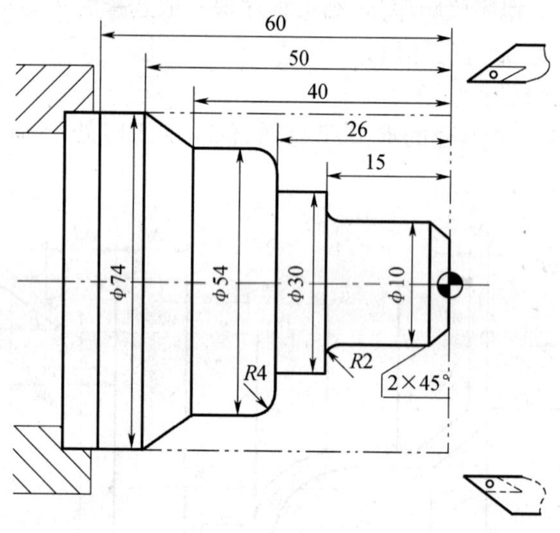

图 3－33 G72 复合循环编程实例

表 3－12 程序单

程 序	程序说明
%3004	程序名
N01 T0101	设立坐标系，选一号刀，一号刀补
N02 G00 X100 Z80	快速定位到起刀点
N03 M03 S600	主轴以 600r/min 正转
N04 G00 X80 Z1 F150	刀具到循环起点位置
N05 G72 W1.2 R1 P06 Q17 X0.2 Z0.5 F150	粗切削循环，粗切量 1.2，精切量 X0.2，Z0.5
N06 G01 Z－60 F200	精加工程序起始行
N07 G01 X74 F100	到工件上
N08 Z－50	精加工 φ74 外圆
N09 X54 Z－40	精加工外圆锥面
N10 Z－30	精加工 φ54 外圆
N11 G02 X46 Z－26 R4	精加工 $R4$ 圆弧

(续)

N12 G01 X30	精加工 Z－26 处端面
N13 Z－15	精加工 ϕ30 外圆
N14 X14	精加工 Z－15 处端面
N15 G03 X10 Z－13 R2	精加工 R2 圆弧
N16 G01 Z－2	精加工 ϕ10 外圆
N17 X4 Z1	精加工 C2 倒角，精加工程序结束行，退出加工面
N18 G00 X100 Z200	快速退刀到安全位置
N19 M05	主轴停转
N20 M02	程序结束

(3)封闭轮廓复合循环 G73。

编程格式：G73 U(ΔI)_W(Δk)_R(r)_P(ns)_Q(nf)_X(Δx)_Z(Δz)_F(f)_S(s)_T(t)_

说明：

该功能在切削工件时刀具轨迹是如图 3－34 所示的封闭回路，刀具逐渐进给，使封闭切削回路逐渐向零件最终形状靠近，最终切削成工件的形状，其精加工路径为 $A \rightarrow A' \rightarrow B' \rightarrow B$。

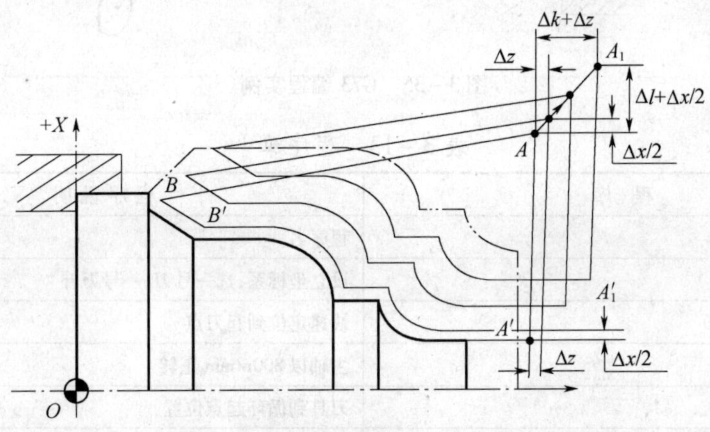

图 3－34 封闭车削复合循环 G73

这种指令能对铸造、锻造等粗加工中已初步成型的工件进行高效率切削。

ΔI：X 轴方向的粗加工总余量；

Δk：Z 轴方向的粗加工总余量；

r：粗切削次数；

ns：精加工路径起始程序段顺序号(即图中的 AA')；

nf：精加工路径结束程序段顺序号(即图中的 BB')；

Δx：X 方向精加工余量(直径值)；

Δz：Z 方向精加工余量；

f,s,t：粗加工时 G72 中编程的 F、S、T 有效，而精加工时处于 ns 到 nf 程序段之间的

F、S、T 有效。

注意：

① ΔI 和 Δk 表示粗加工时总的切削量，粗加工次数为 r，则每次 X、Z 方向的切削量为 $\Delta I/r$，$\Delta k/r$；

② 按 G73 段中的 P 和 Q 指令值实现循环加工，要注意 Δx 和 Δz，ΔI 和 Δk 的正负号。

例 3.7 编制如图 3－35 所示零件的加工程序，设切削起点在 $A(60,5)$，X、Z 方向粗加工余量分别为 3mm、0.9mm；粗加工次数为 3；X、Z 方向精加工余量分别为 0.6mm、0.1mm。其中点划线部分为工件毛坯。编程如表 3－13 所列。

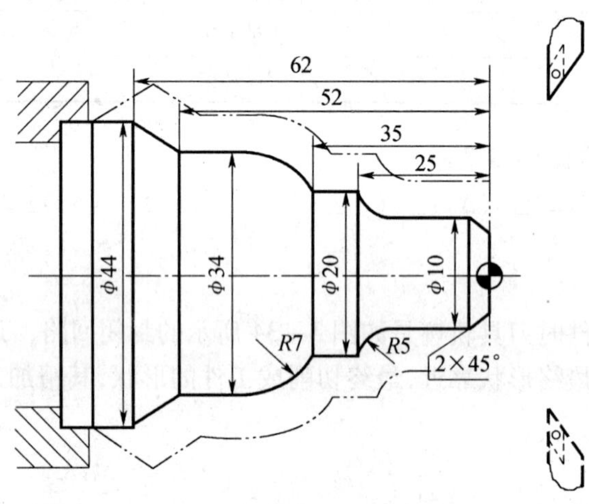

图 3－35 G73 编程实例

表 3－13 程序单

程 序	程序说明
%3005	程序名
N01 T0101	设立坐标系，选一号刀，一号刀补
N02 G00 X100 Z80	快速定位到起刀点
N03 M03 S800	主轴以 800r/min 正转
N04 G00 X60 Z5	刀具到循环起点位置
N05 G73 U3 W0.9 R3 P06 Q15 X0.6 Z0.1 F120	封闭粗切削循环
N06 G01 X0 Z3 F200	精加工程序起始行
N07 G01 X10 Z－2 F100	倒角 $C2$
N08 Z－20	精加工 ϕ10 外圆
N09 G02 X20 Z－25 R5	精加工 $R5$ 圆弧
N10 G01 Z－35	精加工 ϕ20 外圆
N11 G03 X34 W－7 R7	精加工 $R7$ 圆弧
N12 G01 Z－52	精加工 ϕ34 外圆
N13 X44 Z－62	精加工外圆锥面
N14 W－1	精加工 ϕ44 外圆

（续）

N15 G01 X48	精加工程序结束行,退出加工面
N16 G00 X100 Z200	快速退刀到安全位置
N17 M05	主轴停转
N18 M02	程序结束

(4)复合循环指令注意事项。

① G71、G72、G73 复合循环中地址 P 指定的程序段,应有准备机能 01 组的 G00 或 G01 指令,否则产生报警。

② 在 MDI 方式下,不能运行复合循环指令。

③ 在复合循环 G71、G72、G73 中由 P、Q 指定顺序号的程序段之间,不应包含 M98 子程序调用及 M99 子程序返回指令。

四、任务解析

1. 零件图样分析

1）结构工艺性分析

此零件毛坯形状为棒料,材料为45#钢,零件加工要素为外圆柱、外圆锥和圆弧表面,属于一般简单轴类零件,零件结构合理,适合进行数控加工。

2）尺寸标注及精度分析

此零件尺寸标注完整,轮廓描述清楚,图样中 5 处直径尺寸分别为 $\phi35_{-0.025}^{0}$、$\phi30$、$\phi35$、$\phi24$、$\phi42_{-0.025}^{0}$,长度方向有精度要求的尺寸为 $10_{-0.03}^{0}$、$40_{-0.05}^{0}$,精度为中等公差等级。左端外圆与右圆锥面有较高的同轴度要求,表面粗糙度要求为 $Ra1.6$,表面质量要求较高,通过数控加工能够满足其精度要求。

2. 机床及夹具的选择

根据被加工零件的外形、材料及车间设备等条件,选用 CAK6140 数控车床。

本零件形状为规则轴类,长度适中,选用三爪自定心卡盘装夹,装夹方便、快捷,定位精度高。

3. 零件加工工艺过程卡(表 3－14)

表 3－14　零件加工工艺过程卡(参考)

<table>
<tr><td rowspan="2">(单位)</td><td colspan="2" rowspan="2">零件工艺过程卡</td><td colspan="2">产品型号</td><td></td></tr>
<tr><td colspan="2">产品名称</td><td>连接轴</td></tr>
<tr><td>材料牌号</td><td>45#</td><td>毛坯种类</td><td>棒料</td><td>毛坯外形尺寸</td><td>$\phi50\times105$</td></tr>
<tr><td>工序号</td><td>工序名</td><td>工序内容</td><td>车间</td><td>机床</td><td>工艺装备</td></tr>
<tr><td>1</td><td>下料</td><td>棒料 $\phi50\times105$</td><td>下料车间</td><td>锯床</td><td></td></tr>
<tr><td>2</td><td>数车</td><td>夹一端车外圆车至尺寸
$\phi35_{-0.025}^{0}\times30$、$\phi42_{-0.025}^{0}\times10_{-0.03}^{0}$</td><td>数车车间</td><td>CAK6140</td><td>三爪卡盘</td></tr>
</table>

（续）

(单位)	零件工艺过程卡		产品型号				
			产品名称		连接轴		
材料牌号	45$^{\#}$	毛坯种类	棒料	毛坯外形尺寸	$\phi 50\times 105$		
工序号	工序名	工序内容	车间	机床	工艺装备		
3	数车	调头装夹，车右端外圆 $\phi 24$、$\phi 35$ 车锥面、圆弧面至尺寸要求，保证各尺寸长度要求	数车车间	CAK6140	三爪卡盘		
4	检验	按图样检查各部尺寸及精度					
5	入库	油封、入库					
			设计	校对	审核	标准化	会签
标记	处数	更改文件号					

4. 刀具的选择

本零件无沟槽、螺纹和凹的成型面，因此可以选用主偏角为90°外圆车刀即可完成零件粗、精加工。

5. 制订工序卡片（表3-15）

表3-15　连接轴零件加工工序卡（参考）

单位名称		产品名称或代号		零件名称		零件图号	
				连接轴		03	
		程序编号	夹具名称	使用设备		车间	
		%0014 %0015	三爪卡盘	CAK6140			
工序号	工步号	工步内容	刀具号	主轴转速/(r/min)	进给速度/(mm/min)	背吃刀量/mm	备注
2	1	车平端面	T01	1000	150	/	
	2	粗车外圆 $\phi 35.5\times 30$、$\phi 42.5\times 10$	T01	800	150	1.5	
	3	精车外圆保证尺寸 $\phi 35_{-0.025}^{\ 0}\times 30$、$\phi 42_{-0.025}^{\ 0}\times 10_{-0.03}^{\ 0}$ 保证各表面质量要求	T01	1500	100	0.25	
3	1	粗车右端轮廓，留0.5mm余量，保证长度88	T01	800	150	1.5	
	2	精车右端轮廓至尺寸要求，保证各表面质量要求	T01	1500	100	0.25	
编制		审核	批准	年　月　日		共　页	第　页

6. 程序的编制

数控加工参考程序清单如表3－16所列。

表3－16 程序单

程 序	程序说明
%0014	程序名
N01 T0101	设立坐标系,选一号刀,一号刀补
N02 M03 S800	主轴以800r/min正转
N03 G00 X100 Z100	刀具定位到起刀点
N04 G00 X46 Z2	刀具到循环起点位置
N05 G71 U1.5 R1 P07 Q13 X0.5 Z0.5 F150	粗切削循环,粗切量1.5,精切量X0.5,Z0.5
N06 M03 S1500	主轴以1500r/min正转
N07 G01 X0 F100	精加工程序起始行,刀具至轴心延长线上
N08 Z0	到端面中心
N09 G01 X31	精加工端面
N10 G01 X35 Z－2	精加工 *C*2 倒角
N11 Z－30	精加工 ϕ35 外圆
N12 G01 X42	精加工 Z－30 的端面
N13 G01 Z－45	精加工 ϕ42 的端面
N14 G00 X100 Z100	快速退刀到安全位置
N15 M30	程序结束并复位
调头	
%0015	程序名
N01 T0101	设立坐标系,选一号刀,一号刀补
N02 M03 S800	主轴以800r/min正转
N03 G00 X100 Z200	刀具定位到起刀点
N04 G00 X52 Z108	刀具到循环起点位置
N05 G71 U1.5 R1 P07 Q16 X0.5 Z0.5 F150	粗切削循环,粗切量1.5,精切量X0.5,Z0.5
N06 M03 S1500	主轴以1500r/min正转
N07 G01G42 X0 F100	精加工程序起始行,刀具至轴心延长线上加刀补
N08 Z98	到端面中心
N09 G03 X20 Z88 R10	精加工 *R*10 的圆弧
N10 G01 X21	刀具移至倒角起点
N11 X24 Z86.5	精加工 1×45°倒角
N12 G01 Z68	精加工 ϕ24 的外圆
N13 X30	精加工 *Z*68 的端面
N14 G01 X35 Z48	精加工锥面
N15 Z40	精加工 ϕ35 外圆
N16 G01 X45	退刀
N17 G00 G40 X100 Z200	快速退刀到安全位置,取消刀补
N18 M30	程序结束并复位

五、任务实施

1. 工量具准备清单(表3-17)

表3-17　工量具准备清单(参考)

序号	名 称	规 格	数 量	备 注
1	游标卡尺	0~150mm	1把	
2	钢板尺	0~125mm	1把	
3	外径千分尺	25mm~50mm	1把	
4	铜皮	$t=1$mm	若干	

2. 加工操作

1）程序的输入

在编辑操作方式下进行程序的输入,注意不同程序程序号的区别。

2）程序的检测

输入程序后进行程序的检测,检测程序是否有误。方法:通过空运行检查刀路是否正确。

3）工件的安装

根据加工工艺要求装夹工件,注意毛坯伸出长度要适宜。

4）车刀的安装

安装刀具时,车刀伸出应合理,夹紧要可靠。

5）对刀

选择工件坐标系的原点,进行对刀操作。

6）刀具参数设置的检查

对刀后进行刀具参数设置的检查,避免出现撞刀事故或产生废品。

7）零件的加工

为了保证车削过程的可靠性,车削首件时,必须用单段操作方式进行,当确认程序无误时,再使用连续操作方式进行车削。

8）零件尺寸的检测

选用合适的量具完成零件尺寸的检测。

3. 安全操作和注意事项

(1) 严格遵守数控车床安全操作规程,做到文明操作。

(2) 程序输入完成后,必须对程序进行空运行检查。

(3) 检查坐标设置和对刀是否正确。

(4) 二次装夹时应避免夹伤已加工表面。

(5) 对刀前,先将工件端面车平。

六、项目评价(表3-18)

表3-18　项目评价表

序号	评价项目	考核要点	配分	评分标准	扣分	得分
1	外径尺寸	$\phi 35^{\ 0}_{-0.025}$	8	超差0.01扣2分		
		$\phi 42^{\ 0}_{-0.025}$	8	超差0.01扣2分		
		$\phi 24$、$\phi 30$、$\phi 35$	15	超差不得分		
2	长度尺寸	$30^{\ 0}_{-0.05}$	8	超差不得分		
		$10^{\ 0}_{-0.03}$	8	超差无不得分		
		20(两处)	6	超差不得分		
		88	6	超差不得分		
3	圆弧尺寸	*SR*10	12	超差不得分		
4	其它尺寸	两处斜角	4	超差不得分		
		*Ra*1.6、*Ra*3.2	12	每降一级扣1分		
5	加工工艺和程序编制	加工工艺合理性	3	不正确不得分		
		刀具选择合理性	3	不正确不得分		
		工件装夹定位合理性	2	不正确不得分		
		切削用量选择合理性	3	不正确不得分		
		切削液使用合理性	2	不正确不得分		
6	安全文明生产	1. 安全正确操作设备; 2. 工作场地整洁,工件、量具、夹具等器具摆放整齐规范; 3. 做好事故防范措施,填写交接班记录,并将出现的事故发生原因、过程及处理结果记入运行档案; 4. 做好环境保护	每违反一项从总分扣除2分。扣分不超过10分			
合计			100			

七、误差分析

在进行锥面和圆弧加工时,经常出现的加工误差可以分为两大类,一类是车刀刀尖圆弧半径对工件产生的误差;另一类是非车刀刀尖圆弧半径影响产生的误差,例如,因操作问题与圆弧自身问题产生的误差。

1. 车刀刀尖圆弧半径引起的误差分析

1)产生原因

(1)加工单段锥体类零件表面。

对于单段外锥体零件的加工,由于车刀刀尖圆弧半径的存在,锥体的轴向尺寸、径向尺寸均发生变化,且轴向尺寸的变化量随刀尖圆弧半径的增大而增大,随锥体锥角的增大而增大,径向尺寸随刀尖圆弧半径的增大而减小,随锥体锥角的增大而减小。

（2）加工球体类零件表面。

对于内球面零件的加工，由于车刀刀尖圆弧半径的存在，使得被加工零件的轴向尺寸发生变化，且轴向尺寸的变化量随刀尖圆弧半径的增大而增大，随球面夹角的增大而增大，同理，亦可得加工外球面时轴向尺寸的变化量及其位移长度。

（3）加工锥体接球体类零件表面。

对于锥体接球体类零件的加工，由于车刀刀尖圆弧半径的存在，使得被加工零件锥体部分轴向尺寸的变化量随刀尖圆弧半径的增大而增大，随锥体锥角的增大而增大；球体部分轴向尺寸的变化量随刀尖圆弧半径的增大而增大，随刀尖零件切点处与轴线间夹角的增大而增大。锥体部分大端的径向尺寸随刀尖圆弧半径的增大而减小，随锥体锥角的增大而减小；球体部分小端径向尺寸随刀尖圆弧半径的增大而增大，随刀尖零件切点处与轴线间夹角的增大而增大。所以加工中应随之变换其位移长度。

同理，可得加工凹球面、内球面与锥体部分相接时轴向尺寸、径向尺寸的变化量及其位移长度。

2）误差的消除方法

（1）编程时，调整刀尖的轨迹，使得圆弧形刀尖实际加工轮廓与理想轮廓相符，简单的几何计算，将实际需要的圆弧形刀尖的轨迹换算成假想刀尖的轨迹。

（2）以刀尖圆弧中心为刀位点的编程步骤如下：即通过绘制零件草图以刀尖圆弧半径和工件尺寸为依据，绘制刀尖圆弧运动轨迹，以计算圆弧中心轨迹特征点编程。

在这个过程中刀尖圆弧中心轨迹的绘制及其特征点计算略显繁琐，如果使用CAD软件中等距线的绘制功能和点的坐标查询功能来完成此项操作，则显得十分方便。采用这种方法加工时，应注意检查所使用刀具的刀尖圆弧半径的及值是否与程序中的及值相符；对刀时，也要把其值考虑进去。

2. 非车刀刀尖圆弧半径引起的误差分析

非车刀刀尖圆弧半径影响也是产生工件误差的一个主要原因。数控车床锥面和圆弧加工中经常遇到的加工质量问题有多种，其问题现象、产生原因以及预防和消除方法如表3－19和表3－20所列。

表3－19　锥面加工误差分析

问题现象	产生原因	预防和消除
锥度不符合要求	1. 程序错误； 2. 工件装夹不正确	1. 检查、修改加工程序； 2. 检查工件安装、增加安装刚度
切削过程出现振动	1. 工件装夹不正确； 2. 刀具安装不正确； 3. 切削参数不正确	1. 正确安装工件； 2. 正确安装刀具； 3. 编程时合理选择切削参数
锥面径向尺寸不符合要求	1. 程序错误； 2. 刀具磨损； 3. 没考虑刀尖圆弧半径补偿	1. 保证编程正确； 2. 及时更换磨损大的刀具； 3. 编程时考虑刀具圆弧半径补偿
切削过程出现干涉现象	工件斜度大于刀具后角	1. 选择正确刀具； 2. 改变切削方式

表 3 -20　圆弧加工误差分析

问题现象	产 生 原 因	预防和消除
切削过程出现干涉现象	1. 刀具参数不正确； 2. 刀具安装不正确	1. 正确编制程序； 2. 正确安装刀具
圆弧凹凸方向不对	程序不正确	正确编制程序
圆弧尺寸不符合要求	1. 程序不正确； 2. 刀具磨损； 3. 没考虑刀尖圆弧半径补偿	1. 正确编制程序； 2. 及时更换刀具； 3. 考虑刀尘圆弧半径补挡

八、项目训练

1. 编制如习题图 3 -1 所示零件数控车削工艺及加工程序，对零件进行上机操作加工或数控仿真加工，毛坯尺寸 $\phi50\times105$。

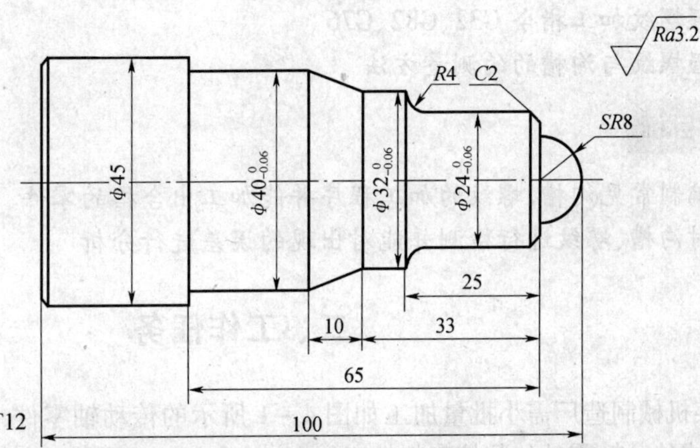

习题图 3 -1

2. 编制如习题图 3 -2 所示零件数控车削工艺及加工程序，对零件进行上机操作加工或数控仿真加工，毛坯尺寸 $\phi50\times105$。

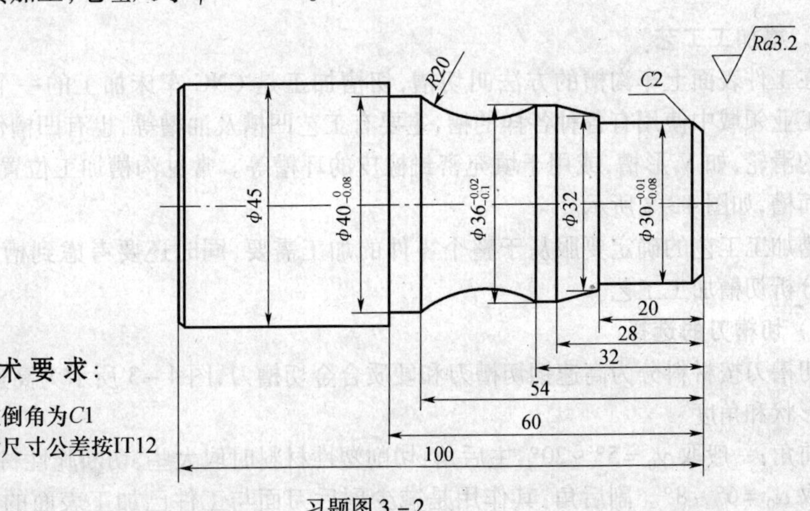

习题图 3 -2

学习情境四　槽及螺纹加工

一、学习目标

知识目标

- 了解普通螺纹常见的加工方法
- 掌握普通螺纹与沟槽加工工艺
- 掌握普通螺纹基本尺寸的计算
- 掌握螺纹加工指令 G32、G82、G76
- 掌握螺纹与沟槽的的测量方法

技能目标

- 会编制常见沟槽、螺纹的加工程序并能加工出合格的零件
- 会对沟槽、螺纹进行检测并能对出现的误差进行分析

二、工作任务

某机械制造厂需小批量加工如图 4－1 所示的传动轴零件,要求通过相关知识的学习,完成传动轴零件的数控车削加工。

三、学习导读

1. 槽加工工艺

在工件表面上车沟槽的方法叫切槽,切槽加工是 CNC 车床加工的一个重要组成部分。工业领域中使用有各种各样的槽,主要有工艺凹槽及油槽等,也有凹槽作为带传动电动机的滑轮,如 V 形槽,或用于填充密封橡皮的环槽等。常见沟槽加工位置有外槽、内槽和端面槽,如图 4－2 所示。

槽加工工艺的确定要服从于整个零件的加工需要,同时还要考虑到槽加工的特点。下面分析切槽加工工艺。

1）切槽刀的选择

切槽刀按材料分为高速钢切槽刀和硬质合金切槽刀,图 4－3 所示为高速钢切槽刀的几何形状和角度。

前角:一般取 $\gamma_0=5°\sim20°$,主后角:切削塑性材料时取大些,切断脆性材料时取小些,一般取 $\alpha_0=6°\sim8°$。副后角:其作用是减少副后刀面与工件已加工表面的摩擦,一般取

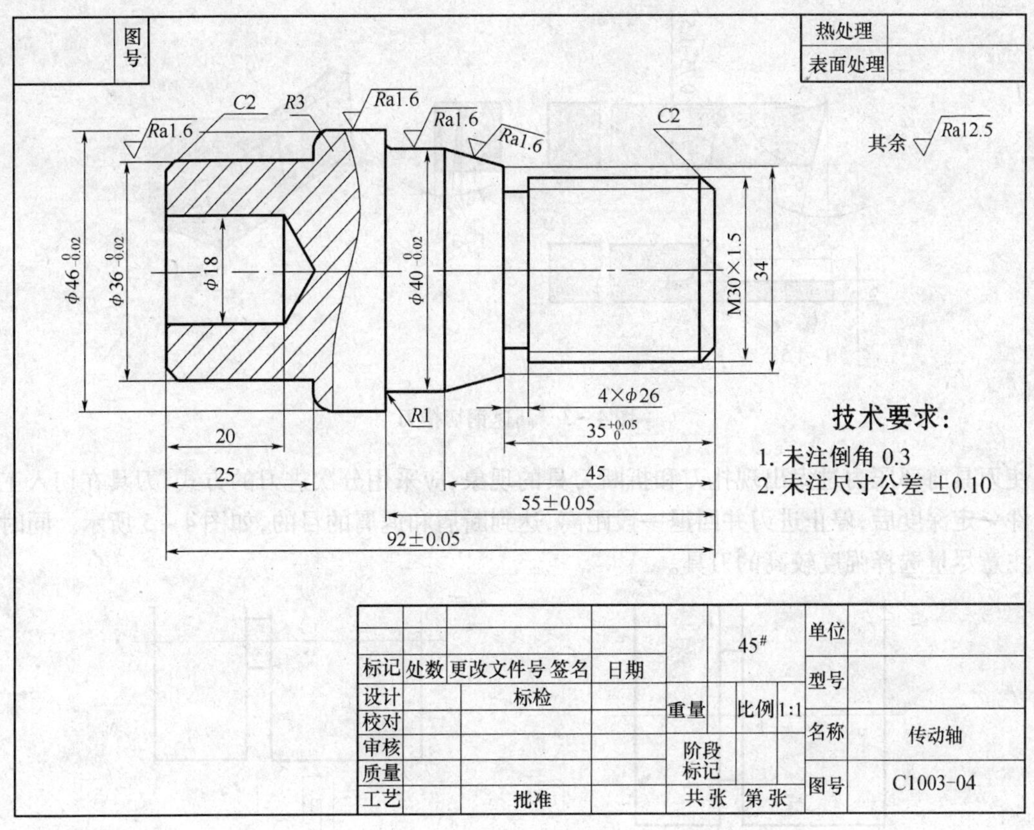

图 4-1　传动轴零件

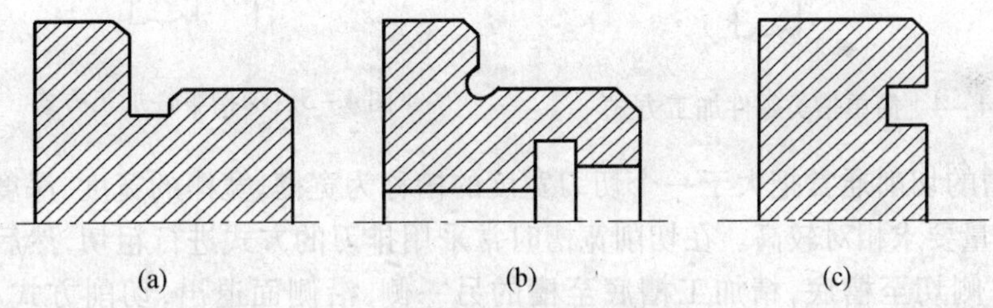

图 4-2　各种槽形状及位置

(a) 外槽;(b) 内槽;(c) 端面槽。

$\alpha_1 = 1° \sim 3°$。主偏角:一般取 $Kr = 90°$。

副偏角:切槽刀的两个副偏角必须对称,其作用是减少副切削刃和工件的摩擦。为了不削弱刀头强度,一般取 $K'r = 1° \sim 1.5°$。

切槽刀刀头部分长度 = 槽深 + (2 ~ 3) mm,刀宽根据加工工件槽宽的要求来选择。

2) 切槽刀的进刀方式

① 对于宽度、深度值不大,且精度要求不高的槽,可采用与槽等宽的刀具直接切入一次成型的方式加工,如图 4-4 所示。刀具切入到槽底后可利用延时指令使刀具短暂停留,以修整槽底圆度,退出过程中可采用工进速度。

② 对于宽度值不大,但深度值较大的深槽零件,为了避免切槽过程中由于排屑不畅,

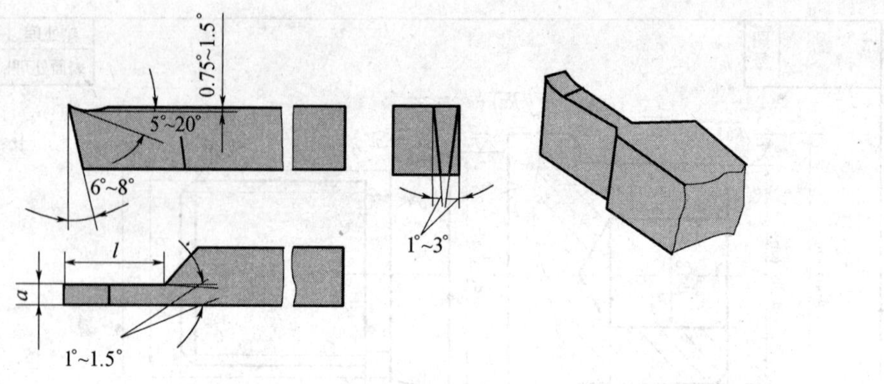

图 4-3　高速钢切槽刀

使刀具前部压力过大出现扎刀和折断刀具的现象，应采用分次进刀的方式，刀具在切入工件一定深度后，停止进刀并回退一段距离，达到断屑和退屑的目的，如图 4-5 所示。同时注意尽量选择强度较高的刀具。

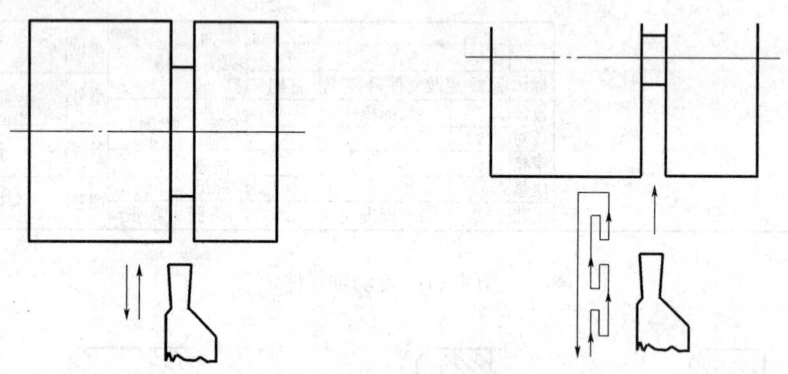

图 4-4　简单槽类零件加工方式　　图 4-5　深槽零件加工方式

③ 宽槽的切削通常把大于一个切刀宽度的槽称为宽槽，宽槽的宽度、深度的精度要求及表面质量要求相对较高。在切削宽槽时常采用排刀的方式进行粗切，然后用精切槽刀沿槽的一侧切至槽底，精加工槽底至槽的另一侧，沿侧面退出，切削方式如图 4-6 所示。

3）切削用量的选择

① 背吃刀量 a_P。横向切削时，切槽刀的背吃刀量等于刀的主切削刃宽度（$a_p = a$），所以只需确定切削速度和进给量。

② 进给量 f。由于刀具刚性、强度及散热条件较差比其它车刀低，所以应适当地减少进给量。进给量太大时，容易使刀折断；进给量太小时，刀后面与工件产生强烈摩擦会引起振动。具体数值根据工件和刀具材料来决定。一般用高速钢切刀车钢料时，$f = (0.05 \sim 0.1)$ mm/r；车铸铁时，$f = (0.1 \sim 0.2)$ mm/r。用硬质合金刀加工钢料时，$f = (0.1 \sim 0.2)$ mm/r。加工铸铁料时，$f = (0.15 \sim 0.25)$ mm/r。

③ 切削速度 V_C。切槽时的实际切削速度随刀具切入越来越低，因此，切槽时的切削速度可选得高些。用高速钢切削钢料时，$V_C = (30 \sim 40)$ m/min；加工铸铁时，$V_C = (15 \sim 25)$

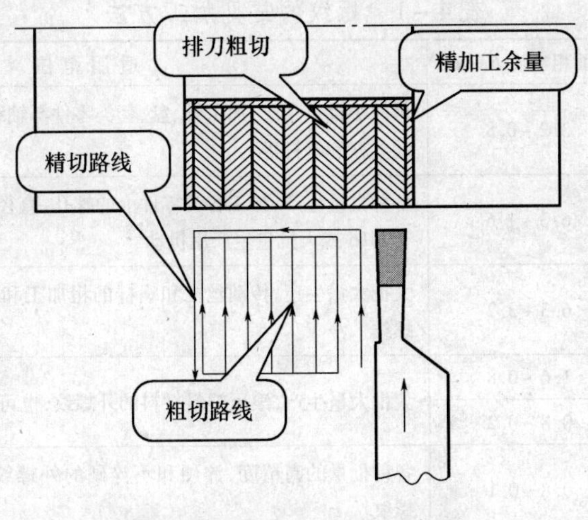

图 4-6　宽槽切削方式示意图

m/min。用硬质合金切削钢料时，$V_C=(80\sim120)$ m/min；加工铸铁时，$V_C=(60\sim100)$ m/min。

4）切槽刀的安装

① 安装时，刀体不宜伸出过长，切槽刀的中心线一定要垂直与工件的轴线，如图 4-7 所示，以免副后刀面与工件摩擦，影响加工质量。

② 切槽刀的底平面应平整，否则会引起副后角的变化，如图 4-8 所示。

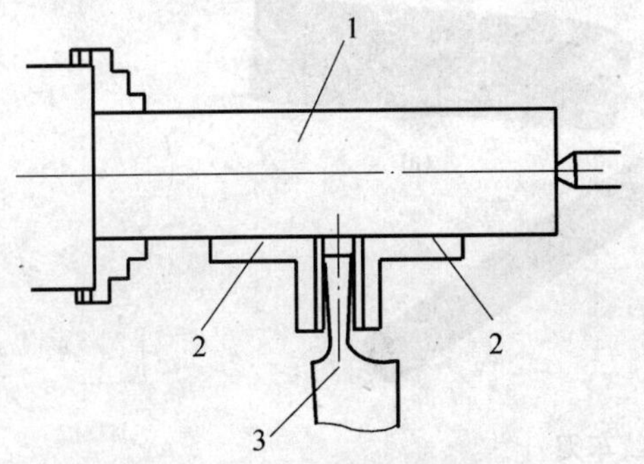

图 4-7　切槽刀的安装

1—工件；2—直角尺；3—切槽刀。

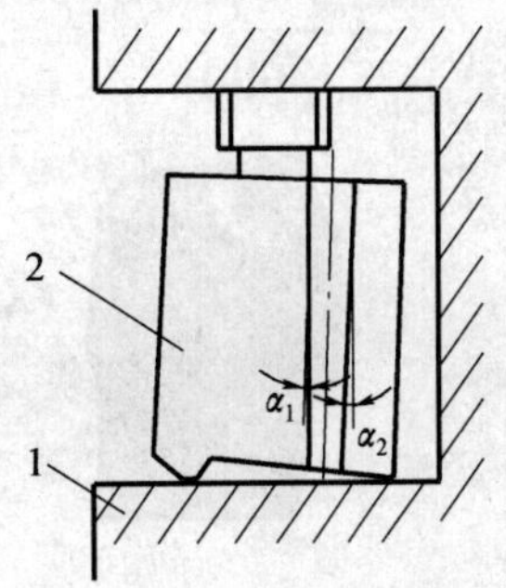

图 4-8　切槽刀底部不平对副后角的影响

1—刀架；2—刀杆。

2. 螺纹切削加工工艺

利用数控车加工螺纹时，由数控系统控制螺距的大小和精度，从而简化了计算，不用手动更换挂轮，并且螺距精度高且不会出现乱扣现象，螺纹切削回程期车刀快速移动，切削效率大幅提高，专用数控螺纹切削刀具、较高的切削速度的选择又进一步提高了螺纹的形状和表面质量。

1）螺纹的常见加工方法

螺纹的加工方法有很多，如攻丝，套扣、车削、铣削、滚压及磨削等，如表 4-1 所列，在实际应用中要根据要求和条件合理选择各种加工方法和加工顺序。

表 4－1　螺纹的常见加工方法

加工方法	公差等级	表面粗糙度 $Ra/\mu m$	适用范围
车削螺纹	9～4	3.2～0.8	单件小批量生产，加工轴、盘、套类零件与轴线同心的内外螺纹以及传动丝杠和蜗杆等
攻丝	8～6	6.3～1.6	各种批量生产，加工各类零件上的螺孔，直径小于 M16 的常用手动，大于 M16 或大批量生产用机动
铣削螺纹	9～6	6.3～3.2	大批大量生产，传动丝杠和蜗杆的粗加工和半精加工，也可加工普通螺纹
搓丝	7～5	1.6～0.8	大批大量生产，滚压塑料材料的外螺纹，也可滚压传动丝杠
滚丝	5～3	0.8～0.2	
磨削螺纹	4～3	0.8～0.1	各种批量的高精度、淬硬和不淬硬的外螺纹及直径大于 30mm 的内螺纹

2）刀具的类型

螺纹车刀的材料一般有高速钢和硬质合金两种。高速钢螺纹车刀刃磨比较方便，容易得到锋利的刀刃，而且韧性较好，刀尖不易爆裂，因此，常用于塑性材料工件螺纹的粗加工。它的缺点是高温下容易磨损，不能用于高速车削。硬质合金螺纹车刀耐磨和耐高温性能比较好，一般用来加工脆性材料工件螺纹和高速切削塑性材料工件螺纹以及批量较大的小螺距（$p<4$）螺纹。图 4－9 所示为数控螺纹车刀的实物图。

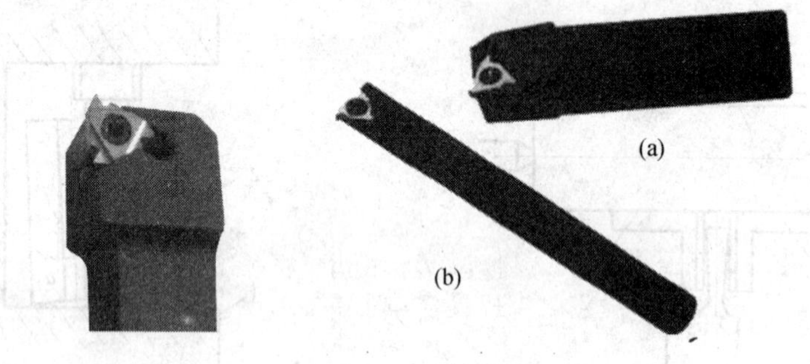

图 4－9　螺纹车刀

（a）外螺纹车刀；（b）内螺纹车刀。

螺纹车刀属于成型车刀，车刀的刀尖角一定等于螺纹的牙形角，三角形螺纹牙型角 $\alpha=60°$，其前角 $\gamma_0=0°$ 以保证工件螺纹的牙型角，否则牙型角将产生误差。只有在粗加工或螺纹精度要求不高时，为提高切削性能，其前角才可取 $\gamma_0=5°\sim20°$。三角外螺纹车刀的几何角度如图 4－10 所示。

对于其它牙型的螺纹刀具，可根据需要到刀具生产厂家订做或自制，刀具材料和几何角度应满足粗、精加工，工件材料，切削环境等方面的要求。刀具的几何形状与角度要考虑牙型和螺旋升角的影响。

3）螺纹车刀的安装

安装螺纹车刀时刀尖对准工件中心，并用样板装刀，以保证刀尖角的角平分线与工件的轴线相垂直，车出的牙型角才不会偏斜，如图 4－11 所示。

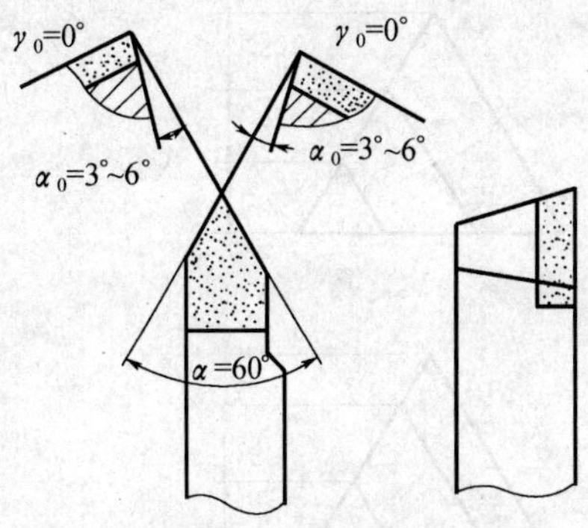

图 4-10　三角外螺纹车刀的几何角度

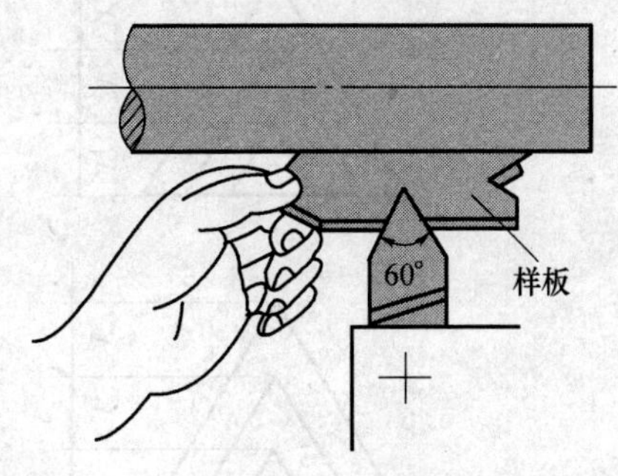

图 4-11　用样板装刀

4）进刀方式

螺纹加工的进刀方式主要有直进切削法、左右切削法、斜进切削法 3 种，如图 4-12 所示。

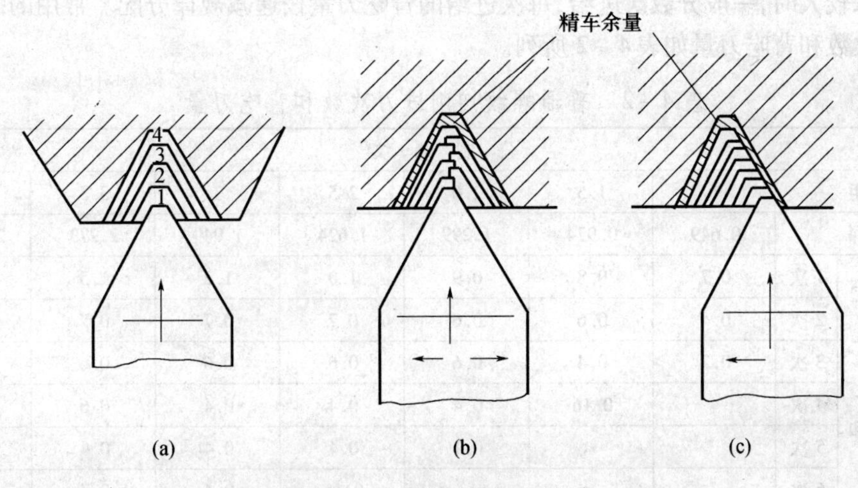

图 4-12　螺纹切削进刀方式

（a）直进切削法；（b）左右切削法；（c）斜进切削法。

（1）直进切削法。车螺纹容易保证牙型的正确，但车刀两侧刀刃同时车削，容易产生“扎刀”现象，因此，只适用于车削较小螺距的螺纹。

（2）左右切削法。车刀只有一个侧面进行切削，不仅排屑顺利，而且还不易扎刀。但精车时，车刀左右的进给量一定要小，否则容易造成牙底过宽或牙底不平。

（3）斜进切削法。螺纹排屑顺利，不易扎刀，但只适用于粗切削，精车时还必须用左右切削法来保证螺纹的精度。

当螺纹牙型深度较深、螺距较大时，可分数次进给。切深的分配方式有常量式和递减式，如图 4-13 所示。

5）切削用量的选择

（1）背吃刀量 a_p 的确定。

螺纹加工属于成型加工，为保证螺纹导程，加工时主轴每旋转一周，刀具的进给量必须等于螺纹的导程。由于螺纹加工时进给量较大，而螺纹车刀的强度一般较差，因此，当

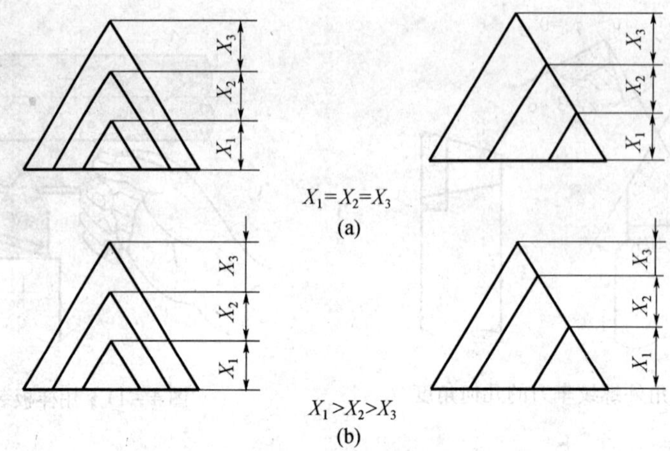

图 4－13　螺纹切削切深分配方式

（a）常量式；（b）递减式。

螺纹牙深较大时，一般分数次进给，每次进给的背吃刀量按递减规律分配。常用的螺纹切削进刀次数和背吃刀量如表 4－2 所列。

表 4－2　普通螺纹切削进刀次数和背吃刀量

公制螺纹								
螺距		1	1.5	2.0	2.5	3	3.5	4
牙深		0.649	0.974	1.299	1.624	1.949	2.273	2.598
走刀次数和背吃刀量	1 次	0.7	0.8	0.9	1.0	1.2	1.5	1.5
	2 次	0.4	0.6	0.6	0.7	0.7	0.7	0.8
	3 次	0.2	0.4	0.6	0.6	0.6	0.6	0.6
	4 次		0.16	0.4	0.4	0.4	0.6	0.6
	5 次			0.1	0.4	0.4	0.4	0.4
	6 次				0.15	0.4	0.4	0.4
	7 次					0.2	0.2	0.4
	8 次						0.15	0.3
	9 次							0.2
英制螺纹								
牙/in		24	18	16	14	12	10	8
牙深	次数	0.678	0.904	1.016	1.162	1.355	1.626	2.033
背吃刀量及切削次数	1 次	0.398	0.399	0.396	0.397	0.450	0.496	0.598
	2 次	0.2	0.3	0.3	0.3	0.3	0.35	0.35
	3 次	0.08	0.15	0.25	0.25	0.3	0.3	0.3
	4 次		0.055	0.07	0.15	0.2	0.2	0.25
	5 次				0.065	0.105	0.2	0.25
	6 次						0.08	0.2
	7 次							0.085

(2) 主轴转速的确定。

数控车床加工螺纹时,因其传动链的改变,原则上其转速只要能保证主轴每转一周时,刀具沿主进给轴(多为 Z 轴)方向位移一个导程即可,不应受到限制。但数控车床加工螺纹时,会受到以下几方面的影响:

① 螺纹加工程序段中指令的导程值,相当于以进给量(mm/r)表示的进给速度 F,如果将机床的主轴转速选择过高,其换算后的进给速度(mm/min)则必定大大超过正常值。

② 刀具在其位移过程的始/终,都将受到伺服驱动系统升/降频率和数控装置插补运算速度的约束,由于升/降频特性满足不了加工需要等原因,则可能因主进给运动产生出的"超前"和"滞后"而导致部分螺牙的螺距不符合要求。

③ 车削螺纹必须通过主轴的同步运行功能而实现,即车削螺纹需要有主轴脉冲发生器(编码器)。当其主轴转速选择过高,通过编码器发出的定位脉冲(即主轴每转一周时所发出的一个基准脉冲信号)将可能因"过冲"(特别是当编码器的质量不稳定时)而导致工件螺纹产生乱扣。

因此,车螺纹时,主轴转速的确定应遵循以下几个原则:

① 在保证生产效率和正常切削的情况下,选择较低的转速。

② 当螺纹加工程序段中的导入长度 δ_1(一般取 $\delta_1 \geqslant 1.5P$)和切出长度 δ_2(一般取 $\delta_2 \geqslant P$)长度值较大时,即螺纹进给距离超过图样上规定螺纹的长度较大时,可选择适当高一些的主轴转速。

③ 当编码器所规定的允许工作转速超过机床所规定主轴的最大转速时,则可选择尽量高一些的主轴转速。

④ 通常情况下,车螺纹时的主轴转速 n 应按其机床或数控系统说明书中规定的计算式进行确定。其计算式为

$$n \leqslant \frac{1200}{p} - k$$

式中 P——被加工螺纹的导程(mm);

k——保险系数,一般取为 80。

(3) 进给速度 F。

单线螺纹的进给速度等于螺距,即 $F = P$;多线螺纹的进给速度等于导程,即 $F = L$,L 为导程。

6) 普通螺纹基本尺寸的确定

普通螺纹是机械零件中应用最广泛的一种三角形螺纹,牙型角为 60°。它的基本尺寸主要包括螺纹大径、中径、小径和牙型高度。

(1) 螺纹大径(d、D)。

其基本尺寸等于螺纹公称直径。在螺纹加工前,由车削加工的外圆直径决定。按螺纹公差确定其尺寸范围。

注意:当高速车削三角形外螺纹时,受车刀挤压后会使螺纹大径尺寸胀大,因此车螺纹前的外圆直径应比螺纹大径小。当螺距为(1.5~3.5)mm 时,外圆直径一般可以比基本尺寸小(0.2~0.4)mm(约 $0.13P$);保证车好螺纹后牙顶处有 $0.125P$ 的宽度。

车削三角形内螺纹时,因为车刀切削时的挤压作用,内孔直径会缩小,所以车削内螺

纹前的孔径 $D_{孔}$ 应比内螺纹小径 d_1 略大些，由于内螺纹加工后的实际顶径允许大于螺纹小径的基本尺寸，所以实际生产中，普通螺纹在车内螺纹前的孔径尺寸，可用下列近似公式计算：

车削塑性金属的内螺纹时：

$$D_{孔} = d - P$$

车削脆性金属的内螺纹时：

$$D_{孔} \approx d - 1.05P$$

（2）螺纹中径（d_2、D_2）。

中径是螺纹尺寸检测的标准和调试螺纹程序的依据。

当加工外螺纹时：

$$d_2 = d - 0.6495P$$

当加工内螺纹时：

$$D_2 = d - 0.6495P$$

其中 P 为螺纹的导程。

（3）螺纹小径（d_1、D_1）。

对于外螺纹，小径是编制螺纹加工程序的依据。对于内螺纹，在螺纹加工前，由车削加工的内孔直径来保证。

当加工外螺纹时：

$$d_1 = d - 1.0825P$$

当加工内螺纹时：

$$D_1 = d - 1.0825P$$

一般在加工中取经验值

$$d_1(D_1) = d - 1.3P$$

3. 槽的编程

1）切刀刀位点

切槽及切断选用切刀，两刀尖及切削中心处有三个刀位点如图 4－14 所示，在编制加工程序时，要采用其中之一作为刀位点，一般选用刀位点 1。

2）暂停指令 G04

功能：可使刀具作短时间的无进给光整加工，常用车槽、钻镗孔等。

编程格式：G04 P_

说明：

G04 在前一程序段的进给速度降到零之后才开始暂停动作；在执行含 G04 指令的程序段时，先执行暂停功能；G04 为非模态指令，仅在其被规定的程序段中有效；G04 可使刀具作短暂停留，以获得圆整光滑的表面。

P_：暂停时间，单位为 S。

3）窄槽的编程

对于比较窄的槽，一般选用刀宽等于槽宽的切槽刀，刀具快速移动至起始位置并进给运动至槽深，然后快速退刀至起始位置，走刀路线如图 4－15 所示。

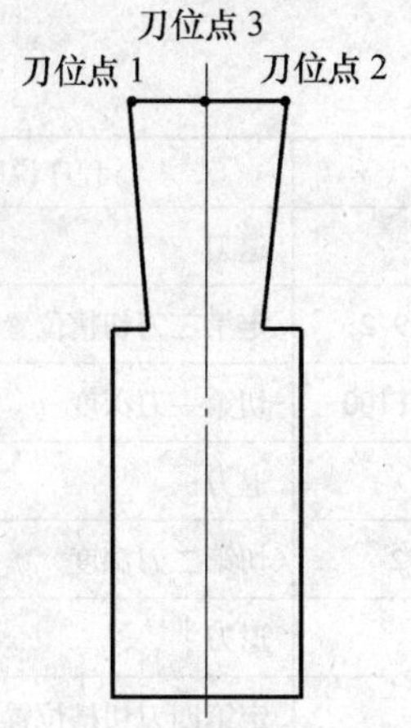

图 4－14　切槽刀刀位点

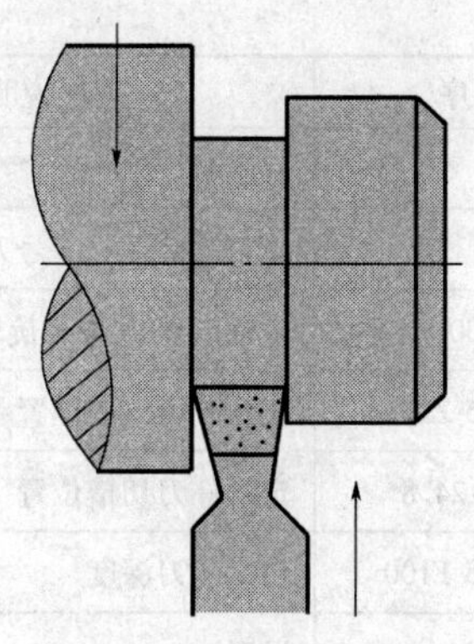

图 4－15　刀宽等于槽宽

例 4.1　加工如图 4－16 所示中 3×2 的槽，选用与槽等宽的 3mm 切槽刀，坐标系选在工件右端面中心，切槽刀左刀尖为刀位点，编程如表 4－3 所列。

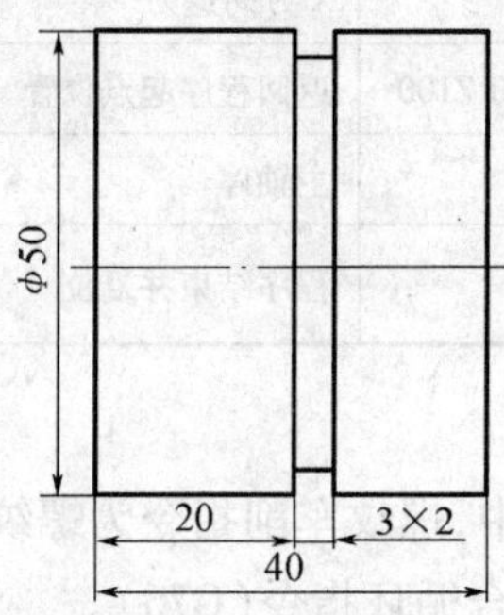

图 4－16　窄槽零件图

表 4－3　程序单

程　序	程序说明
…	
G00 X55	定位 X
Z－20	定位 Z
G01 X46 F80	切至槽底
G04 P1	延时修整槽底
G01 X55 F100	退刀
…	

4）宽槽的编程

例 4.2　如图 4－17 所示的零件，加工一个较宽且有一定深度的槽，选用刀宽为 4mm

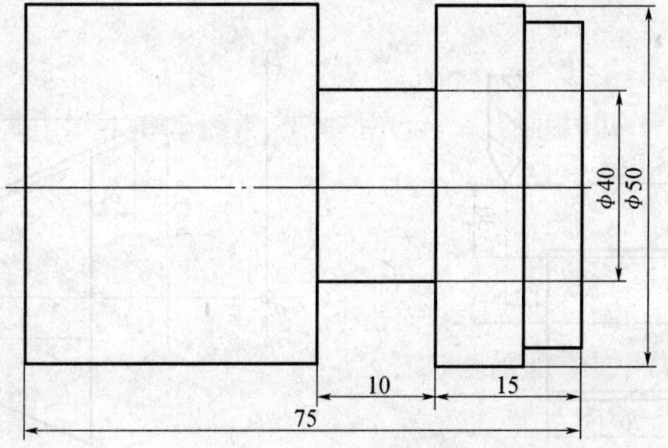

图 4－17　宽槽零件图

的切槽刀,可以采用图4-6所示的走刀路线,坐标系选在工件右端面中心,切槽刀左刀尖为刀位点,编制程序如表4-4所列。

表4-4　程序单

程　序	程序说明	程　序	程序说明
%0005	程序名	N13 G00 X55	退刀
N1 T0101	设立坐标系,选一号刀,一号刀补	N14 G00 Z-19.2	定第三刀切槽位置
N2 M03 S600	主轴以600r/min旋转	N15 G01 X45 F100	切第一刀深度
N3 G00 X55 Z20	移到起始点的位置	N16 G01 X50	退刀
N4 G00 Z-24.8	定第一刀切槽位置	N17 G01 X40.2	切第二刀深度
N5 G01 X45 F100	切第一刀深度	N18 G00 X55	退刀
N6 G01 X50	退刀	N19 Z-19	定第四刀切槽位置
N7 G01 X40.2	切第二刀深度	N20 G01 X40 F100	切至槽底
N8 G00 X55	退刀	N21 G01 Z-25	横向切至槽底
N9 G00 Z-21	定第二刀切槽位置	N22 G01 X55	X方向退刀
N10 G01 X45 F100	切第一刀深度	N23 G00 X100 Z100	返回程序起点位置
N11 G01 X50	退刀	N24 M05	主轴停
N12 G01 X40.2	切第二刀深度	N25 M30	程序结束并复位

4. 螺纹的编程

数控系统不同,螺纹加工指令也有差异。华中系统中,螺纹车削指令为螺纹车削基本指令(G32)、螺纹车削固定循环指令(G82)、螺纹车削复合循环指令(G76)。

1)螺纹车削基本指令(G32)

功能:加工等螺距圆柱螺纹、锥螺纹。

编程格式:`G32 X(U)_Z(W)_R_E_P_F_`

走刀路线如图4-18、图4-19所示。

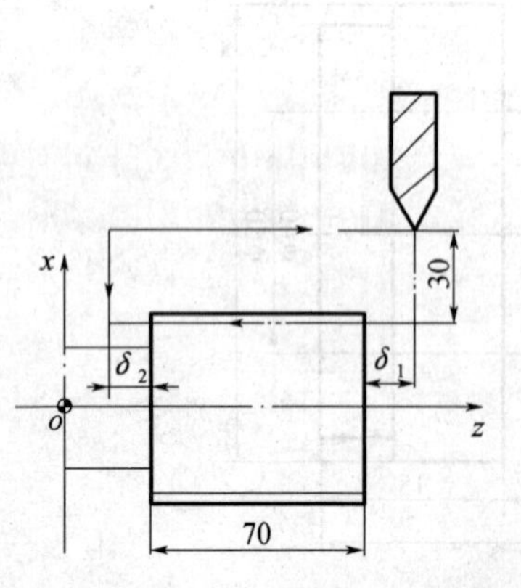

图4-18　G32等螺距圆柱螺纹

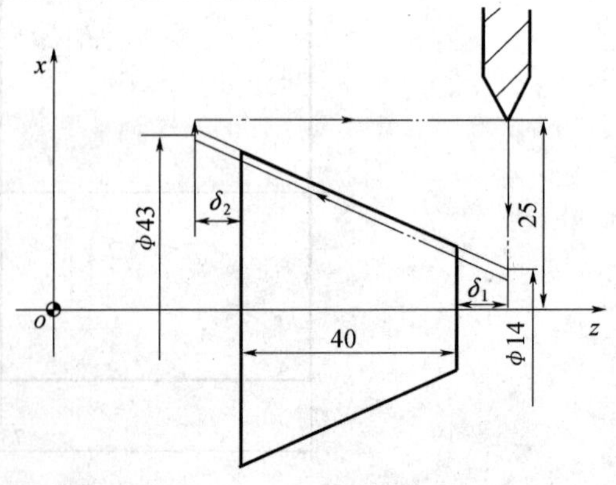

图4-19　G32等螺距圆锥螺纹

说明:

X、Z:绝对编程时,有效螺纹终点在工件坐标系中的坐标;

U、W:增量编程时,有效螺纹终点相对于螺纹切削起点的位移量;

F:螺纹导程,即主轴每转一圈,刀具相对于工件的进给值。

注意:圆锥螺纹在 X 方向或者 Z 方向有不同导程,程序中的导程 F 的取值以两者较大的为准,即当加工螺纹锥角 $\alpha \leqslant 45°$ 时,程序中的导程 F 的值以 Z 方向导程指定,当 $\alpha > 45°$ 以 X 方向导程指定,若 $\alpha = 0$,则为圆柱螺纹。

R、E:螺纹切削的退尾量。R 表示 Z 向退尾量;E 表示 X 向退尾量,R、E 在绝对或增量编程时都是以增量方式指定,其为正表示沿 Z、X 正向回退,为负表示沿 Z、X 负向回退。使用 R、E 可免去退刀槽。R、E 可以省略,表示不用回退功能;根据螺纹标准 R 一般取 0.75 倍 ~ 1.75 倍的螺距,E 取螺纹的牙型高。

P:主轴基准脉冲处距离螺纹切削起始点的主轴转角。也就是多线螺纹的分线角度。如双线螺纹 P180,三线螺纹 P120。

注意:

(1) 从螺纹粗加工到精加工,主轴的转速必须保持一常数;

(2) 在没有停止主轴的情况下,停止螺纹的切削将非常危险;因此,螺纹切削时进给保持功能无效,如果按下进给保持按键,刀具在加工完螺纹后停止运动;

(3) 在螺纹加工中不使用恒定线速度控制功能;

(4) 一般由于伺服系统的滞后,在螺纹切削的开始及结束部分,螺纹导程会出现不规则现象。为了考虑这部分的螺纹精度,在数控车床上切削螺纹时必须设置升速进刀段 δ_1 和降速退刀段 δ_2,因此,加工螺纹的实际长度除了螺纹的有效长度量外,还应包括升速段 δ_1 和降速段 δ_2 的距离,其数值与工件的螺距和转速有关,由各系统设定,一般取 $\delta_1 \geqslant 1.5P$, $\delta_2 \geqslant 1.5P$。

例 4.3 对如图 4-20 所示的圆柱螺纹编程。螺纹导程为 $F = 1.5\text{mm}$, $\delta_1 = 1.5\text{mm}$, $\delta_2 = 1\text{mm}$,每次吃刀量直径值分别为 0.8mm、0.6mm、0.4mm、0.16mm 编程如表 4-5 所列。

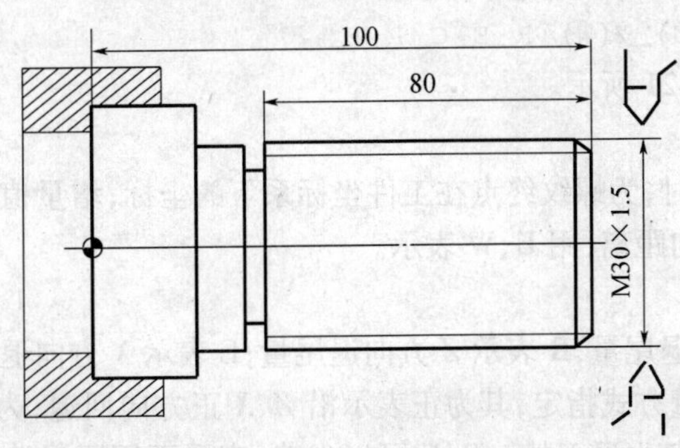

图 4-20 圆柱螺纹编程例图

表 4-5 程序单

程 序	程序说明
%3316	程序名
N1 T0101	设立坐标系,选一号刀,一号刀补
N2 G00 X50 Z120	移到起始点的位置
N3 M03 S400	主轴以 400r/min 旋转
N4 G00 X29.2 Z101.5	到螺纹起点,升速段 1.5mm,吃刀深 0.8mm
N5 G32 Z19 F1.5	切削螺纹到螺纹切削终点,降速段 1mm
N6 G00 X40	X 轴方向快退
N7 Z101.5	Z 轴方向快退到螺纹起点处
N8 X28.6	X 轴方向快进到螺纹起点处,吃刀深 0.6mm
N9 G32 Z19 F1.5	切削螺纹到螺纹切削终点
N10 G00 X40	X 轴方向快退
N11 Z101.5	Z 轴方向快退到螺纹起点处
N12 X28.2	X 轴方向快进到螺纹起点处,吃刀深 0.4mm
N13 G32 Z19 F1.5	切削螺纹到螺纹切削终点
N14 G00 X40	X 轴方向快退
N15 Z101.5	Z 轴方向快退到螺纹起点处
N16 U-11.96	切削螺纹到螺纹切削终点
N17 G32 W-82.5 F1.5	切削螺纹到螺纹切削终点
N18 G00 X40	X 轴方向快退
N19 X50 Z120	返回程序起点位置
N20 M05	主轴停
N21 M30	程序结束并复位

2）螺纹车削固定循环指令(G82)

(1) 直螺纹切削循环。

适用于对直螺纹和锥螺纹进行循环切削,每指定一次,螺纹切削自动进行一次循环。

编程格式:G82 X(U)_ Z(W)_ R_ E_ C_ P_ F_

走刀路线如图 4-21 所示。

说明:

X、Z:绝对值编程时,为螺纹终点在工件坐标系下的坐标;增量值编程时,为螺纹终点相对于循环起点的有向距离,用 U、W 表示。

F:螺纹导程。

R、E:螺纹切削的退尾量,R 表示 Z 方向退尾量;E 表示 X 方向退尾量,R、E 在绝对或增量编程时都是以增量方式指定,其为正表示沿 Z、X 正方向回退,为负表示沿 Z、X 负方向回退。使用 R、E 可免去退刀槽。R、E 可以省略,表示不用回退功能;根据螺纹标准 R 一般取 0.75 倍~1.75 倍的螺距,E 取螺纹的牙型高。

P:主轴基准脉冲处距离螺纹切削起始点的主轴转角。也就是多线螺纹的分线角度。

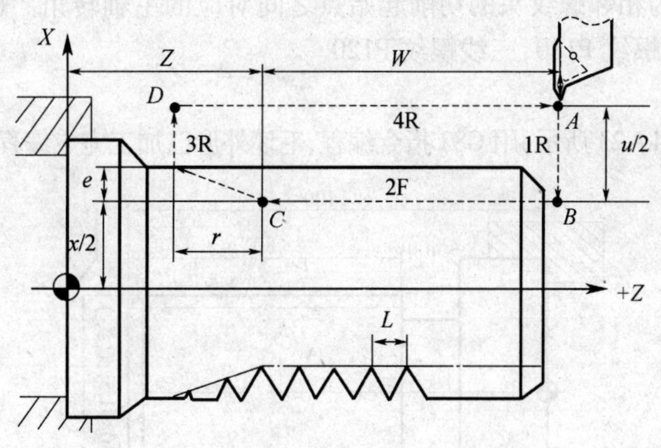

图 4－21　直螺纹走刀路线

如双线螺纹 P180，三线螺纹 P120。

注意：螺纹切削循环同 G32 螺纹切削一样，在进给保持状态下，该循环在完成全部动作之后才停止运动。

（2）锥螺纹切削循环。

编程格式：G82 X_ Z_ I_ R_ E_ C_ P_ F_

走刀路线如图 4－22 所示。

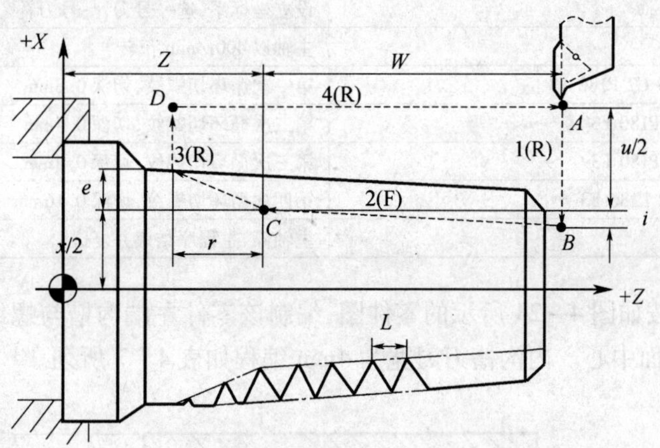

图 4－22　锥螺纹走刀路线

说明：

X、Z：绝对值编程时，为螺纹终点 C 在工件坐标系下的坐标；增量值编程时，为螺纹终点 C 相对于循环起点 A 的有向距离，用 U、W 表示，其符号由轨迹 1 和 2 的方向确定；

I：为螺纹起点 B 与螺纹终点 C 的半径差。其符号为差的符号（无论是绝对值编程，还是增量值编程）；

R、E：螺纹切削的退尾量，R、E 均为向量，R 为 Z 方向回退量；E 为 X 方向回退量，R、E 可以省略，表示不用回退功能；

C：螺纹头数，为 0 或 1 时切削单头螺纹；

P：单头螺纹切削时，为主轴基准脉冲处距离切削起始点的主轴转角（缺省值为 0）；

多头螺纹切削时，为相邻螺纹头的切削起始点之间对应的主轴转角。也就是多线螺纹的分线角度。如双线螺纹 P180，三线螺纹 P120。

F:螺纹导程。

例 4.4 如图 4-23 所示，用 G82 指令编程，毛坯外形已加工完成编程如表 4-6 所列。

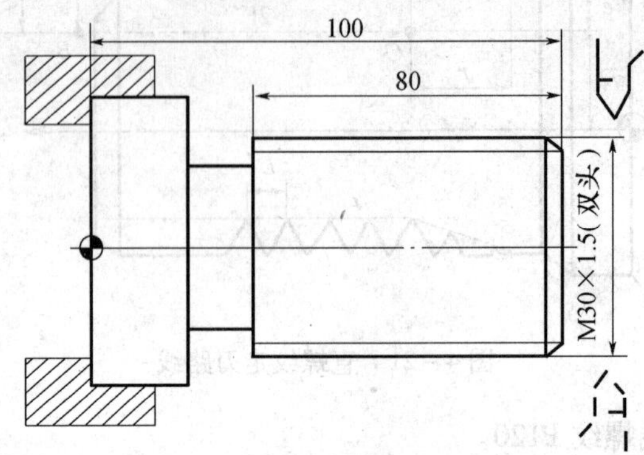

图 4-23 螺纹编程练习图

表 4-6 程序单

程　序	程序说明
%3324	程序名
N1 T0101	设立坐标系，选一号刀，一号刀补
N2 M03 S400	主轴以 400r/min 正转
N3 G82 X29.2 Z18.5 C2 P180 F3	第一次循环切螺纹，切深 0.8mm
N4 X28.6 Z18.5 C2 P180 F3	第二次循环切螺纹，切深 0.4mm
N5 X28.2 Z18.5 C2 P180 F3	第三次循环切螺纹，切深 0.4mm
N6 X28.04 Z18.5 C2 P180 F3	第四次循环切螺纹，切深 0.16mm
N7 M30	主轴停、主程序结束并复位

例 4.5 请按如图 4-24 所示的零件图，编制该零件左端沟槽与螺纹的加工程序，工件坐标系在左端面中心。内沟槽刀刀宽为 4mm 编程如表 4-7 所列。

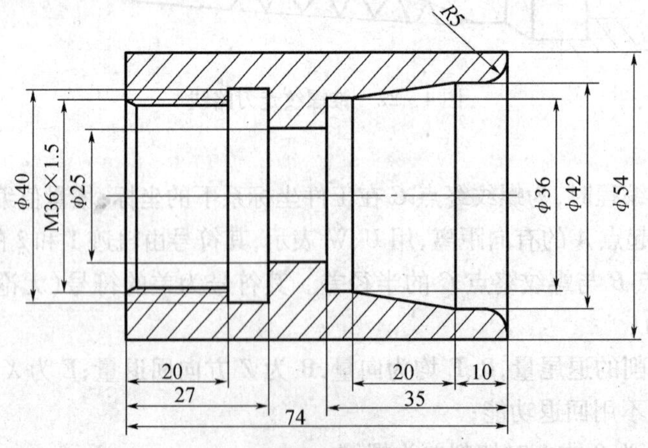

图 4-24 轴承套零件图

表 4-7 程序单

程 序	程序说明
%0006	程序名
N1 T0101	设立坐标系,选一号刀,一号刀补
N2 M03 S800	主轴以 800r/min 正转
N3 G01 X20 Z5 F200	刀具接近工件
N4 G01 Z-23 F200	第一刀切槽定位
N5 G01 X40 F100	切至槽底
N6 G04 P1.0	延时修整槽底
N7 G01 X20 F200	X 方向退刀
N6 G01 Z-20 F20	第二刀切槽定位
N9 G01 X40 F100	切至槽底
N10 G04 P1.0	延时修整槽底
N11 G01 X20 F200	X 方向退刀
N12 G00 Z100	Z 方向退刀
N13 G00 X100	返回程序起点位置
N14 T0202	设立坐标系,选二号刀,二号刀补
N15 M03 S400	主轴以 800r/min 正转
N16 G01X32 Z5 F200	刀具移至循环起点位置
N17 G82 X34.85 Z-23 F1.5	第一次循环切螺纹,切深 0.8mm
N18 G82 X35.45 Z-23 F1.5	第二次循环切螺纹,切深 0.6mm
N19 G82 X35.85 Z-23 F1.5	第三次循环切螺纹,切深 0.4mm
N20 G82 X36 Z-23 F1.5	第四次循环切螺纹,切深 0.16mm
N21 G00X100 Z100	返回程序起点位置
N22 M05	主轴停
N23 M30	程序结束并复位

3)螺纹车削复合循环指令(G76)

该指令用于多次自动循环车螺纹,数控加工程序中只需指定一次,并在指令中定义好有关参数,则能自动进行螺纹加工,车削过程中,除第一次车削深度外,其余各次车削深度自动计算,该指令的具体格式如下。

编程格式:G76 C(c)_R(r)_E(e)_A(a)_X(x)_Z(z)_I(i)_K(k)_U(d)_V(Δdmin)_Q(Δd)_P(p)_F(L)_

走刀路线及单边切削参数如图 4-25 所示。

说明:

c:精车重复次数(1~99),该参数为模态值;

r:螺纹 Z 向退尾长度(00~99),为模态值;

e:螺纹 X 向退尾长度(00~99),为模态值;

a:刀尖角度(二位数字),为模态值;在 80°、60°、55°、30°、29°和 0°六个角度中选一个;

x、z:绝对值编程时,为有效螺纹终点的坐标;增量值编程时,为有效螺纹终点相对于循环起点的有向距离;(用 G91 指令定义为增量编程,用 G90 定义为绝对编程)

i:螺纹两端的半径差;如 $i=0$,为直螺纹(圆柱螺纹)切削方式;

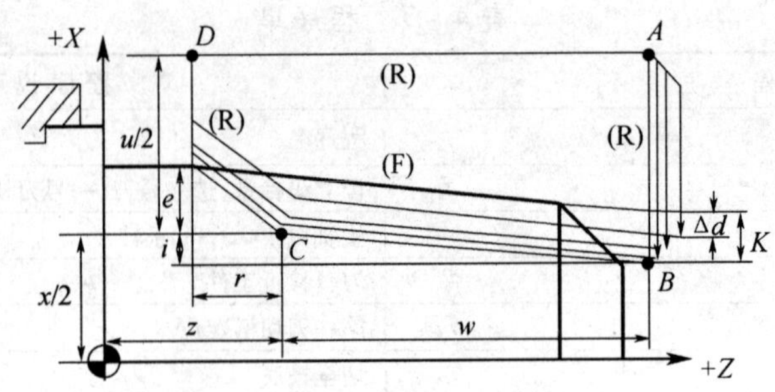

图 4-25　螺纹复合循环起刀路线

k:螺纹高度;该值由 x 轴方向上的半径值指定;

Δdmin:最小切削深度(半径值);当第 n 次切削深度小于 Δdmin 时,则切削深度设定为 Δdmin;

d:精加工余量(半径值);

Δd:第一次切削深度值(半径值);

p:主轴基准脉冲处距离切削起始点的主轴转角;

L:螺纹导程(同 G32)。

4) 螺纹指令之间的区别

G32 只有车螺纹的刀路,没有进刀退刀过程;G82 是一个螺纹车削循环,包括进退刀过程,但是每条指令车一层,要设置每层切深;G76 是螺纹复合车削循环,可以一次车出整个螺纹。G76 指令一般用于大螺距低精度螺纹的加工,在螺纹精度要求不高的情况下,此加工方法更简洁方便。G32,G82 指令采用直进式进刀方式,一般多用于小螺距高精度螺纹的加工。

例 4.6　用螺纹切削复合循环 G76 指令编程,加工螺纹为 $M60\times2$,工件尺寸如图 4-26所示,其中括弧内尺寸根据标准得到。编程如表 4-8 所列。(tan1.79° =0.03125)

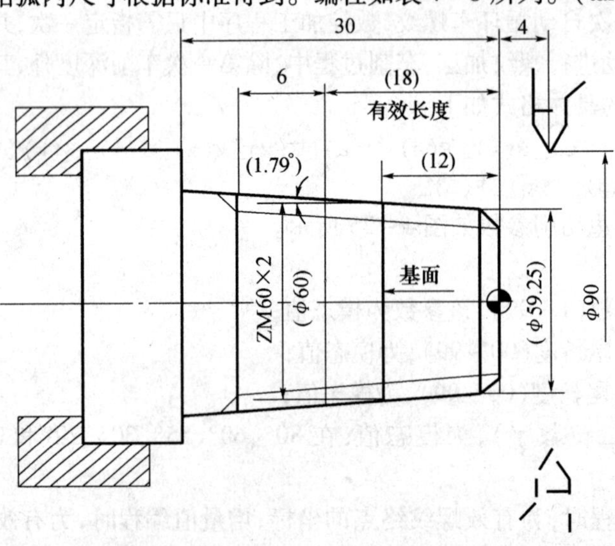

图 4-26　螺纹复合循环例图

表 4-8 程序单

程 序	程序说明
%3331	程序名
N1 T0101	设立坐标系,选一号刀,一号刀补
N2 G00 X100 Z100	到程序起点或换刀点位置
N3 M03 S700	主轴以 700r/min 正转
N4 G00 X90 Z4	到简单循环起点位置
N6 G00 X100 Z100	到程序起点或换刀点位置
N7 T0202	换二号刀,二号刀补,设立坐标系
N8 M03 S400	主轴以 400r/min 正转
N9 G00 X90 Z4	到螺纹循环起点位置
N10 G76 C2 R-3 E1.3 A60 X58.15 Z-24 I-0.875 K1.299 U0.1 V0.1 Q0.9 F2	
N11 G00 X100 Z100	返回程序起点位置或换刀点位置
N12 M05	主轴停
N13 M30	程序结束并复位

5. 沟槽及螺纹的检测

1）沟槽的测量

沟槽直径可用千分尺或游标卡尺、卡钳等测量,沟槽的宽度可用钢直尺、样板、游标卡尺等测量,图 4-27 为测量较高精度沟槽的几种方法。

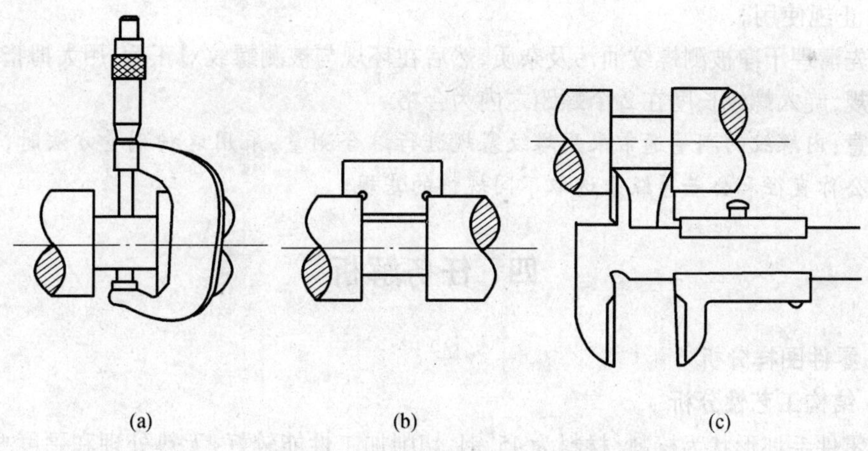

图 4-27 测量较高精度沟槽的方法

(a) 千分尺测量; (b) 样板测量; (c) 游标卡尺测量。

2）螺纹的测量

螺纹的主要测量参数有螺距、大径、小径和中径尺寸。

(1) 大、小径的测量。外螺纹大径和内螺纹小径的公差一般较大,可用游标卡尺或千分尺测量。

(2) 螺距的测量。螺距一般可用钢直尺或螺距规测量。由于普通螺纹的螺距一般较小，所以采用钢直尺测量时，最好测量10个螺距的长度，然后除以10，就得出一个较正确的螺距尺寸。

(3) 中径的测量。对精度较高的普通螺纹，可用外螺纹千分尺直接测量，如图4－28所示，所测得的千分尺的读数就是该螺纹中径的实际尺寸；也可用“三针”进行间接测量（三针测量法仅适用于外螺纹的测量），但需要通过计算后，才能得到中径尺寸。

(4) 综合测量。综合测量是指用螺纹塞规或螺纹环规（图4－29）综合检查内、外普通螺纹是否合格。使用螺纹塞规和螺纹环规时，应按其对应的公差等级进行选择。

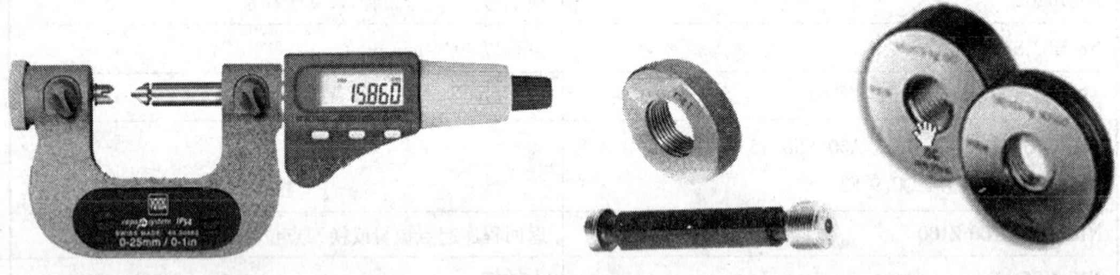

图4－28 外螺纹千分尺

图4－29 螺纹塞规与螺纹环规

螺纹环规用于检测外螺纹尺寸的正确性，通端为一件，止端为一件。

① 通规使用。

首先清理干净被测螺纹油污及杂质，然后在环规与被测螺纹对正后，用大拇指与食指转动环规，使其在自由状态下旋合通过螺纹全部长度判定为合格。

② 止规使用。

首先清理干净被测螺纹油污及杂质，然后在环规与被测螺纹对正后，用大拇指与食指转动环规，旋入螺纹长度在2个螺距之内为合格。

注意：内螺纹的测量通常采用螺纹塞规进行综合测量，采用这种测量方法时，应按其对应的公称直径和公差等级来选取不同规格的塞规。

四、任务解析

1. 零件图样分析

1) 结构工艺性分析

此零件毛坯形状为棒料，材料为45#钢，切削加工性能较好，无热处理和硬度要求，零件加工要素为外圆柱、外圆锥、槽、螺纹以及孔，加工部位较多，属于中等复杂零件；零件结构合理，能够进行数控加工。

2) 尺寸标注及精度分析

此零件尺寸标注完整，轮廓描述清楚，图样中3处直径尺寸$\phi46_{-0.02}^{\ 0}$、$\phi36_{-0.02}^{\ 0}\times25$、$\phi40_{-0.02}^{\ 0}$，长度方向有精度要求的尺寸为$92\pm0.05$、$55\pm0.05$、$35_{\ 0}^{+0.05}$。精度为中等公差等级，表面粗糙度要求为$Ra1.6$，通过数控加工能够满足其精度要求。

2. 机床及夹具的选择

根据被加工零件的外形、材料及车间设备等条件，选用 CAK6140 数控车床。

本零件形状为规则轴类，长度适中，选用三爪自定心卡盘装夹，装夹方便、快捷，定位精度高。

3. 零件加工工艺过程卡（表 4－9）

表 4－9 零件加工工艺过程卡（参考）

(单位)	零件工艺过程卡		产品型号				
			产品名称		传动轴		
材料牌号	$45^{\#}$	毛坯种类	棒料	毛坯外形尺寸	$\phi50\times95$		
工序号	工序名	工序内容	车间	机床	工艺装备		
1	下料	棒料 $\phi50\times95$	下料车间	锯床			
2	数车	夹一端车外圆至尺寸 $\phi46_{-0.02}^{\ 0}\times12$、$\phi36_{-0.02}^{\ 0}\times25$、车端面见平即可。钻孔 $\phi18$，深 20	数车车间	CAK6140	三爪卡盘		
3	数车	调头装夹，车外圆至尺寸 $\phi30\times35_0^{+0.05}$、锥面至尺寸、$\phi40_{-0.02}^{\ 0}\times10$，与上工序接刀，车端面，保证总长 95。车槽 4×2，车螺纹 $M30\times1.5$	数车车间	CAK6140	三爪卡盘		
4	检验	按图样检查各部尺寸及精度					
5	入库	油封、入库					
			设计	校对	审核	标准化	会签
标记	处数	更改文件号					

4. 刀具的选择（表 4－10）

表 4－10 传动轴零件加工刀具卡（参考）

产品名称或代号			零件名称	传动轴	零件图号	04
序号	刀具号	刀具规格名称	数量	加工表面		备 注
1	T01	93°外圆车刀	1	外轮廓		
2	T02	A3 中心钻	1	端面		
3	T03	$\phi18$ 钻头	1	孔		
4	T04	刀宽 4mm 的切槽刀	1	槽		
5	T05	60°的三角螺纹刀	1	螺纹		
编 制		审 核		批 准	共 页	第 页

5. 制订工序卡片(表 4-11)

表 4-11 传动轴零件加工工序卡(参考)

单位名称	产品名称或代号			零件名称		零件图号	
				传动轴		04	
	程序编号		夹具名称	使用设备		车间	
	%0011、%0012		三爪卡盘	CAK6140			
工序号	工步号	工 步 内 容	刀具号	主轴转速 /(r/min)	进给速度 /(mm/min)	背吃刀量 /mm	备注
2	1	车平端面	T01	800	150	/	
	2	粗车外圆 $\phi46.5\times12$、$\phi36.5\times25$	T01	800	150	1.5	
	3	精车外圆保证尺寸 $\phi46.5_{-0.02}^{\ 0}\times12$、$R3$ 圆弧 $\phi36_{-0.02}^{\ 0}\times25$、保证各表面质量要求	T01	1500	100	0.25	
	4	钻中心孔		1500	/	/	手动
	5	钻孔 $\phi18$mm,深 20mm		400	/	/	手动
3	1	工件调头,粗车外圆至 $\phi30.5\times35$、$\phi40.5\times10$,保证总长 92 ± 0.01	T01	800	150	1.5	
	2	精车外圆保证尺寸 $\phi30\times35_{\ 0}^{+0.05}$、$\phi40_{-0.02}^{\ 0}\times10$,锥面至尺寸、保证各表面质量要求	T01	1500	100	0.25	
	3	车槽 $4\times\phi26$	T02	500	50	/	
	4	车螺纹 M30×1.5	T03	600	900	/	
编 制		审 核		批 准		年 月 日	共 页 第 页

6. 程序的编制

数控加工参考程序清单如表 4-12 所列。

表 4-12 程序单

程 序	程 序 说 明
%0011	程序名
N01 T0101	设立坐标系,选一号刀,一号刀补
N02 M03 S800	主轴以 800r/min 正转
N03 G00 X100 Z100	刀具移至安全位置
N04 G00 X52 Z2	刀具到循环起点位置
N05 G71 U1.5 R1 P06 Q13 X0.5 Z0.5 F150	粗切削循环,粗切量 1.5,精切量 X0.5,Z0.5
M03 S1500	主轴以 1500r/min 正转

（续）

N06 G01 X0 F100	精加工程序起始行，刀具至轴心延长线上
N07 Z0	到端面中心
N08 G01 X32	精加工端面
N09 G01 X36 Z-2	精加工 *C*2 倒角
N10 Z-25	精加工 ϕ36 外圆
N11 G01 X40	精加工 Z-25 的端面
N12 G03 X46 Z-28 R3	精加工 *R*3 圆弧
N13 G01 Z-50	精加工 ϕ46 外圆
N14 G00 X100 Z100	快速退刀到安全位置
N15 M30	程序结束并复位
调头	
%0012	程序名
N01 T0101	设立坐标系，选一号刀，一号刀补
N02 M03 S800	主轴以 800r/min 正转
N03 G00 X100 Z200	刀具移至安全位置
N04 G00 X52 Z100	刀具到循环起点位置
N05 G71 U1.5 R1 P06 Q13 X0.5 Z0.5 F150	粗切削循环，粗切量 1.5，精切量 X0.5，Z0.5
M03 S1500	主轴以 1500r/min 正转
N06 G01 X0 F100	精加工程序起始行，刀具至轴心延长线上
N07 Z92	到端面中心
N08 G01 X26	精加工端面
N09 G01 X30 Z90	精加工 *C*2 倒角
N10 Z57	精加工 ϕ30 外圆
N11 G01 X34	精加工 *Z*57 的端面
N12 X40 Z47	精加工锥面
N13 G01 Z37	精加工 ϕ40 外圆
N14 G00 X100 Z200	快速退刀到安全位置
N15 T0204	设立坐标系，选二号刀，四号刀补
N16 M03 S500	主轴以 500r/min 正转
N17 G00 Z57	槽 *Z* 向定位
N18 X38	槽 *X* 向定位
N19 G01 X26 F50	切至槽底
N20 G04 P1	延时修整槽底
N21 X40	*X* 向退刀
N22 G00 X100 Z200	快速退刀到安全位置
N23 T0305	设立坐标系，选三号刀，五号刀补
N24 M03 S600	主轴以 600r/min 正转
N25 G00 X32 Z95	刀具移至循环起点位置
N26 G82 X28.2 Z59 F1.5	第一次循环切螺纹，切深 0.8mm
N27 G82 X27.6 Z59 F1.5	第二次循环切螺纹，切深 0.6mm
N28 G82 X27.2 Z59 F1.5	第三次循环切螺纹，切深 0.4mm

（续）

N29 G82 X27.04 Z59 F1.5	第四次循环切螺纹，切深 0.16mm
N30 G00 X100 Z200	快速退刀到安全位置
N32 M30	程序结束并复位

五、任务实施

1. 工量具准备清单(表 4－13)

表 4－13　工量具准备清单(参考)

序号	名称	规格	数量	备注
1	游标卡尺	0～150mm	1 把	
2	钢板尺	0～125mm	1 把	
3	外径千分尺	25mm～50mm	1 把	
4	螺纹环规	M30×1.5－6h	1 套	
5	铜皮	$t = 1$mm	若干	

2. 加工操作

1）程序的输入

在编辑操作方式下进行程序的输入，注意不同程序程序号的区别。

2）程序的检测

输入程序后进行程序的检测，检测程序是否有误。方法：通过空运行检查刀路是否正确。

3）工件的安装

根据加工工艺要求装夹工件，注意毛坯伸出长度要适宜。

4）车刀的安装

安装刀具时，车刀伸出应合理，夹紧要可靠。

5）对刀

选择工件坐标系的原点，进行对刀操作。

6）刀具参数设置的检查

对刀后进行刀具参数设置的检查，避免出现撞刀事故或产生废品。

7）零件的加工

为了保证车削过程的可靠性，车削首件时，必须用单段操作方式进行，当确认程序无误时，再使用连续操作方式进行车削。

8）零件尺寸的检测

选用合适的量具完成零件尺寸的检测。

3. 安全操作和注意事项

(1) 严格遵守数控车床安全操作规程，做到文明操作。

(2) 程序输入完成后，必须对程序进行空运行检查。

(3) 检查坐标设置和对刀是否正确。

(4) 二次装夹时应避免夹伤已加工表面。

(5) 因各种刀具长度不同,故安全退刀点的设置应避免方式碰撞。

(6) 对刀前,先将工件端面车平,对切槽刀时,以左刀尖作为编程的刀位点。

(7) 在加工螺纹过程中不能改变转速。

六、项目评价(表4-14)

表4-14 项目评价表

序号	评价项目	考核要点	配分	评分标准	扣分	得分
1	内外径尺寸	$\phi46_{-0.02}^{\ 0}$	6	超差0.01扣2分		
		$\phi36_{-0.02}^{\ 0}$	6	超差0.01扣2分		
		$\phi40_{-0.02}^{\ 0}$	6	超差0.01扣4分		
		$\phi34$、$\phi18$、$\phi26$	12	超差不得分		
2	长度尺寸	92±0.05	4	超差不得分		
		55±0.05	4	超差不得分		
		$35_{\ 0}^{+0.05}$	4	超差不得分		
		一般公差尺寸	8	超差不得分		
3	螺纹尺寸	牙型角	3	超差不得分		
		大径 $\phi30$	5	超差不得分		
		中径	5	超差不得分		
4	圆弧尺寸	$R3$	3	超差不得分		
		$R1$	3	超差不得分		
5	其它尺寸	$C2$ 两处	4	超差不得分		
		$Ra1.6$、$Ra12.5$	12	每降一级扣1分		
		未注倒角	2	超差不得分		
6	加工工艺和程序编制	加工工艺合理性	3	不正确不得分		
		刀具选择合理性	3	不正确不得分		
		工件装夹定位合理性	2	不正确不得分		
		切削用量选择合理性	3	不正确不得分		
		切削液使用合理性	2	不正确不得分		
7	安全文明生产	1. 安全正确操作设备; 2. 工作场地整洁,工件、量具、夹具等器具摆放整齐规范; 3. 做好事故防范措施,填写交接班记录,并将出现的事故发生原因、过程及处理结果记入运行档案; 4. 做好环境保护		每违反一项从总分扣除2分。扣分不超过10分		
	合计		100			

七、误差分析

1. 槽加工误差分析

在数控车床上进行槽加工时经常遇到的加工误差有多种，其问题现象、产生原因预防和消除的措施如表4－15所列。

表4－15 槽加工误差分析

问题现象	产生原因	预防和消除
槽的一侧或两侧面出现小台阶	刀具数据不准确或程序错误	1. 调整或重新设定刀具数据； 2. 检查、修改加工程序
槽底出现倾斜	刀具安装不正确	正确安装刀具
槽的侧面出现凹凸面	1. 刀具刃磨角度不对称； 2. 刀具安装角度不对称； 3. 刀具两刀尖磨损不对称	1. 更换刀片； 2. 重新刃磨刀具； 3. 正确安装刀具
槽的两个侧面倾斜	刀具磨损	重新刃磨刀具成更换刀片
槽底出现振动现象，留有指纹	1. 工件装夹不正确； 2. 刀具安装不正确； 3. 切削参数不正确； 4. 程序延时时间太长	1. 检查工件安装，增加安装刚性； 2. 调整刀具安装位置； 3. 提高或降低切削速度； 4. 缩短程序延时时间
切槽过程中出现扎刀现象，造成刀具断裂	1. 进给量过大； 2. 切屑阻塞	1. 降低进给速度； 2. 采用断、退屑方式切入
切槽过程中出现较强的振动，表现为工件刀具出现谐振现象，严重者车床也会一同产生谐振，切削不能继续	1. 工件装夹不正确； 2. 刀具安装不正确； 3. 进给速度过低	1. 检查工件安装，增加安装刚性； 2. 调整刀具安装位置； 3. 提高进给速度

2. 螺纹加工误差分析

螺纹加工误差分析如表4－16所列。

表4－16 螺纹加工误差分析

问题现象	产生原因	预防和消除
切削过程出现振动	1. 工件装夹不正确； 2. 刀具安装不正确； 3. 切削参数不正确	1. 检查工件安装，增加安装刚性； 2. 调整刀具安装位置； 3. 提高或降低切削深度
螺纹牙顶呈刀口状	1. 刀具角度选择错误； 2. 螺纹外径尺寸过大； 3. 螺纹切削过深	1. 选择正确的刀具； 2. 检查并选择合适的工件外径尺寸； 3. 减小螺纹切削深度

（续）

问题现象	产生原因	预防和消除
螺纹牙型过平	1. 刀具中心错误； 2. 螺纹切削深度不够； 3. 刀具牙型角度过小； 4. 螺纹外径尺寸过小	1. 选择合适的刀具并调整刀具中心的高度； 2. 适当增大刀具牙型角； 3. 检查并选择合适的工件外径尺寸
螺纹牙型底部圆弧过大	1. 刀具选择错误； 2. 刀具磨损严重	1. 选择正确的刀具； 2. 重新刃磨或更换刀片
螺纹牙型底部过宽	1. 刀具选择错误； 2. 刀具磨损严重； 3. 螺纹有乱牙现象	1. 选择正确的刀具； 2. 重新刃磨或更换刀片； 3. 检查加工程序中有无导致乱牙的原因； 4. 检查主轴脉冲编码器是否松动、损坏； 5. 检查 z 轴丝杠是否有窜动现象
螺纹表面质量差	1. 切削速度过低； 2. 刀具中心过高； 3. 切削控制较差； 4. 刀尖产生积屑瘤； 5. 切削液选用不合理	1. 调高主轴转速； 2. 调整刀具中心高度； 3. 选择合理的进刀方式及切深； 4. 选择合适的切削液并充分喷注
螺距误差	1. 伺服系统滞后效应； 2. 加工程序不正确	1. 增加螺纹切削升、降通段的长度； 2. 检查、修改加工程序

八、项目训练

1. 编制如习题图 4－1 所示各零件数控车削工艺及加工程序，上机操作加工或数控仿真加工，毛坯尺寸 $\phi42\times75$。

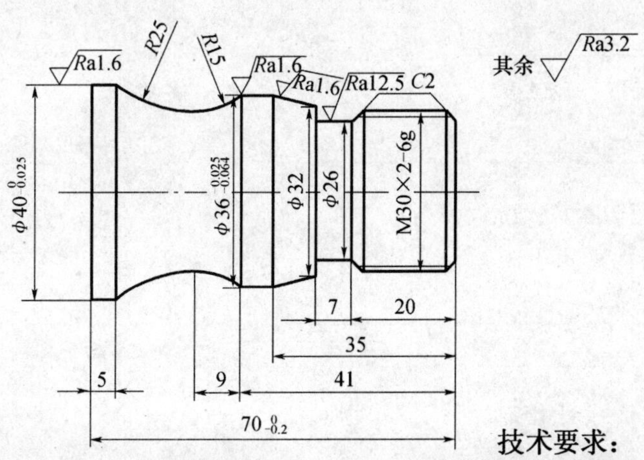

习题图 4－1

2．编制如习题图4－2所示各零件数控车削工艺及加工程序，上机操作加工或数控仿真加工，毛坯尺寸 $\phi 40\times 110$。

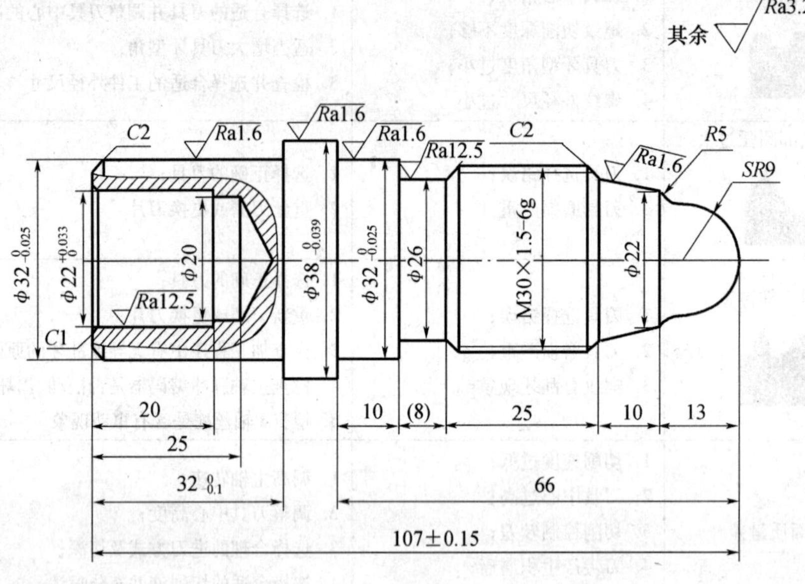

习题图4－2

学习情境五　孔加工

一、学习目标

知识目标

- ➢ 掌握常用内孔刀具的选用
- ➢ 掌握孔类零件数控车削加工工艺
- ➢ 掌握内孔的车削方法

技能目标

- ➢ 会编制常见孔类零件的加工程序并能够正确的加工
- ➢ 会对孔进行检测并能对出现的误差进行分析

二、工作任务

某机械制造厂需小批量加工如图 5 - 1 所示的轴承套零件,要求通过相关知识的学习,完成轴承套零件的数控车削加工。

三、学习导读

在数控车床上加工工件时往往会遇到各种各样的孔,通过钻、铰、镗、扩等方法可以加工出不同精度的工件,其加工方法简单,加工精度也比普通车床要高,因此,孔加工是数控车床上最常见的加工方法之一。

1. 孔加工刀具

孔加工刀具按其用途可分为两大类:一类是钻头,它主要用于在实心材料上钻孔(有时也用于扩孔)。根据钻头构造及用途不同,又可以分为麻花钻、扁钻、中心钻及深孔钻等;另一类是对已有孔进行再加工的刀具,如扩孔钻、铰刀及镗刀等。

1) 麻花钻

麻花钻是一种形状复杂的孔加工刀具,它的应用较为广泛,常用来钻削精度较低和表面较粗糙的孔。用高速钢钻头加工的孔精度可达 IT11 ~ IT13,表面粗糙可达 *R*a6.3 ~ *R*a12.5;用硬质合金钻头加工时则分别可达 IT10 ~ IT11 和 *R*a3.2 ~ *R*a12.5。标准的麻花钻如图 5 - 2 所示。

麻花钻的装夹方法,按其柄部的形状不同而异。锥柄钻头可以直接装入钻床主轴锥孔内,较小的钻头可用过渡套筒安装,如图 5 - 3(a)所示。直柄钻头用钻夹头安装,钻夹头结构如图 5 - 3(b)所示。

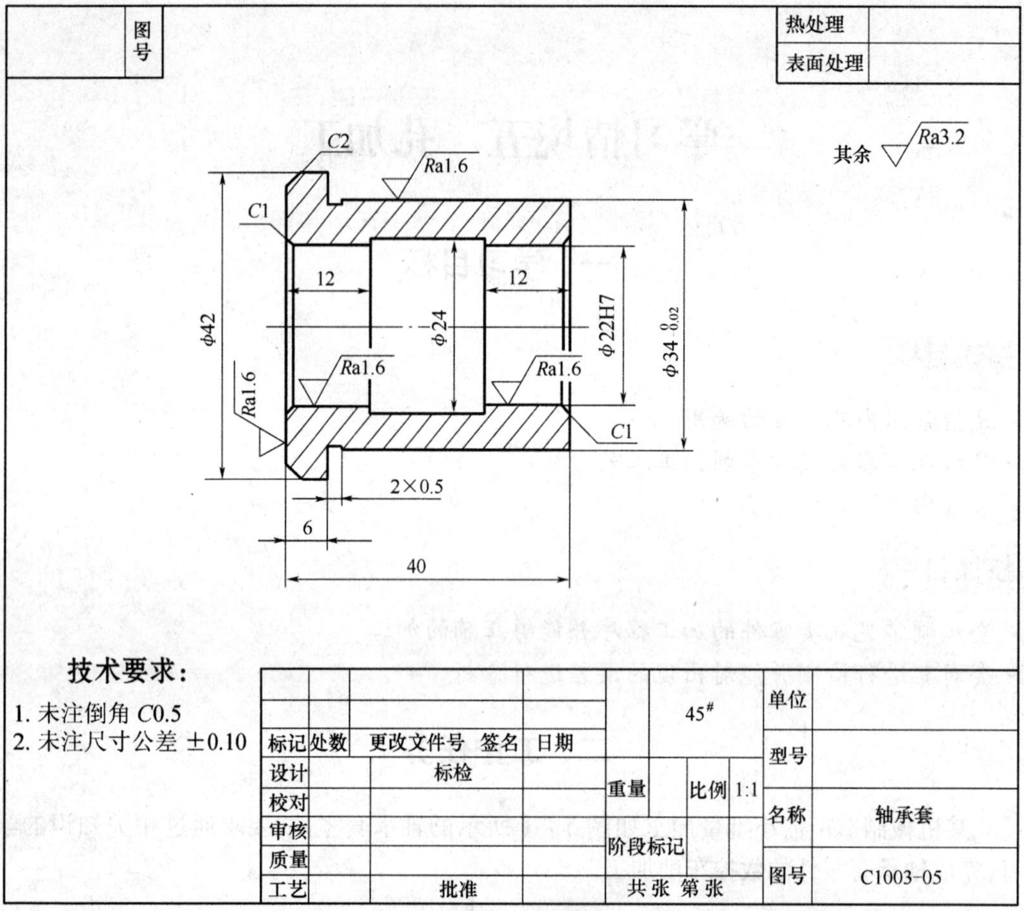

图号	

热处理	
表面处理	

其余 $\sqrt{Ra3.2}$

C2　Ra1.6　C1　12　12　φ24　φ22H7　φ34 $^{0}_{-0.02}$　φ42　Ra1.6　Ra1.6　Ra1.6　C1　2×0.5　6　40

技术要求：

1. 未注倒角 $C0.5$
2. 未注尺寸公差 ±0.10

					45#			单位	
标记	处数	更改文件号	签名	日期				型号	
设计		标检			重量	比例	1:1		
校对								名称	轴承套
审核					阶段标记				
质量								图号	C1003-05
工艺		批准			共 张 第 张				

图 5－1　轴承套零件

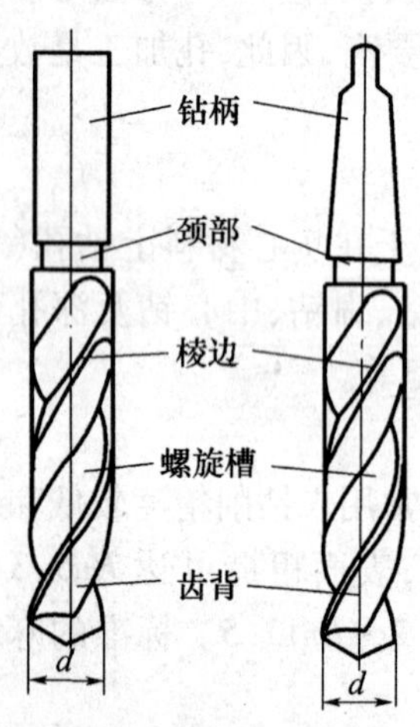

图 5－2　麻花钻

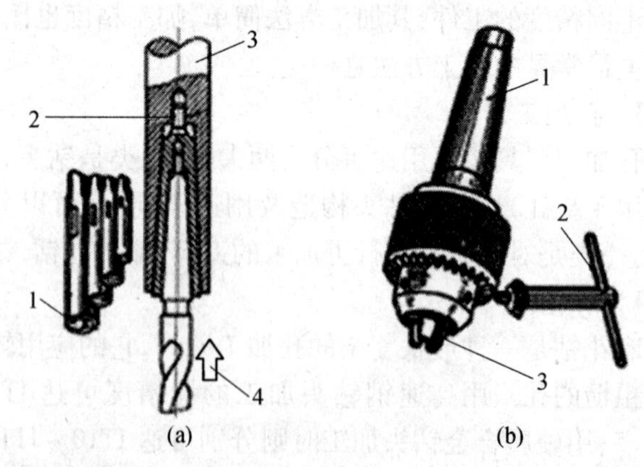

图 5－3　钻头的装夹

（a）锥柄钻头的安装；（b）钻夹头安装。

1—过渡锥度套筒；2—锥孔；3—钻床主轴；4—安装时将钻头向上推压。

1—锥柄；2—紧固扳手；3—自动定心夹爪。

2）中心钻

中心钻用于加工中心孔。有3种形式：中心钻、无护锥60°复合中心钻和带护锥60°复合中心钻。为了节约刀具材料，复合中心钻常制成双端的，钻沟一般制成直的。复合中心钻的工作部分和锪孔部分组成，钻孔部分与麻花钻相同，有倒锥度及钻孔几何参数，锪孔部分制成60°，保证锥制成120°。

复合中心钻工作部分的外圆需经斜向铲磨，才能保证锪孔部分及与钻孔部分的过渡部分具有后角，如图5－4所示。

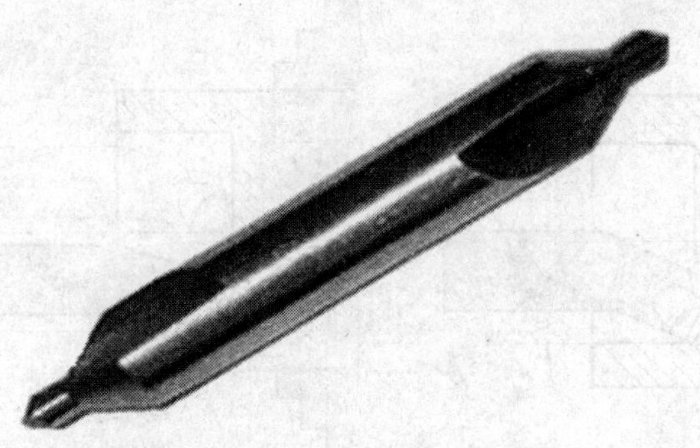

图5－4　复合中心钻

3）深孔钻

一般深径比（孔深与孔径比）在5～10范围内的孔为深孔，加工深孔可用深孔钻。深孔钻的结构有多种，常用的主要有外排屑深孔钻，如图5－5所示。

图5－5　外排屑深孔钻

4）扩孔钻

扩孔钻用于将现有孔扩大，一般加工精度可达IT10～IT11，表面粗糙度可达*Ra*3.2～*Ra*12.5，通常作为孔的半精加工刀具。

扩孔钻的类型主要有两种，即整体锥柄扩孔钻和套式扩孔钻，如图5－6所示。

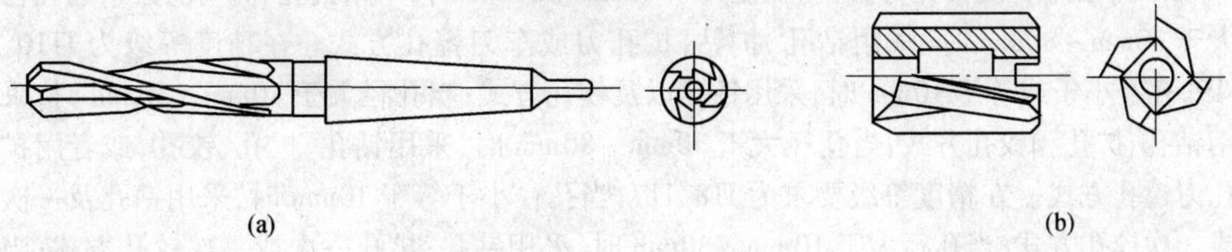

图5－6　专用扩孔钻

（a）整体锥柄扩孔钻；（b）套装式扩孔钻。

5）镗刀

镗刀用来扩孔及孔的粗、精加工。镗刀能修正钻孔、扩孔等工序所造成的轴线歪曲、偏斜等缺陷，故特别适用于要求孔距很准确的孔系加工。镗刀可加工不同直径的孔。镗孔又分为镗通孔和镗不通孔。通孔镗刀切削部分的几何形状与外圆车刀相似,为了减小径向切削抗力,防止车孔时振动,主偏角应取得大些,一般在60°~75°之间,副偏角一般为15°~30°。为防止内孔车刀后刀面和孔壁摩擦又不使后角磨得太大,一般磨成两个后角。盲孔镗刀用来车削盲孔或台阶孔,切削部分形状基本与偏刀相似,它的主偏角大于90°,一般为92°~95°,后角的要求和通孔镗刀一样。不同之处是盲孔镗刀的刀尖到刀杆外端的距离小于孔半径,否则无法镗平孔的底面,如图5-7所示。

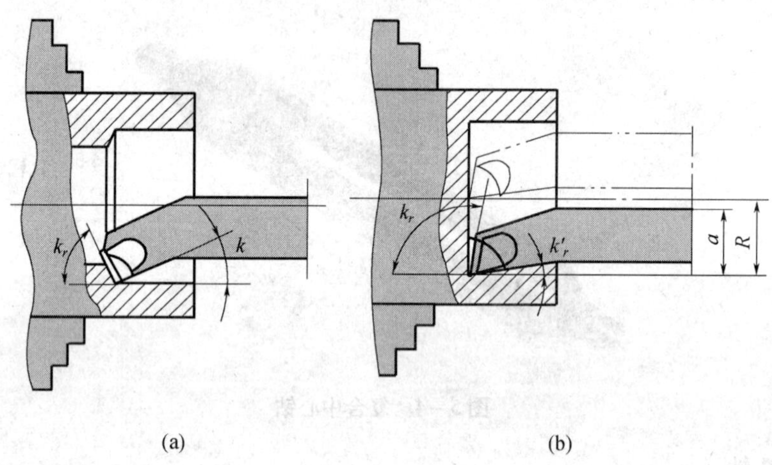

图5-7 镗刀
(a) 车通孔;(b) 车不通孔。

6)铰刀

铰刀用于中小型孔的半精加工和精加工,也常用于磨孔或研孔的预加工。铰刀的齿数多、导向性好、刚性好、加工余量小、工作平稳,一般加工精度可达IT5~IT8,表面粗糙可$Ra0.4 \sim Ra1.6$。铰刀种类如图5-8所示。

2. 孔的精度加工要求

在车床中,孔的加工方法与孔的精度要求,孔径以及孔的深度有很大的关系。一般来讲,在精度等为IT12、IT13时,一次钻就可以实现。在精度等级为IT11,当孔径小于等于10mm时,采用一次钻孔方式:当孔径大于10mm~30mm时,采用钻孔和扩孔方式;当孔径大于30mm~80mm时,采用钻孔、扩钻,扩孔刀或车刀镗孔方式。在精度等级为IT10、IT9,孔径小于或等于10mm时,采用钻孔以及铰孔方式;当孔径大于10mm~30mm时,采用钻孔、扩孔和铰孔方式;当孔径大于30mm~80mm时,采用钻孔、扩孔、铰孔,或者用扩孔刀镗孔方式。在精度等级要求为IT8、IT7,当孔径小于等于10mm时,采用钻孔及一次或二次铰孔方式;当孔径大于10mm~30mm时,采用钻孔、扩孔一次或二次铰孔方式;当用钻孔及一次或二次铰孔方式;当孔径大于10mm~30mm时,采用钻孔、扩孔、一次或二次铰孔方式;当孔大于30mm~80mm时,采用钻孔、扩孔(或者用扩孔刀镗孔)以及一次或二次铰孔方式。

除此之外,孔的加工要求还与孔的位置精度有关。当孔的位置精度要求较高时,可以通过在车床上镗孔实现。在车床上镗孔时合理安排孔的加工路线比较重要,安排不当就

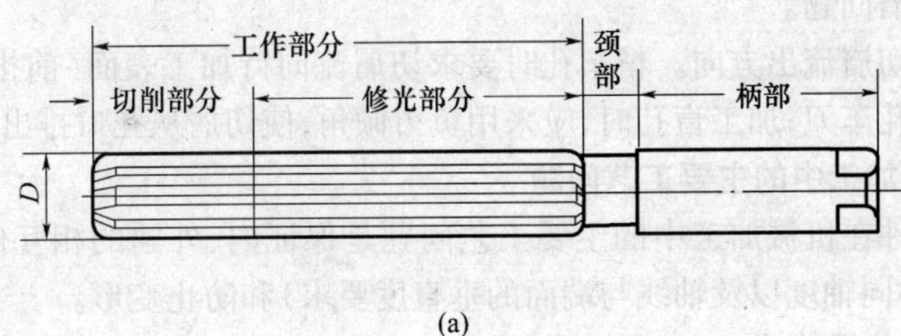

(a)

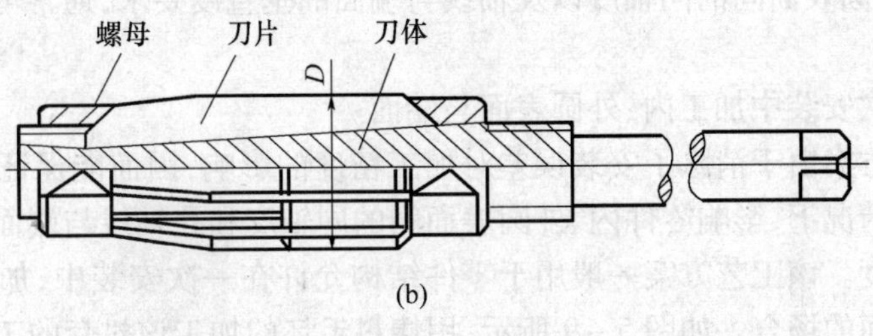

(b)

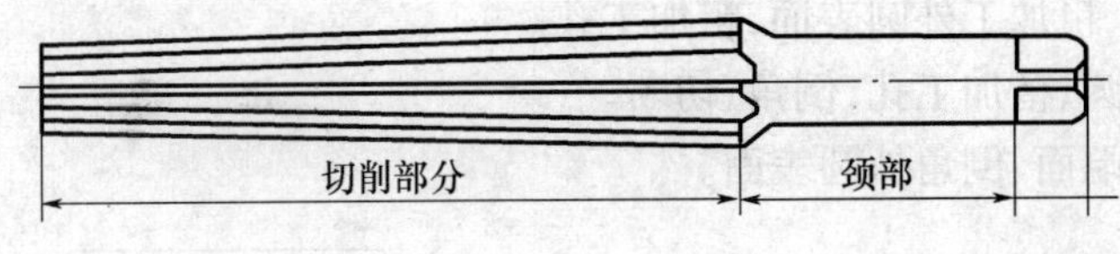

(c)

图 5－8　手动铰刀

(a) 圆柱铰刀;(b) 可调节圆柱铰刀;(c) 圆锥铰刀。

可能把坐标轴的反向间隙带入到加工中,从而直接影响孔的位置精度。

3. 内孔的车削方法

车孔是常用的孔加工方法之一,可用作粗加工及精加工。精车孔通常尺寸精度可达 IT7 ~ IT8,表面粗糙度可达 $Ra0.8 \sim Ra1.6$。

1）内孔车刀的安装

内孔车刀安装的正确与否,直接影响到车削情况及孔的精度,所以在安装内孔时一定要注意:

(1) 刀尖应与工件中心等高或稍高;

(2) 刀杆伸出长度不宜过长,一般比被加工孔长 5mm ~ 6mm 左右;

(3) 刀杆基本平行于工件轴线,否则在车削到一定深度时,刀杆后半部分容易碰到工件孔口。

2）内孔车削的关键技术

内孔车削的关键技术是解决内孔车刀的刚性和排屑问题。

(1) 增加内孔车刀刚性的措施。

① 尽量增加刀柄的截面积,通常车刀的刀尖位于刀杆的上面,这样刀杆的截面积较小,还不到孔截面积的 1/4,若使内孔车刀的刀尖位于刀杆的中心线上,那么刀杆在孔中的截面积可大大地增加;

② 尽可能缩短刀杆的伸出长度,以增加车刀刀杆刚性,减小切削过程中的振动。

(2) 解决排屑问题。

主要是控制切屑流出方向。精车孔时要求切屑流向待加工表面(前排屑)。因此,采用正刃倾角的内孔车刀;加工盲孔时,应采用负刃倾角,使切屑从孔口排出。

4. 孔类零件加工中的主要工艺问题

一般孔类零件在机械加工中的主要工艺问题是保证内、外圆的相互位置精度(即保证内、外圆表面的同轴度以及轴线与端面的垂直度要求)和防止变形。

1) 保证相互位置精度

保证内、外圆表面间的同轴度以及轴线与端面的垂直度要求,通常可采用下列 3 种工艺方案:

(1) 在一次安装中加工内、外圆表面与端面。

这种工艺方案由于消除了安装误差对加工精度的影响,因而能保证较高的相互位置精度。在这种情况下,影响零件内、外圆表面间的同轴度和孔轴线与端面的垂直度的主要因素是机床精度。该工艺方案一般用于零件结构允许在一次安装中,加工出全部有位置精度要求的表面的场合。如图 5-9 所示,用棒料毛坯的加工该衬套的工艺过程如下:

① 加工端面、粗加工外圆表面,粗加工孔。

② 精加工外圆、精加工孔、倒角、切断。

③ 加工另一端面、倒角外圆表面。

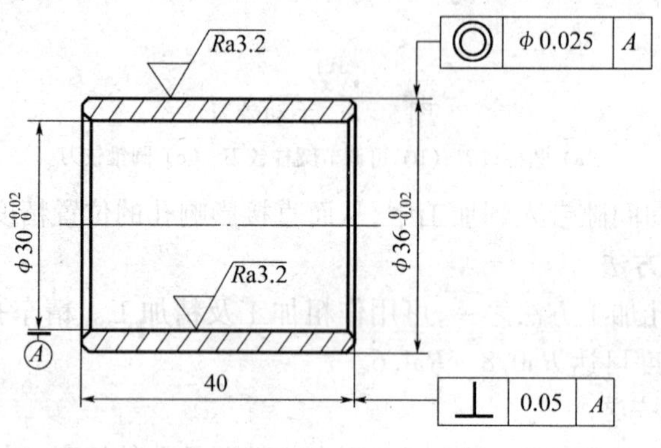

图 5-9　衬套工艺过程

(2) 全部加工分在几次安装中进行,先加工孔,然后以孔为定位基准加工外圆表面。

用这种方法加工套筒,由于孔精加工常采用拉孔、滚压孔等工艺方案,生产效率较高,同时可以解决镗孔和磨孔时因镗杆、砂轮杆刚性差而引起的加工误差。当以孔为基准加工套筒的外圆时,常用刚度较好的小锥度心轴安装工件。小锥度心轴结构简单,易于制造,心轴用两顶尖安装,其安装误差很小,因此可获得较高的位置精度。

(3) 全部加工分在几次安装中进行,先加工外圆,然后以外圆表面为定位基准加工内孔。

这种工艺方案,如果用一般三爪自定心卡盘夹紧工件,则因卡盘的偏心误差较大会降低工件的同轴度,故需采用定心精度较高的夹具,以保证工件获得较高的同轴度。较长的套筒一般多采用这种加工方案。

2）防止变形的方法

薄壁套筒在加工过程中，往往由于夹紧力、切削力和切削热的影响而引起变形，致使加工精度降低。需要热处理的薄壁套筒，如果热处理工序安排不当，也会造成不可校正的变形。防止薄壁套筒的变形，可以采取以下措施：

（1）减小夹紧力对变形的影响。

① 夹紧力不宜集中于工件的某一部分，应使其分布在较大的面积上，以使工件单位面积上所受的压力较小，从而减少其变形。同时软卡爪应采取自镗的工艺措施，以减少安装误差，提高加工精度。图 5－10 为用开缝套筒装夹薄壁工件，由于开缝套筒与工件接触面大，夹紧力均匀分布在工件外圆上，不易产生变形。当薄壁套筒以孔为定位基准时，宜采用张开式心轴。

② 采用轴向夹紧工件的夹具。例如，通过螺母端面沿轴向夹紧，使得其夹紧力产生的径向变形极小。

③ 在工件上做出加强刚性的辅助凸边，当加工结束时，将凸边切去。

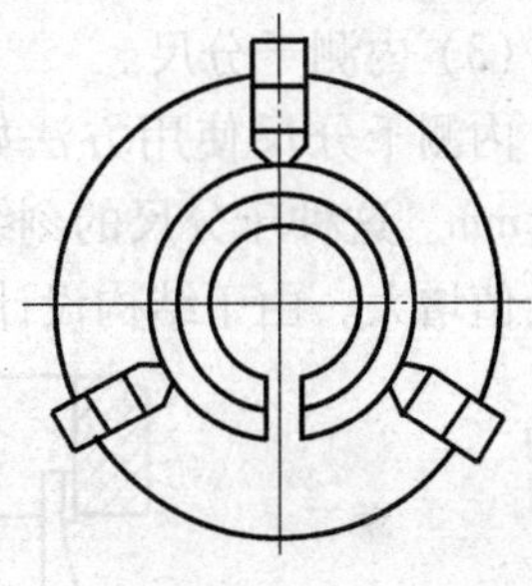

图 5－10　薄壁工件装夹

（2）减少切削力对变形的影响。

常用的方法有以下几种：

① 减小径向力，通常可借助增大刀具的主偏角来达到。

② 内外表面同时加工，使径向切削力相互抵消。

③ 粗、精加工分开进行，使粗加工时产生的变形能在精加工中能得到纠正。

（3）减少热变形引起的误差。

工件在加工过程中受切削热后要膨胀变形，从而影响工件的加工精度。为了减少热变形对加工精度的影响，应在粗、精加工之间留有充分冷却的时间，并在加工时注入足够的切削液。

热处理对套筒变形的影响也很大，除了改进热处理方法外，在安排热处理工序时，应安排在精加工之前进行，以使热处理产生的变形在以后的工序中得到纠正。

5. 孔径测量工具

1）孔径的测量

内孔零件的孔径检测常用量具有游标卡尺、内径千分尺、内径百分表等，孔深的检测常用量具有游标卡尺、深度游标卡尺、深度千分尺等。对于小径内孔，可以用塞规、内测千分尺寸等量具进行测量。

（1）内卡钳测量。

当孔口试切削或位置狭小时，使用内卡钳显得方便灵活。当前使用的内卡钳已采用量表或数显方式来显示测量数据如图 5－11 所示。采用这种内卡钳可以测出 IT7～IT8 级精度。

（2）塞规测量。

塞规如图 5－12(b)所示，是一种专用量具，一端为通端，另一端为止端。使用塞规检测孔径时，当通端能进入孔内，而止端不能进入孔内时，说明孔径合格，否则为不合格孔径。与此相类似，轴类零件也可采用光环规测量，如图 5－12(a)所示。

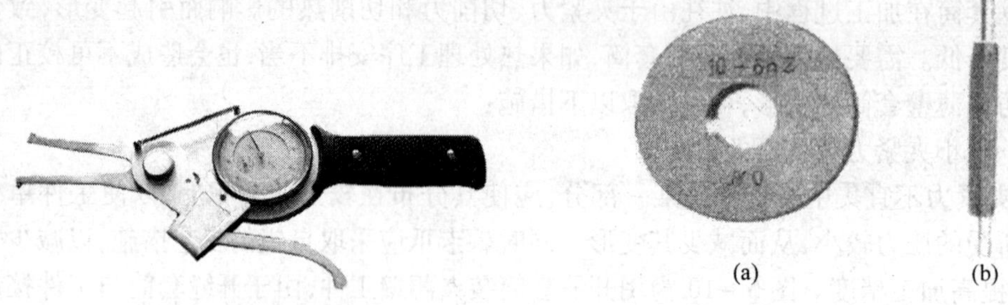

图 5－11　量表内卡钳

图 5－12　光环规和塞规

（a）光环规；（b）塞规。

（3）内测千分尺。

内测千分尺使用方法如图 5－13 所示。可用于测量 5mm ~ 30mm 的孔径，分度值 0.01mm。这种千分尺的刻线与外径千分尺相反，顺时针旋转微分筒时，活动爪向右移动，测量值增大。由于结构设计方面的原因，其测量精度低于其它类型的千分尺。

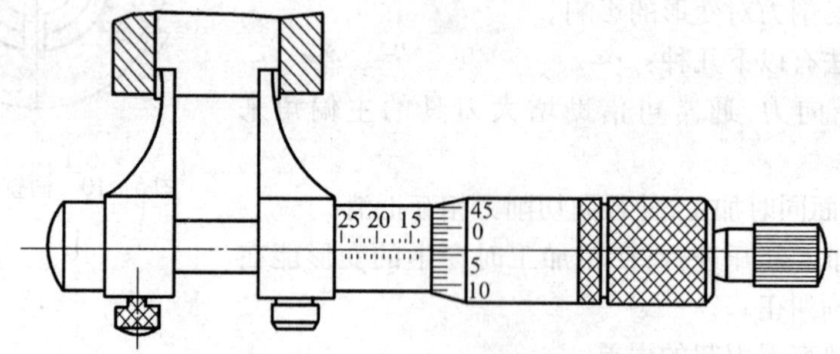

图 5－13　内测千分尺

（4）内径百分表测量。

内径百分表如图 5－14 所示，是将百分表装夹在测架 1 上，触头 6 称活动测量头，通过摆动块 7 杆 3，将测量值 1∶1 传递给百分表。测量头 5 可根据孔径大小更换。为了能使触头自动位于被测孔的直径位置，在其旁装有定心器 4，测量前，应使百分表对准零位，测量时，为得到准确的尺寸，活动测量头应在径向方向摆动并找出最大值，在轴向方向摆动找出最小值，这两个重合尺寸就是孔径的实际尺寸。内径百分表主要用于测量精度要求较高而且又较深的孔。

（5）内径千分尺测量。

用内径千分尺可以测量孔径。内径千分尺外形如图 5－15 所示，由测微头和各种尺寸的接长杆组成。每根接长杆上都注有公称尺寸和编号，可按需要选用。

内径千分尺的读数方法和外径千分尺相同，但由于内径千分尺无测力装置，因此测量误差较大。

2）孔距测量

测量孔距时，通常采用游标卡尺测量。精度较高的孔距也可采用内径千分尺和千分尺配合圆柱测量芯棒进行测量。

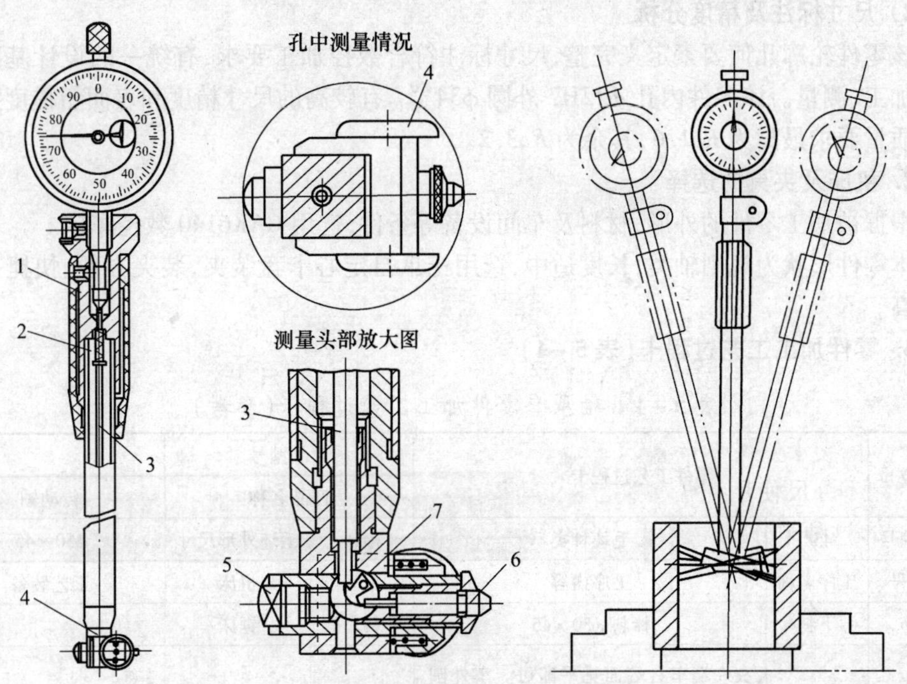

图 5-14　内径百分表

1—测架；2—弹簧；3—杆；4—定心器；5—测量头；6—触头；7—摆动块。

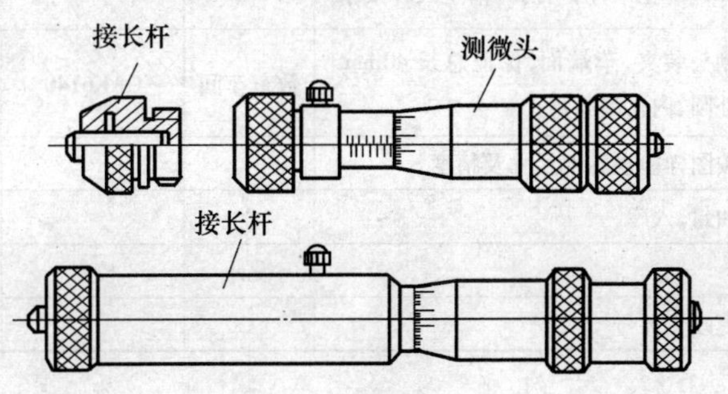

图 5-15　内径千分尺

3）孔的其它精度测量

除了要进行孔径和孔距测量外，有时还要进行圆度、圆柱度等形状精度的测量以及径向圆跳动、端面圆跳动、端面与孔轴线的垂直度等位置精度的测量。

四、任务解析

1. 零件图样的分析

1）结构工艺性分析

该零件表面由内外圆柱面、内孔及槽等表面组成，形状较复杂，是较典型的套类零件。该零件结构合理，能够进行数控加工。

2）尺寸标注及精度分析

该零件轮廓几何要素定义完整，尺寸标注符合数控加工要求，有统一的设计基准，且便于加工、测量。该零件内孔 ϕ22H7 外圆 $\phi34_{-0.02}^{\ 0}$ 有较高的尺寸精度和表面粗糙度要求，表面质量要求最高为 $Ra1.6$，其余为 $Ra3.2$。

2. 机床及夹具的选择

根据被加工零件的外形、材料及车间设备等条件，选用 CAK6140 数控车床。

本零件形状为规则轴类，长度适中，选用三爪自定心卡盘装夹，装夹方便、快捷，定位精度高。

3. 零件加工工艺过程卡(表 5 -1)

表 5－1　轴承套零件加工工艺过程卡(参考)

(单位)	零件工艺过程卡		产品型号				
			产品名称		传动轴		
材料牌号	45#	毛坯种类	棒料	毛坯外形尺寸	ϕ50 ×45		
工序号	工序名称	工序内容	车间	机床	工艺装备		
1	下料	棒料 ϕ50 ×45	下料车间	锯床			
2	数车	夹左端车右端面见平即可。车外圆 $\phi34_{-0.02}^{\ 0}$、ϕ42 至尺寸，切槽 2 ×0.5、打中心孔，钻孔 ϕ20 通孔、镗内孔 ϕ22H7 至尺寸，切内沟槽至尺寸要求	数车车间	CAK6140	三爪卡盘		
3	数车	倒头装夹，车端面，保证总长 40mm，外圆、内孔倒斜角	数车车间	CAK6140	三爪卡盘		
4	检验	按图样检查各部尺寸及精度					
5	入库	油封、入库					
			设计	校对	审核	标准化	会签
标记	处数	更改文件号					

4. 刀具的选择(表 5 -2)

表 5－2　轴承套零件加工刀具卡(参考)

产品名称或代号			零件名称	轴承套		零件图号	05
序号	刀具号	刀具规格名称	数量	加工表面			备 注
1	T01	93°外圆车刀	1	粗、精车外圆			
2	T02	刀宽 2mm 切槽刀	1	槽			
3	T03	A3 中心钻	1	端面			
4	T04	ϕ20 麻花钻	1	内孔			
5	T05	90°内孔车刀	1	内孔			
6	T06	刀宽 4mm 内切槽刀	1	内沟槽			
编　制		审　核		批　准		共　页	第　页

5. 制订工序卡片(表5-3)

表5-3 轴承套零件加工工序卡(参考)

单位名称		产品名称或代号		零件名称			零件图号	
				轴承套			05	
		程序编号	夹具名称	使用设备			车间	
		%0001、%0002	三爪卡盘	CAK6140				
工序号	工步号	工步内容		刀具号	主轴转速 /(r/min)	进给速度 /(mm/min)	背吃刀量 /mm	备注
2	1	车平端面		T01	800	150	/	
	2	粗车 $\phi42\times41$、$\phi34\times34$ 的外圆,留0.5的余量		T01	800	150	1.5	
	3	精车 $\phi42$、$\phi34$ 的外圆至尺寸要求,保证各表面质量要求		T01	1500	100	0.25	
	4	切槽 2×0.5 至尺寸要求		T02	500	80	/	
	5	钻中心孔		T03	1500	/	/	手动
	6	钻通孔 $\phi20$		T04	600	/	/	手动
	7	粗镗 $\phi22$ 通孔,留0.5的余量		T05	800	150	1.5	
	8	精镗 $\phi22$ 通孔至尺寸		T05	1500	100	0.25	
	9	切内沟槽 $\phi24$ 至尺寸要求		T06	500	50	/	
3	1	工件掉头、切端面保证总长40,倒 $2\times45°$ 斜角		T01	1500	100	0.25	
	2	内孔倒斜角		T05	1500	100	0.25	
编制		审核		批准		年 月 日	共 页	第 页

6. 程序的编制

数控加工参考程序清单如表5-4所列。

表5-4 程序单

程序	程序说明
%0001	程序名
N01 T0101	设立坐标系,选一号刀,一号刀补
N02 M03 S800	主轴以800r/min正转
N03 G00 X100 Z100	定义起刀点
N04 X45 Z5	刀具到循环起点位置
N05 G71 U1.5 R0.5 P06 Q11 X0.5 Z0.5 F150	粗切削循环,粗切量1.5,精切量X0.5,Z0.5
M03 S1500	主轴以1500r/min正转
N06 G01 X0 F100	精加工程序起始行,刀具至轴心延长线上
N07 Z0	到端面中心

（续）

N08 G01 X34 Z0 F100	精加工端面
N09 Z -34	精加工 ϕ34 外圆
N10 X42	精加工 Z -34 端面
N11 Z -41	精加工 ϕ42 外圆
N12 G00 X100 Z100	快速退刀到安全位置
N13 T0202	设立坐标系，选二号刀，二号刀补
N14 M03 S500	主轴以 500r/min 正转
N15 G00 Z -34	槽 *Z* 向定位
N16 X45	槽 *X* 向定位
N17 G01 X33 F80	切至槽底
N18 G04 P1	延时修整槽底
N19 G01 X45 F100	*X* 向退刀
N20 G00 X100 Z100	快速退刀到安全位置
N21 T0305	调用 3 号刀具，5 号刀补，建立工件坐标系
N22 M03 S800	主轴以 800r/min 正转
N23 X19 Z5	刀具到循环起点位置
N24 G71 U1 R0.5 P25 Q28 X -0.5 Z0.5 F150	粗切削循环，粗切量 1.5，精切量 X0.5，Z0.5
M03 S1500	主轴以 1500r/min 正转
N25 G01X24Z0F100	
N26 X22 Z -1	精加工 *C*1 倒角
N27 Z -41	镗 ϕ22 通孔
N28 X19	*X* 方向退刀
N29 Z5	*Z* 方向退刀
N30 G00 X100 Z100	刀具移至安全位置
N21 T0406	调用 4 号刀具，6 号刀补，建立工件坐标系
N22 M03 S500	主轴以 500r/min 正转
G00 X20 Z20	刀具移至安全位置
G00 X20 Z5	刀具移至起到点位置
Z -27.9	定第一刀切槽位置
G01 X23.9 F50	切至槽底，留 0.1 余量
X20	退刀
Z -25	定第二刀切槽位置
X23.9	切至槽底，留 0.1 余量
X20	退刀
Z -22	定第三刀切槽位置
X23.9	切至槽底，留 0.1 余量
X20	退刀

（续）

Z-19	定第四刀切槽位置
X23.9	切至槽底，留0.1余量
X20	退刀
Z-16.1	定第四刀切槽位置
X23.9	切至槽底，留0.1余量
X20	退刀
Z-16	定第四刀切槽位置
X24	切至槽底
Z-28	横向切削槽底
X20	*X*方向退刀
G00 Z100	*X*方向退刀
X100	返回程序起点位置
M30	程序结束
%0002	程序名
N01 T0101	设立坐标系，选一号刀，一号刀补
N02 M03 S800	主轴以800r/min正转
N03 G00 X100 Z200	刀具移至安全位置
N04 X19 Z45	刀具到循环起点位置
N05 G71 U1. R0.5 P6 Q9 X0.5 Z0.5 F150	粗切削循环，粗切量1.5，精切量X0.5，Z0.5
M03 S1500	主轴以1500r/min正转
N06 G01 X0 F100	精加工程序起始行，刀具至轴心延长线上
N07 Z40	到端面中心
N08 G01 X38	精加工端面
N09 G01 X42 Z38	精加工*C*2倒角
N10 G00 X100 Z200	快速退刀到安全位置
N12 T0305	设立工件坐标系，选三号刀，五号刀补
N13 M03 S1500	主轴以1500r/min正转
N14 G00 X24 Z45	刀具移至起到点位置
N15 G01 Z40 F100	刀具移至倒角起点位置
N16 G01 X22 Z39	精加工*C*1倒角
N17 G01 X15	*X*方向退刀
N18 G00 Z200	*Z*方向退至安全位置
N19 X100	*X*方向退至安全位置
N20 M30	程序结束并复位

五、任务实施

1. 工量具准备清单(表 5 -5)

表 5 -5　工量具准备清单(参考)

序号	名称	规格	数量	备注
1	游标卡尺	0 ~ 150mm	1 把	
2	钢板尺	0 ~ 125mm	1 把	
3	外径千分尺	25mm ~ 50mm	1 把	
4	内径千分尺	5mm ~ 30mm	1 把	
5	铜皮	$t = 1$mm	若干	

2. 加工操作

1）程序的输入

在编辑操作方式下进行程序的输入,注意不同程序程序号的区别。

2）程序的检测

输入程序后进行程序的检测,检测程序是否有误。方法:通过空运行检查刀路是否正确。

3）工件的安装

根据加工工艺要求装夹工件,注意毛坯伸出长度要适宜。

4）车刀的安装

安装刀具时,车刀伸出应合理,夹紧要可靠。

5）对刀

选择工件坐标系的原点,进行对刀操作。

6）刀具参数设置的检查

对刀后进行刀具参数设置的检查,避免出现撞刀事故或产生废品。

7）零件的加工

为了保证车削过程的可靠性,车削首件时,必须用单段操作方式进行,当确认程序无误时,再使用连续操作方式进行车削。

8）零件尺寸的检测

选用合适的量具完成零件尺寸的检测。

3. 安全操作和注意事项

(1) 严格遵守数控车床安全操作规程,做到文明操作。

(2) 程序输入完成后,必须对程序进行空运行检查。

(3) 检查坐标设置和对刀是否正确。

(4) 二次装夹时应避免夹伤已加工表面。

(5) 因各种刀具长度不同,故安全退刀点的设置应避免碰撞。

(6) 对刀前,先将工件端面车平,对切槽刀时,以左刀尖作为编程的刀位点。

六、项目评价(表5-6)

表5-6　项目评价表

序号	评价项目	考核要点	配分	评分标准	扣分	得分
1	内外径尺寸	$\phi24$	6	超差0.01扣2分		
		$\phi22H7$	10	超差0.01扣2分		
		$\phi24_{-0.02}^{0}$	10	超差0.01扣4分		
		$\phi42$	6	超差不得分		
2	长度尺寸	40	6	超差不得分		
		6	6	超差不得分		
		12	8	超差不得分		
3	其它尺寸	槽2×0.5	6	超差不得分		
		C1两处	6	超差不得分		
		Ra1.6四处	12	每降一级扣1分		
		C2	4	超差不得分		
4	加工工艺和程序编制	加工工艺合理性	4	不正确不得分		
		刀具选择合理性	4	不正确不得分		
		工件装夹定位合理性	4	不正确不得分		
		切削用量选择合理性	4	不正确不得分		
		切削液使用合理性	4	不正确不得分		
5	安全文明生产	1. 安全正确操作设备; 2. 工作场地整洁,工件、量具、夹具等器具摆放整齐规范; 3. 做好事故防范措施,填写交接班记录,并将出现的事故发生原因、过程及处理结果记入运行档案; 4. 做好环境保护		每违反一项从总分扣除2分。扣分不超过10分		
合计			100			

七、误差分析

1. 误差因素分析

孔加工中,同一个工件如果具有不同的孔径时,尺寸偏差的不同会造成某个直径的超差。普通车床加工通常采用试切法降低加工误差,所以不用分析。而数控车床一般是使用同一把刀连续地加工整个内径,各个直径上的偏差理论上虽然相同,但实际上加工的往往不同,造成某个尺寸上的超差,从而无法通过修改刀补使所有尺寸都合格,产生加工废品,这是数控加工中的一种主要误差因素。造成这种误差的原因比较复杂,从几个重要的方面分析,可以概括为工艺因素、切削热因素、操作因素、刀具因素和编程因素等。

1) 工艺因素

孔径的各段直径不同,造成刀具在切削不同孔径时受力不同,从而各直径的偏差不同。设留量最大的内径余量为t_1,留量最小的内径余量为t_2,数控车削加工余量的不均匀误差为Δ_0,则Δ_0可按不列公式计算:$\Delta_0 = t_1 - t_2$。

车床外圆时,工艺系统垂直方向切削力作用下引起的变形对工件加工精度影响不大,而在径向切削力作用下的变形对工件加工精度的影响最大,所以可以忽略垂直方向切削力,只考虑径向切削力作用下的变形。

针对以上误差分析,在数控加工中编制工序时,要考虑数控编程自动加工的特点,尽可能使各内径的余量相同。

2) 切削热因素

当加工余量过大时,刀具的高速、连续切削使得工件散热速减慢,虽然各段直径的偏差相同,但温度降低到常温后,不同直径段的收缩率不同,导致产生的不同的偏差。

这方面的误差因素可以通过切削液来消除,同时编程时适当地提高切削速度和进刀量,同时在编制数控工件工序要充分考虑数控车床连续加工的特点,确定合理的车削余量,一般精车余量控制在1mm以下。

3) 操作因素

当刀具安装不当时,即刀尖与主轴回转中心不在同一高度上,偏上、偏下一个e值,也会产生误差。这方面的误差一般出现在阶梯内或直径较小的孔的加工过程中。如果是这方面的原因造成直径偏差不同,且零件直径较大,精度要求不高,可以重新调刀,使刀具刀尖的位置尽量和主轴中心线保持一致。

4) 刀具因素

刀具磨损也是造成加工误差的一个重要因素,这种现像一般出现在刀具初期磨损阶段(切削路线小于1mm)和剧烈磨损阶段,只要加工人员在安装刀具以前用油石修磨刀具,并及时更换不能修复的刀具就可以避免。

5) 编程因素

程序编写的不当也是造成加工误差的一个重要原因,例如,在加工精度较高的不同阶梯内孔的工件时,应该充分考虑此时很难调整好刀尖高度,所以可以采用一把刀几组刀补的方法来进行编程。除此之外,还应该考虑反向间隙补偿值是否正确等因素。

2. 孔加工误差分析

孔加工误差分析如表5-7所列。

表5-7 孔加工误差分析

问题现象	产生原因	预防方法
尺寸不对	1. 测量不正确; 2. 车刀安装不对,刀柄与孔壁相碰; 3. 产生积屑瘤,增加刀尖长度,使孔车大; 4. 工件的热胀冷缩	1. 要仔细测量。用游标卡尺测量时,要调整好卡尺的松紧,控制好摆动位置,并进行试切; 2. 选择合理的刀杆直径,最好在未开车前,先把车刀在孔内走一遍,检查是否会相碰; 3. 研磨前面,使用切削液,增大前角,选择合理的切削速度; 4. 最好使工件冷下后再精车,加切削液

（续）

问题现象	产生原因	预防方法
内孔有锥度	1. 刀具磨损； 2. 刀杆刚性差，产生“让刀”现象； 3. 刀杆与孔壁相碰； 4. 车头轴线歪斜； 5. 床身不水平，使床身导轨与主轴轴线不平行； 6. 床身导轨磨损。由于磨损不均匀，使走刀轨迹与工件轴线不平行	1. 提高刀具的耐用度，采用耐磨的硬质合金； 2. 尽量采用大尺寸的刀杆，减小切削用量； 3. 正确安装车刀； 4. 检量机床精度，校正主轴轴线跟床身导轨的平行度； 5. 校正机床水平； 6. 大修车床
内孔不圆	1. 孔壁薄，装夹时产生变形； 2. 轴承间隙太大，主轴颈成椭圆； 3. 工件加工余量和材料组织不均匀	1. 选择合理的装夹方法； 2. 大修机床，并检查主轴的圆柱度； 3. 增加半精镗，把不均匀的余量车去，使精车余量尽量减小和均匀。对工件毛坯进行回火处理
内孔不光	1. 车刀磨损； 2. 车刀刃磨不良，表面粗糙度值大； 3. 车刀几何角度不合理，装刀低于中心； 4. 切削用量选择不当； 5. 刀杆细长，产生振动	1. 重新刃磨车刀； 2. 保证刀刃锋利，研磨车刀前后面； 3. 合理选择刀具角度，精车装刀时可略高于工件中心； 4. 适当降低切削速度，减小进给量； 5. 加粗刀杆度降低切削速度

八、项目训练

1. 编制如习题图 5－1 所示各零件数控车削工艺及加工程序，上机操作加工或数控仿真加工，毛坯尺寸 $\phi42\times100$。

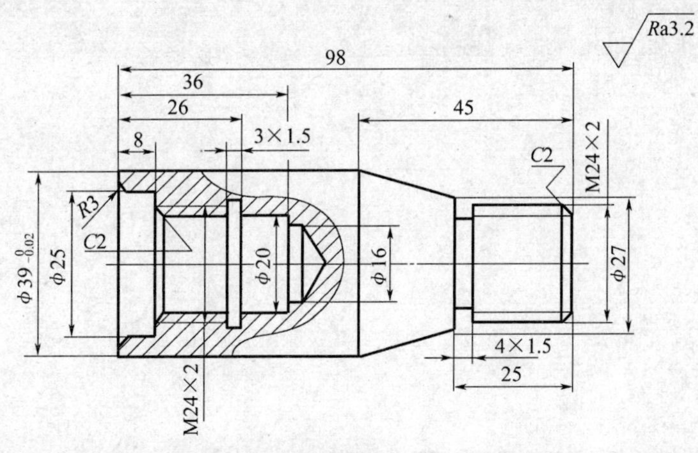

习题图 5－1

2. 编制如习题图 5－2 所示各零件数控车削工艺及加工程序，上机操作加工或数控仿真加工，毛坯尺寸 $\phi55\times65$。

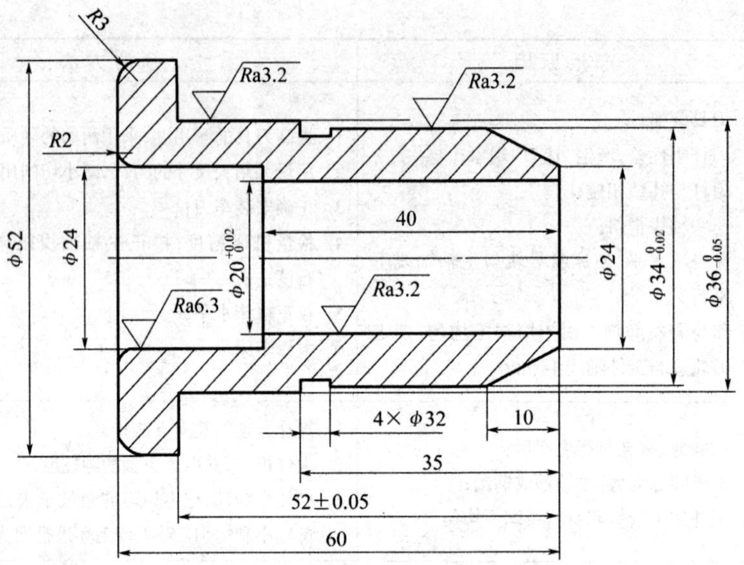

R3
Ra3.2
Ra3.2
R2
40
φ52
φ24
$\phi 20^{+0.02}_{0}$
φ24
$\phi 34^{0}_{-0.02}$
$\phi 36^{0}_{-0.05}$
Ra6.3
Ra3.2
4×φ32
10
35
52±0.05
60

习题图 5－2

学习情境六　非圆曲线加工

一、学习目标

知识目标

➢ 了解宏程序、变量等基本概念

➢ 掌握宏程序中的运算指令和控制指令

➢ 掌握宏程序中的编程方法

技能目标

➢ 能采用宏程序指令编写数控加工程序

二、工作任务

某机械制造厂需小批量加工如图 6－1 所示的非圆曲线轴零件，要求通过相关知识的学习，完成非圆曲线轴零件的数控车削加工。

三、学习导读

华中 HNC－21/22T 系统为用户配备了强有力的类似于高级语言的宏程序功能，用户可以使用变量进行算术运算、逻辑运算和函数的混合运算，此外宏程序还提供了循环语句、分支语句和子程序调用语句，利于编制各种复杂的零件加工程序，减少乃至免除手工编程时进行繁琐的数值计算，以及精简程序量。

1. 宏变量及常量

1）变量的表示

一个变量由符号“#”和变量序号组成，如：#I（I＝1，2，3，…），还可以用表达式表示。

例 6.1　#100，#500，#5。

例 6.2　#[#1＋#2＋10]，当#1＝10，#2＝180 时，该变量表示为#200。

2）变量的引用

将跟随在地址符后的数值用变量来代替的过程称为引用变量。

例 6.3　G01 X#100 Z－#101 F#102

当#100＝100、#101＝50、#102＝80 时，上式即表示为 G01 X100 Z－50 F80；

引用变量也可以采用表达式。

例 6.4　G01 X[#100－30] Z－#101 F[#101＋#103]；

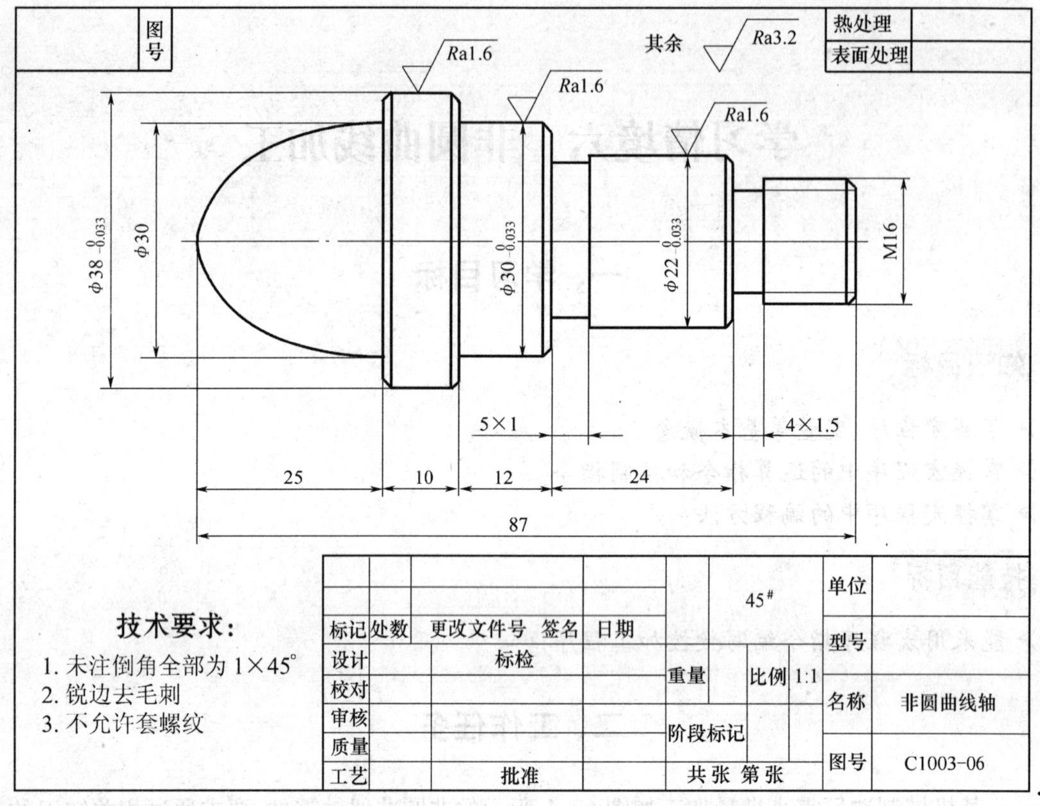

图 6－1　非圆曲线轴零件

当#100 = 100、#101 = 50、#103 = 80 时，例 6.4 即表示为 G01 X70 Z－50 F130。

3）变量的种类

变量分为局部变量、公共变量（全局变量）和系统变量 3 种。

（1）局部变量。

局部变量（#0 ~ #49）是在宏程序中局部使用的变量。当宏程序 C 调用宏程序 D 而且都有变量#1 时，由于变量#1 服务于不同的局部，所以 C 中的#1 与 D 中的#1 不是同一个变量，因此可以赋予不同的值，且互不影响。

（2）公共变量。

公共变量（#50 ~ #99）贯穿于整个程序过程。同样，当宏程序 C 调用宏程序 D 而且都有变量#100 时，由于#100 是全局变量，所以 C 中的#100 与 D 中的#100 是同一个变量。

（3）系统变量。

系统变量是指有固定用途的变量，它的值决定系统的状态。系统变量包括刀具偏置值变量、接口输入与接口输出信号变量及位置信号变量等。

4）常量

PI：圆周率 π

TRUE：条件成立（真）

FALSE：条件不成立（假）

2. 运算符与表达式

宏程序的运算相似于数学运算,仍用各种数学符号来表示,常用运算指令如表6-1所列。

表6-1　宏程序的变量运算

功能	格式	备注与示例
定义、转换	#I = #J	#100 = #1,#100 = 30
加法	#I = #J + #K	#100 = #1 + #2
减法	#I = #J - #K	#100 = 100 - #2
乘法	#I = #J * #K	#100 = #1 * #2
除法	#I = #J/#K	#100 = #1/30
正弦	#I = SIN[#J]	#100 = SIN[#1] #100 = COS[#2] #100 = ATAN[#1]/[#2]
反正弦	#I = ASIN[#J]	
余弦	#I = COS[#J]	
反余弦	#I = ACOS[#J]	
正切	#I = TAN[#J]	
反正切	#I = ATAN[#J]/[#K]	
平方根	#I = SQRT[#J]	#100 = SQRT[#1 * #1 ~100] #100 = EXP[#1]
绝对值	#I = ABS[#J]	
指数函数	#I = EXP[#J]	
或	#I = #J OR #K	逻辑运算一位一位地按二进制执行
异或	#I = #J XOR #K	
与	#I = #J AND #K	
注:函数SIN、COS等的角度单位是弧度,度、分和秒要换算成弧度,如求55°余弦应表示为COS[55 * PI/180]		

宏程序数学计算的顺序依次为:函数运算(SIN、COS、ATAN等),乘和除运算(*、/等)、加和减运算(+、—等)。

例6.5　#1 = #2 + #3 * SIN[#4]。

运算顺序为:函数SIN[#4];

　　　　　　乘和除运算#3 * SIN[#4];

　　　　　　加和减运算#2 + #3 * SIN[#4]。

函数中的括号用于改变运算顺序,函数中的括号允许嵌套使用。

例6.6　#1 = SIN[[[#2 + #3] * 4 + #5]/#6]。

3. 控制指令

控制指令起到控制程序流向的作用。

1) 条件判别语句IF, ELSE,ENDIF(表6-2)

编程格式(i):IF 条件表达式

```
...
ELSE
...
```

```
ENDIF
```

编程格式(ii):IF 条件表达式

```
…
ENDIF
```

表 6-2 条件表达式的种类

条 件	意 义	条 件	意 义
#I EQ #J	等于(=)	#I GE #J	大于等于(≥)
#I NE #J	不等于(≠)	#I LT #J	小于(<)
#I GT #J	大于(>)	#I LE #J	小于等于(≤)

2)循环语句 WHILE,ENDW

编程格式:WHILE 条件表达式

```
…
ENDW
```

当条件满足时,就循环执行 WHILE 与 ENDW 之间的程序段;当条件不满足时,就执行 ENDW 的下一个程序段。

条件判别语句的使用参见宏程序编程举例。

循环语句的使用参见宏程序编程举例。

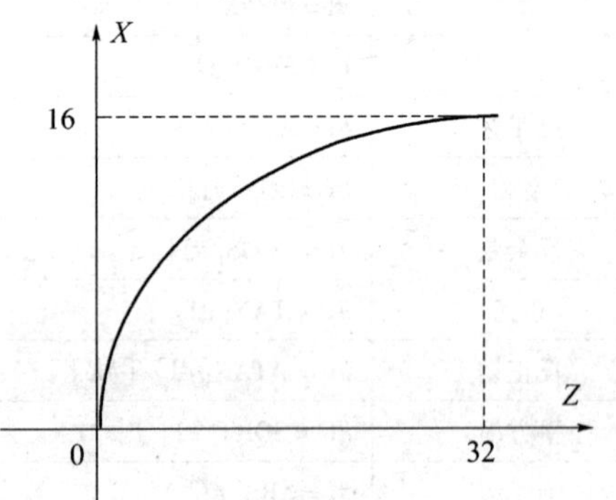

图 6-2 抛物线例图

例 6.7 用宏程序编制如图 6-2 所示抛物线 $Z=X^2/8$ 在区间[0,16]内的程序。编程如表 6-3 所列。

表 6-3 程序单

程 序	程 序 说 明
%0061	程序名
N01 T0101	调用一号刀具,一号刀补,建立工件坐标系
N02 M03 S1000	主轴以 1000r/min 正转
N03 G00 X0 Z0	刀具快速到起点位置
N04 #10 = 0	X 坐标
N05 #11 = 0	Z 坐标
N06 WHILE #10 LE 16	循环开始,当前 X 坐标值小于 16 时执行循环体的内容
N07 G01 X[#10] Z[#11] F500	
N08 #10 = #10 + 0.08	X 坐标每次变化 0.08
N09 #11 = #10 * #10/8	抛物线 $Z=X^2/8$
N10 ENDW	循环体结束
N11 G00 Z0 M05	
N12 G00 X0	
N13 M30	

4. 数学计算

1）选定自变量

（1）公式曲线中的 X 和 Z 坐标任意一个都可以被定义为自变量。

（2）一般选择变化范围大的一个作为自变量，如图 6－3 所示，椭圆曲线从起点 S 到终点 T，Z 坐标变化量为 16，X 坐标变化量从图中可以看出比 Z 坐标要小得多，所以将 Z 坐标选定为自变量比较适当。实际加工中我们通常将 Z 坐标选定为自变量。含抛物线的零件图如图 6－4 所示。

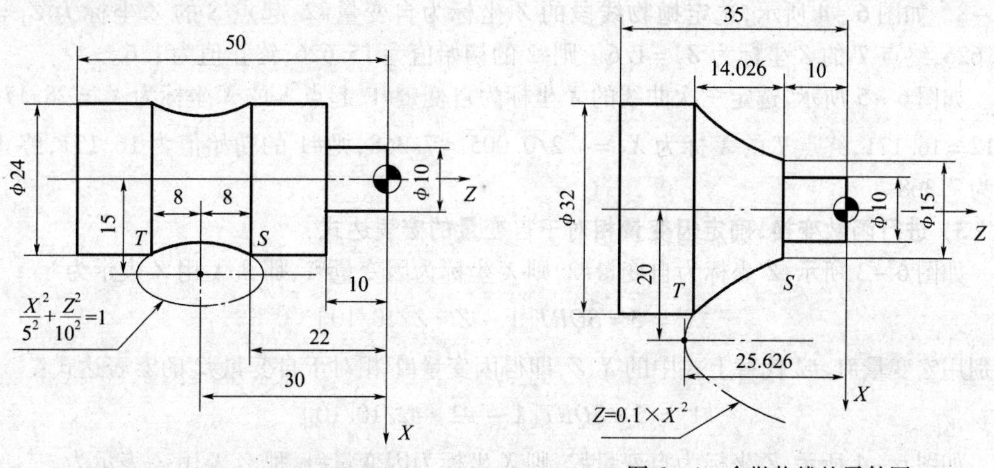

图 6－3　含椭圆曲线的零件图　　　图 6－4　含抛物线的零件图

（3）根据表达式方便情况来确定 X 或 Z 作为自变量，如图 6－5 所示，公式曲线表达式为 $Z=0.005X^3$，将 X 坐标定义为自变量比较适当。如果将 Z 坐标定义为自变量，则因

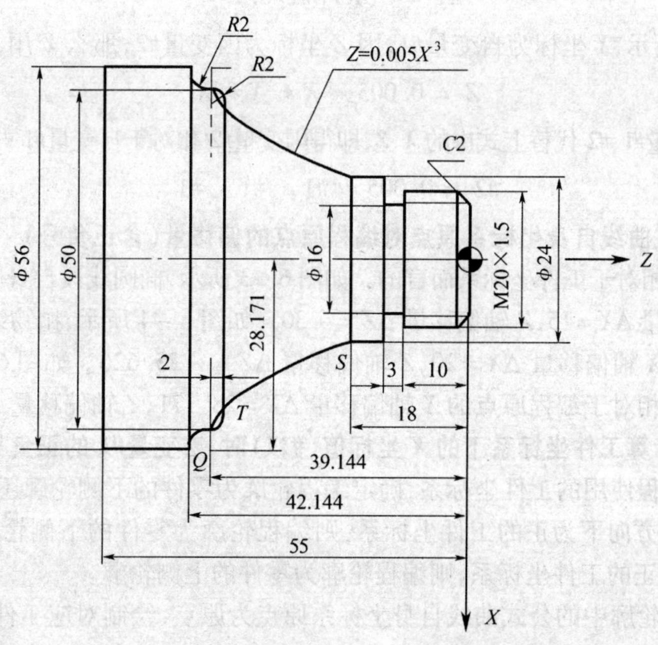

图 6－5　含三次曲线的零件图

变量 X 的表达式为 $X=\sqrt[3]{Z/0.005}$,其中含有三次开方函数在宏程序中不方便表达。

(4) 为了表达方便,在这里将和 X 坐标相关的变量设为#1、#11、#12 等,将和 Z 坐标相关的变量设为#2、#21、#22 等。实际中变量的定义完全可根据个人习惯进行定义。

2) 确定自变量的起止点的坐标值

该坐标值是相对于公式曲线自身坐标系的坐标值。其中起点坐标为自变量的初始值,终点坐标为自变量的终止值。如图 6-3 所示,选定椭圆线段的 Z 坐标为自变量#2,起点 S 的 Z 坐标为 $Z_1=8$,终点 T 的 Z 坐标为 $Z_2=-8$。则自变量#2 的初始值为 8,终止值为 -8。如图 6-4 所示,选定抛物线段的 Z 坐标为自变量#2,起点 S 的 Z 坐标为 $Z_1=15.626$,终点 T 的 Z 坐标为 $Z_2=1.6$。则#2 的初始值为 15.626,终止值为 1.6。

如图 6-5 所示,选定三次曲线的 X 坐标为自变量#1,起点 S 的 X 坐标为 $X_1=28.171-12=16.171$,终点 T 的 X 标为 $X_2=\sqrt[3]{2/0.005}=7.368$,则#1 的初始值为 16.171,终止值为 7.368。

3) 进行函数变换,确定因变量相对于自变量的宏表达式

如图 6-3 所示,Z 坐标为自变量#2,则 X 坐标为因变量#1,那么 X 用 Z 表示为

$$X = 5 * SQRT[1 - Z * Z/10/10]$$

分别用宏变量#1、#2 代替上式中的 X、Z,即得因变量#1 相对于自变量#2 的宏表达式:

#1 = 5 * *SQRT*[1 - #2 * #2/10/10]

如图 6-4 所示,Z 坐标为自变量#2,则 X 坐标为因变量#1,那么 X 用 Z 表示为

$$X = SQRT[Z/0.1]$$

分别用宏变量#1、#2 代替上式中的 X、Z,即得因变量#1 相对于自变量#2 的宏表达式:

#1 = *SQRT*[#2/0.1]

如图 6-5 所示,X 坐标为自变量#1,因 Z 坐标为因变量#2,那么 Z 用 X 表示为

$$Z = 0.005 * X * X * X$$

分别用宏变量#1、#2 代替上式中的 X、Z,即得因变量#2 相对于自变量#1 的宏表达式:

#2 = 0.005 * #1 * #1 * #1

4) 确定公式曲线自身坐标系原点对编程原点的偏移量(含正负号)

该偏移量是相对于工件坐标系而言的。如图 6-3 所示,椭圆线段自身原点相对于编程原点的 X 轴偏移量 $\Delta X=15$,Z 轴偏移量 $\Delta Z=-30$。如图 6-4 所示,抛物线段自身原点相对于编程原点的 X 轴偏移量 $\Delta X=20$,Z 轴偏移量 $\Delta Z=-25.626$。如图 6-5 所示,三次曲线段自身原点相对于编程原点的 X 轴偏移量 $\Delta X=28.171$,Z 轴偏移量 $\Delta Z=-39.144$。

5) 判别在计算工件坐标系下的 X 坐标值(#11)时,宏变量#1 的正负号

(1) 根据编程使用的工件坐标系,确定编程轮廓为零件的下侧轮廓还是上侧轮廓:当编程使用的是 X 方向下为正的工件坐标系,则编程轮廓为零件的下侧轮廓,当编程使用的是 X 方向上为正的工件坐标系,则编程轮廓为零件的上侧轮廓。

(2) 以编程轮廓中的公式曲线自身坐标系原点为原点,绘制对应工件坐标系的 X' 和 Z' 坐标轴,以其 Z' 坐标为分界线,将轮廓分为正负两种轮廓,编程轮廓在 X' 正方向的称为正轮廓,编程轮廓在 X 负方向的称为负轮廓;

(3) 如果编程中使用的公式曲线是正轮廓,则在计算工件坐标系下的 X 坐标值(#11)时宏变量#1 的前面应冠以正号,反之为负。

如图 6-3 所示,在 X 方向下为正的前置刀架数控车床编程工件坐标系下,编程中使用的是零件的下侧轮廓,其中的公式曲线为负轮廓,所以在计算工件坐标系下的 X 坐标值#11 时宏变量#1 的前面应冠以负号。

如图 6-4 所示,在 X 方向下为正的前置刀架数控车床编程工件坐标系下,编程中使用的是零件的下侧轮廓,其中的公式曲线为负轮廓,所以在计算工件坐标系下的 X 坐标值#11 时宏变量#1 的前面应冠以负号。

如图 6-5 所示,在 X 方向下为正的前置刀架数控车床编程工件坐标系下,编程中使用的是零件的上侧轮廓,其中的公式曲线为负轮廓,所以在计算工件坐标系下的 X 坐标值#11 时宏变量#1 的前面应冠以负号。

四、任务解析

1. 零件图样分析

1) 结构工艺性分析

此零件毛坯形状为棒料,材料为45#钢,切削加工性能较好,无热处理和硬度要求,零件加工要素为外圆柱、槽、螺纹以及椭圆,属于中等复杂零件,其中椭圆属于非圆曲线的加工,需要利用宏程序进行编程;零件结构合理,能够进行数控加工。

2) 尺寸标注及精度分析

此零件尺寸标注完整,轮廓描述清楚,图样中 3 处直径尺寸 $\phi22_{-0.033}^{\ 0}$、$\phi30_{-0.033}^{\ 0}$、$\phi38_{-0.033}^{\ 0}$。精度为中等公差等级,表面粗糙度要求为 $Ra1.6$,通过数控加工能够满足其精度要求,在椭圆部分表面粗糙度为 $Ra3.2$,通过数控加工同样能够满足其精度要求。

2. 机床及夹具的选择

根据被加工零件的外形、材料及车间设备等条件,选用 CAK6140 数控车床。

本零件形状为规则轴类,长度适中,选用三爪自定心卡盘装夹,装夹方便、快捷,定位精度高。

3. 零件加工工艺过程卡(表 6-4)

表 6-4 零件工艺过程卡(参考)

(单位)	零件工艺过程卡		产品型号		
			产品名称		非圆曲线轴
材料牌号	45#	毛坯种类	棒料	毛坯外形尺寸	$\phi40\times90$
工序号	工序名	工序内容	车间	机床	工艺装备
1	下料	棒料 $\phi40\times90$	下料车间	锯床	
2	数车	夹一端车外圆至尺寸 $\phi22_{-0.033}^{\ 0}$、$\phi30_{-0.033}^{\ 0}$、$\phi38_{-0.033}^{\ 0}$、保证各长度至尺寸,车 $M16$ 螺纹、切槽、车端面	数车车间	CAK6140	三爪卡盘

（续）

（单位）	零件工艺过程卡			产品型号			
				产品名称	非圆曲线轴		
材料牌号	$45^{\#}$	毛坯种类	棒料	毛坯外形尺寸	$\phi40\times90$		
工序号	工序名	工序内容	车间	机床	工艺装备		
3	数车	调头装夹，车椭圆至尺寸，保证总长 87mm	数车车间	CAK6140	三爪卡盘		
4	检验	按图样检查各部尺寸及精度					
5	入库	油封、入库					
			设计	校对	审核	标准化	会签
标记	处数	更改文件号					

4. 刀具的选择（表 6－5）

表 6－5　非圆曲线轴零件加工刀具卡（参考）

产品名称或代号			零件名称	传动轴	零件图号		
序号	刀具号	刀具规格名称	数量	加工表面		备注	
1	T01	93°外圆车刀	1	外轮廓			
2	T02	刀宽 4mm 的切槽刀	1	槽			
3	T03	60°三角螺纹刀	1	螺纹			
编制		审核		批准		共 页	第 页

5. 制订工序卡片（表 6－6）

表 6－6　非圆曲线轴零件加工工序卡（参考）

单位名称		产品名称或代号		零件名称		零件图号	
				非圆曲线轴		06	
		程序编号	夹具名称	使用设备		车间	
		%0061、%0062	三爪卡盘	CAK6140			
工序号	工步号	工步内容	刀具号	主轴转速 /(r/min)	进给速度 /(mm/min)	背吃刀量 /mm	备注
1	1	车平端面	T01	1000	150	/	
	2	粗车外圆 $\phi38.5\times10$、$\phi30.5\times12$、$\phi22.5\times24$、$\phi16.5\times16$	T01	1000	150	1.5	
	3	精车外圆保证尺寸 $\phi15.9\times16$、$\phi22_{-0.033}^{\ 0}\times24$、$\phi30_{-0.033}^{\ 0}\times12$、$\phi38_{-0.033}^{\ 0}\times10$，保证各表面质量要求	T01	1600	100	0.25	
	4	切槽 5×1，4×1.5	T02	800	/	/	
	5	车螺纹 M16	T03	1000	/	/	

（续）

<table>
<tr><td colspan="2" rowspan="2">单位名称</td><td colspan="3">产品名称或代号</td><td colspan="2">零件名称</td><td colspan="3">零件图号</td></tr>
<tr><td colspan="3"></td><td colspan="2">非圆曲线轴</td><td colspan="3">06</td></tr>
<tr><td colspan="2" rowspan="2"></td><td>程序编号</td><td colspan="2">夹具名称</td><td colspan="2">使用设备</td><td colspan="3">车间</td></tr>
<tr><td>%0061、%0062</td><td colspan="2">三爪卡盘</td><td colspan="2">CAK6140</td><td colspan="3"></td></tr>
<tr><td>工序号</td><td>工步号</td><td colspan="2">工 步 内 容</td><td>刀具号</td><td>主轴转速
/(r/min)</td><td>进给速度
/(mm/min)</td><td>背吃刀量
/mm</td><td colspan="2">备注</td></tr>
<tr><td rowspan="2">2</td><td>1</td><td colspan="2">工件调头，粗车椭圆</td><td>T01</td><td>1000</td><td>150</td><td>1.5</td><td colspan="2"></td></tr>
<tr><td>2</td><td colspan="2">精车椭圆至尺寸，保证各表面质量要求</td><td>T01</td><td>1600</td><td>100</td><td>0.25</td><td colspan="2"></td></tr>
<tr><td>编　制</td><td colspan="2"></td><td>审　核</td><td></td><td>批　准</td><td></td><td>年　月　日</td><td>共
页</td><td>第
页</td></tr>
</table>

6. 程序的编制

数控加工参考程序清单如表 6－7 所列。

表 6－7　程序单

程　序	程序说明
%0061	程序名
N01 T0101	调用一号刀具，一号刀补，建立工件坐标系
N02 M03 S1000	主轴以 1000r/min 正转
N03 G00 X100 Z100	定义起刀点
N04 G00 X42 Z5	刀具到循环起点位置
N05 G71 U1.5 R1 P06 Q19 X0.5 Z0.1 F150	粗切削循环，粗切量 1.5，精切量 X0.5，Z0.1
S1600	精加工转速
N06 G01 X0 F100	精加工程序起始行
N07 Z0	
N08 G01 X13.9	
N09 G01 X15.9 Z－1	
N10 Z－16	
N11 G01 X20	
N12 X22 Z－17	
N13 Z－40	
N14 X28	
N15 X30 Z－41	
N16 Z－52	
N17 X36	
N18 X38 Z－53	
N19 Z－65	精加工程序结束行

（续）

N20 G00 X100 Z150	
N21 T0202	换切槽刀
N22 M03 S800	
N23 G00 X25 Z-16	
N24 G01 X13 F80	
N25 X25 F200	
N26 Z-40	
N27 X20 F80	
N27 X24	
N29 Z-39	
N30 X20	
N31 X24	
N32 G00 X100 Z150	
N33 T0303	换螺纹刀
N34 M03 S1000	
N35 G00 X18 Z5	
N36 G82 X15.1 Z-13 F2	加工螺纹
N37 G82 X14.5 Z-13 F2	
N38 G82 X14.0 Z-13 F2	
N39 G82 X13.5 Z-13 F2	
N40 G82 X13.4 Z-13 F2	
N41 G00 X100 Z150	快速退刀到安全位置
N43 M30	程序结束并复位
调头	
%0062	程序名
N01 T0101	设立坐标系,选一号刀
N02 M03 S1000	主轴以1000r/min正转
N03 G00 X100 Z200	定义起刀点
N04 G00 X52 Z92	刀具到循环起点位置
N05 G71 U1.5 R1 P05 Q12 X0.5 Z0.5 F150	粗切削循环,粗切量1.5,精切量X0.5,Z0.5
S1600	
N06 G01 X0 F100	
N07 Z87	
N08 #10 = 25	定义 *Z* 变量
N09 WHILE #10 GE 0	椭圆循环开始,若长轴小于等于25时执行循环体
N10 #11 = 3 * SQRT[625 - #10 * #10]/5	椭圆方程
N11 G01 X[2 * #11] Z[#10 + 62]	加工椭圆
N12 #10 = #10 - 0.2	*Z* 轴增量
N13 ENDW	椭圆循环结束
N14 G01 X36	
N15 X38 Z61	
N16 G00 X100 Z200	快速退刀到安全位置
N17 M30	程序结束并复位

五、任务实施

1. 工量具准备清单(表6-8)

表6-8 工量具准备清单(参考)

序号	名称	规格	数量	备注
1	游标卡尺	0~150mm	1把	
2	钢板尺	0~125mm	1把	
3	外径千分尺	25mm~50mm	1把	
4	螺纹环规	M16×2-6h	1套	
5	铜皮	t=1mm	若干	
6	椭圆样板		1把	

2. 加工操作

1) 程序的输入

在编辑操作方式下进行程序的输入,注意不同程序程序号的区别。

2) 程序的检测

输入程序后进行程序的检测,检测程序是否有误。方法:通过空运行检查刀路是否正确。

3) 工件的安装

根据加工工艺要求装夹工件,注意毛坯伸出长度要适宜。

4) 车刀的安装

安装刀具时,车刀伸出应合理,夹紧要可靠。安装螺纹刀时要用中心规对正,保证刀尖角平分线与轴线垂直,以避免牙型角偏斜。

5) 对刀

选择工件坐标系的原点,进行对刀操作。

6) 刀具参数设置的检查

对刀后进行刀具参数设置的检查,避免出现撞刀事故或产生废品。

7) 零件的加工

为了保证车削过程的可靠性,车削首件时,必须用单段操作方式进行,当确认程序无误时,再使用连续操作方式进行车削。

8) 零件尺寸的检测

选用合适的量具完成零件尺寸的检测。

3. 安全操作和注意事项

(1) 严格遵守数控车床安全操作规程,做到文明操作。

(2) 程序输入完成后,必须对程序进行空运行检查。

(3) 检查坐标设置和对刀是否正确。

(4) 二次装夹时应避免夹伤已加工表面。

(5) 因各种刀具长度不同,故安全退刀点的设置应避免方式碰撞。

（6）对刀前，先将工件端面车平，对切槽刀时，以左刀尖作为编程的刀位点。

（7）在加工螺纹过程中不能改变转速。

六、项目评价（表 6－9）

表 6－9　项目评价表

序号	评价项目	考核要点	配分	评分标准	扣分	得分
1	外径尺寸	$\phi38_{-0.033}^{\ 0}$	6	超差 0.01 扣 2 分		
		$\phi30_{-0.033}^{\ 0}$	6	超差 0.01 扣 2 分		
		$\phi22_{-0.033}^{\ 0}$	6	超差 0.01 扣 4 分		
2	长度尺寸	25	4	超差不得分		
		10	4	超差不得分		
		12	4	超差不得分		
		24	4	超差不得分		
		87	4	超差不得分		
3	螺纹尺寸	牙型角	5	超差不得分		
		大径 $\phi16$	5	超差不得分		
		中径	5	超差不得分		
4	椭圆尺寸	长轴 30	5	超差不得分		
		短轴 25	5	超差不得分		
5	其它尺寸	未注倒角	4	超差不得分		
		$Ra1.6$	6	每降一级扣 1 分		
		5×1,4×1.5	4	超差不得分		
6	加工工艺和程序编制	加工工艺合理性	5	不正确不得分		
		刀具选择合理性	5	不正确不得分		
		工件装夹定位合理性	5	不正确不得分		
		切削用量选择合理性	4	不正确不得分		
		切削液使用合理性	4	不正确不得分		
7	安全文明生产	1. 安全正确操作设备； 2. 工作场地整洁，工件、量具、夹具等器具摆放整齐规范； 3. 做好事故防范措施，填写交接班记录，并将出现的事故发生原因、过程及处理结果记入运行档案； 4. 做好环境保护	每违反一项从总分扣除 2 分，扣分不超过 10 分			
合　计			100			

七、误差分析

非圆曲线,有解析曲线与像列表曲线一样的非解析曲线,对于手工编程来说,一般解决的是解析曲线的加工,因此,主要对解析曲线的加工误差进行分析。解析曲线的数学表达式可以是以 $y=f(x)$ 的直角坐标形式给出,也可以是以 $\rho=\rho(\theta)$ 的极坐标形式给出,还可以以参数方程的形式给出。通过坐标变换,后面两种形式的数学表达式可以转换为直角坐标表达式。这类零件以各种以非圆曲线为母线的回转体零件为主。

在编程时,首先应决定是采用直线段逼近非圆曲线,还是采用圆弧段逼近非圆曲线。采用直线段逼近非圆曲线,各直线段间连接处存在尖角。由于在尖角处,刀具不能连续地对零件进行切削,零件表面会出现硬点或切痕,使加工表面质量变差。采用圆弧段逼近的方式,可以大大减少程序段的数目。这种方式分为两种情况,一种为相邻两圆弧段间彼此相交;另一种则采用彼此相切的圆弧段来逼近非圆曲线。后一种方式由于相邻的圆弧彼此相切,一阶导数连续,工件表面整体光滑,从而有利于提高加工表面质量。但无论哪种情况都应使 $\delta \leqslant \delta'$(允许误差)。由于在实际的手工编程中主要采用直线逼近法,所以本课题主要对直线逼近法进行误差分析。

目前,采用直线段逼近非圆曲线的方法主要有等间距法、等步距法和等插补误差法。

1. 等间距法

1）基本原理

等间距法就是将某一坐标轴划分成相等的间距。如图 6-6 所示,沿 x 轴方向取 Δx 为等间距长,根据已知曲线的方程 $y=f(x)$,可由 x_i 求得 y_i,$y_{i+1}=f(x_i+\Delta x)$。如此求得的一系列点就是节点。

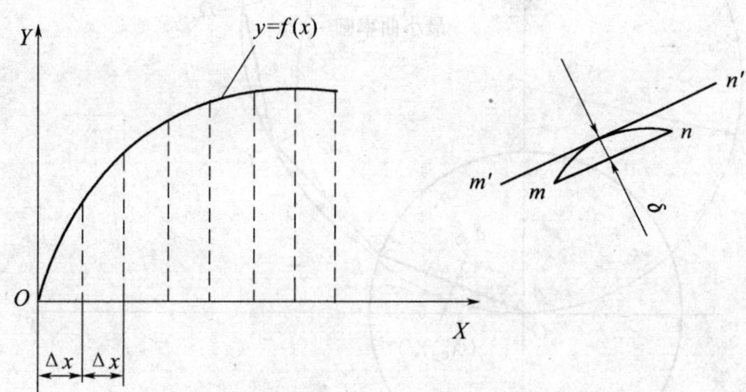

图 6-6　等间距法直接逼近

由于要求曲线 $y=f(x)$ 与相邻两节点连线间的法向距离小于允许的程序编制误差 δ',因此,Δx 算值不能任意设定,若设置的大了,就不能满足这个要求,一般先取 $\Delta x=0.1$ 进行试算。实际处理时,并非任意相邻两点间的误差都要验算,对于曲线曲率半径变化较小处,只需验算两节点间距离最大处的误差;而对曲线曲率半径变化较大处,应验算曲率半径较小处的误差,通常由轮廓图形直接观察确定校验的位置。

2）误差校验方法

如图 6-6 所示,假设需校验 mn 曲线段。

已知：m 点坐标为(x_m, y_m)，n 点坐标为(x_n, y_n)，

则 m、n 两点的直线方程为

$$\frac{x - x_n}{y - y_n} = \frac{x_m - x_n}{y_m - y_n}$$

令 $A = y_m - y_n, B = x_n - x_m, C = x_n y_m - x_m y_n$，

则 $Ax + By = C$ 即为过 mn 两点的直线方程，与 mn 距离为 δ 的等距线 $m'n'$ 的直线方程可表示如下：

$$Ax + By = C \pm \delta\sqrt{A^2 + B^2}$$

式中，当所求直线 $m'n'$ 在 mn 上边时，取"+"号，在 mn 下边时取"-"号。δ 为 $m'n'$ 与 mn 两直线间的距离。

求解联立方程：

$$\begin{cases} Ax + By = C \pm \delta\sqrt{A^2 + B^2} \\ y = f(x) \end{cases}$$

求解得出 δ。要求 $\delta \leqslant \delta'$，一般 δ 允许取零件公差的$\frac{1}{10} \sim \frac{1}{5}$。

2. 等步距法

等步距法就是使每个程序段的线段长度相等，如图 6-7 所示，由于零件轮廓曲线 $y = f(x)$ 的曲率各处不等，因此，首先应求出该曲线的最小曲率半径 $R_{\min}$，由 $R_{\min}$ 及步距确定 $\delta_{允}$。

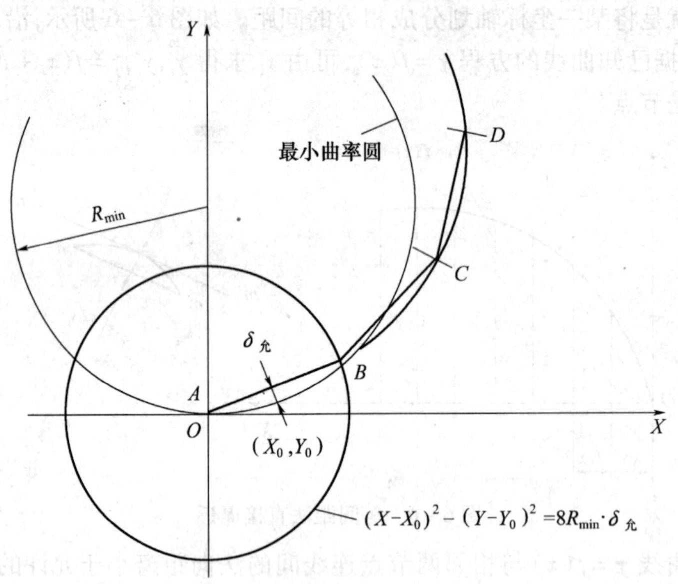

图 6-7　等步距法直接逼近

八、项目训练

1. 编制如习题图 6-1 所示各零件数控车削工艺及加工程序，上机操作加工或数控仿真，毛坯尺寸 $\phi60 \times 58$。

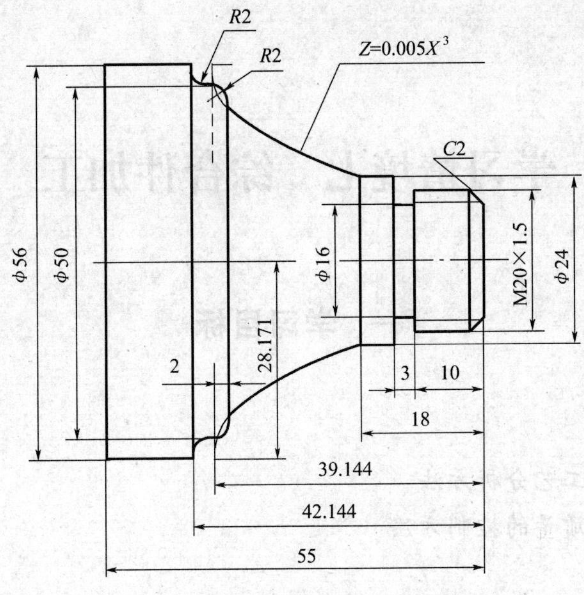

习题图 6－1

2. 编制如习题图 6－2 所示各零件数控车削工艺及加工程序，上机操作加工或数控仿真，毛坯尺寸 $\phi45\times97$。

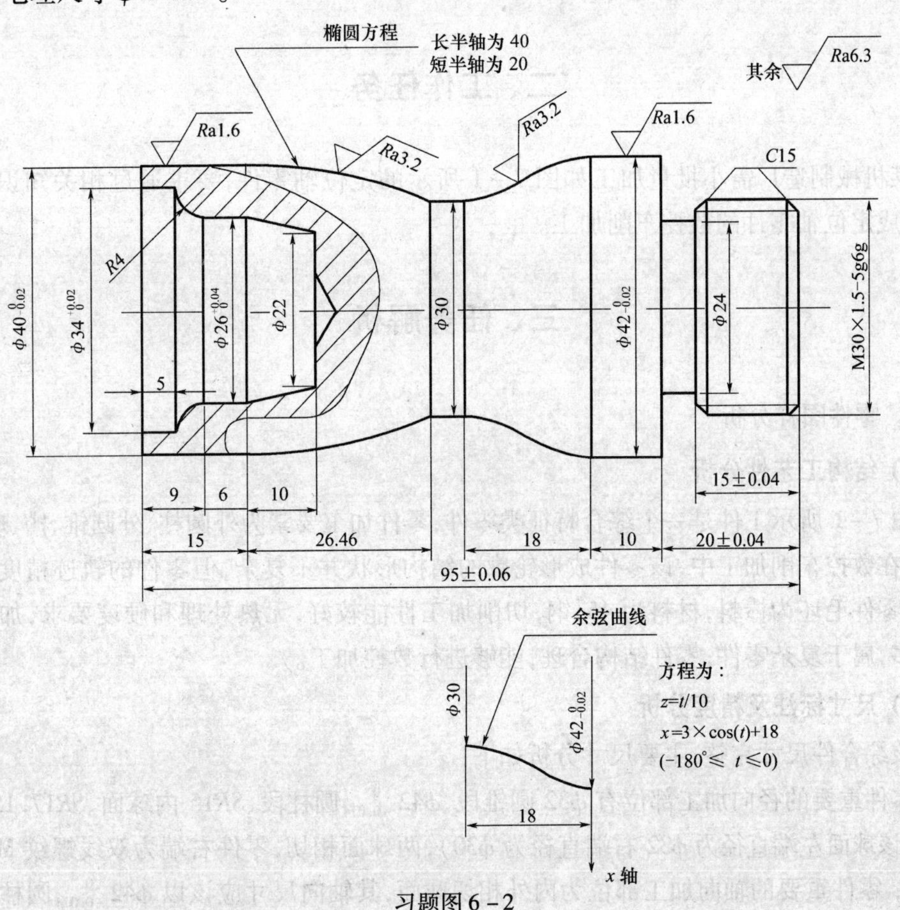

习题图 6－2

学习情境七　综合件加工

一、学习目标

知识目标

➢ 掌握综合件加工工艺分析方法

➢ 掌握综合件加工质量的控制方法

技能目标

➢ 会制订综合件的加工工艺方案

➢ 会对综合件出现的误差进行分析

二、工作任务

某机械制造厂需小批量加工如图 7－1 所示的定位轴零件，要求通过相关知识的学习，完成定位轴零件的数控车削加工。

三、任务解析

1. 零件图样分析

1）结构工艺性分析

图 7－1 所示工件是一个综合特征类零件，零件加工要素为外圆柱、外圆锥、槽、球面、螺纹，在数控车削加工中，该零件成形轮廓的结构形状并不复杂，但零件的轨迹精度要求高，此零件毛坯为棒料，材料为 45# 钢，切削加工性能较好，无热处理和硬度要求，加工部位较多，属于复杂零件；零件结构合理，能够进行数控加工。

2）尺寸标注及精度分析

该综合件尺寸完整，主要尺寸分析如下：

零件重要的径向加工部位有 $\phi32$ 圆锥段、$\phi42_{-0.074}^{0}$ 圆柱段、$SR15$ 内球面、$SR17.152$ 外球面（该球面左端直径为 $\phi32$ 右端直径为 $\phi30$），两球面相切，零件右端为双线螺纹 M27 × 2－6g；零件重要的轴向加工部位为内外相切球面，其轴向尺寸应该以 $\phi42_{-0.074}^{0}$ 圆柱段的

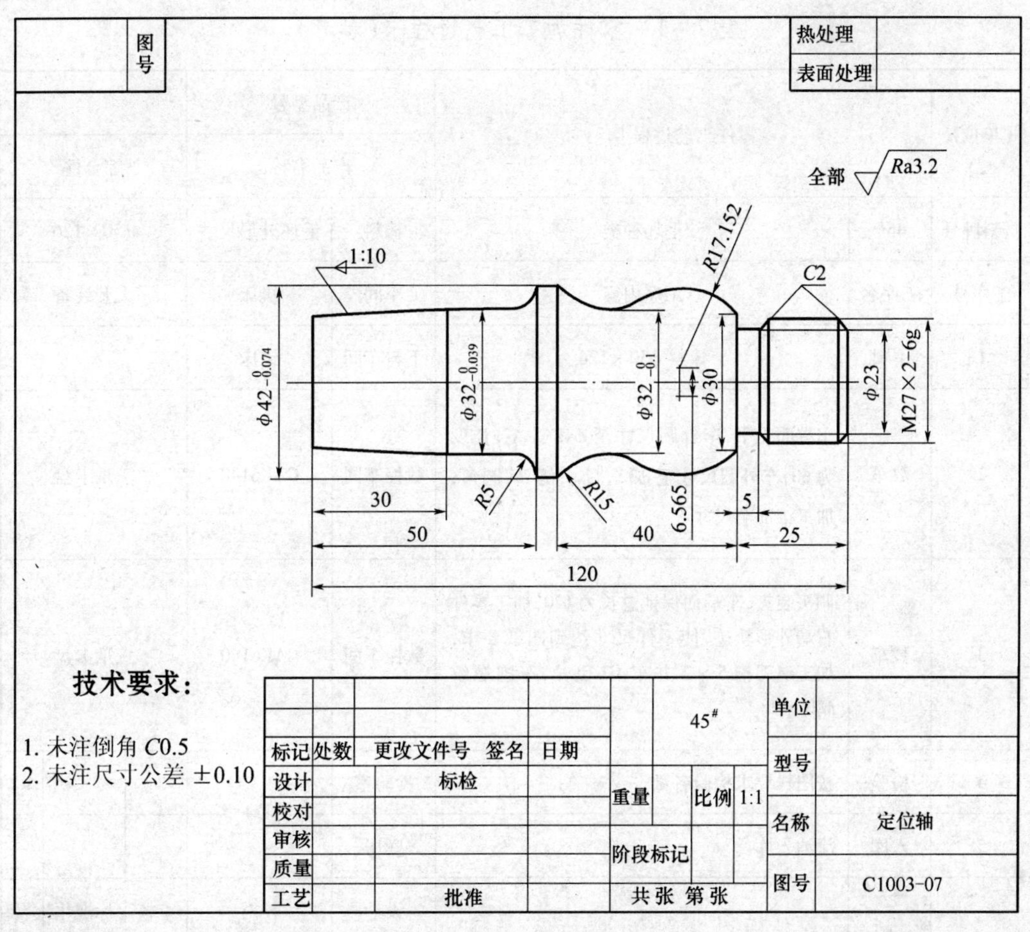

图 7-1　定位轴零件

右端面为准，零件其它轴向加工部位相对容易加工。

$\phi42_{-0.074}^{\ 0}$加工精度等级为 IT7。

$\phi32_{-0.039}^{\ 0}$加工精度等级为 IT7。

$\phi32_{-0.1}^{\ 0}$加工精度等级为 IT8。

M27 ×2 -6g 加工精度等级为 IT6。

其它尺寸的加工精度等级为 IT14 。

该零件表面粗糙度为 3.2，所有表面都可在数控车床上加工出来，经济性良好。

2. 机床及夹具的选择

根据被加工零件的外形、材料及车间设备等条件，选用 CAK6140 数控车床。

本零件形状为规则轴类，长度适中，选用三爪自定心卡盘装夹，装夹方便、快捷，定位精度高。

3. 零件加工工艺过程卡(表 7-1)

表 7-1 零件加工工艺过程卡(参考)

<table>
<tr><td rowspan="2">(单位)</td><td colspan="2" rowspan="2">零件工艺过程卡</td><td colspan="2">产品型号</td><td colspan="3"></td></tr>
<tr><td colspan="2">产品名称</td><td colspan="3">综合件</td></tr>
<tr><td>材料牌号</td><td>45#</td><td>毛坯种类</td><td>棒料</td><td>毛坯外形尺寸</td><td colspan="3">$\phi 50 \times 126$</td></tr>
<tr><td>工序号</td><td>工序名</td><td>工序内容</td><td>车间</td><td>机床</td><td colspan="3">工艺装备</td></tr>
<tr><td>1</td><td>下料</td><td>棒料 $\phi 50 \times 126$</td><td>下料车间</td><td>锯床</td><td colspan="3"></td></tr>
<tr><td>2</td><td>数车</td><td>车端面见平,车外圆尺寸至 $\phi 42_{-0.074}^{\ 0}$,长度为 60;车外圆尺寸至 $\phi 32_{-0.039}^{\ 0}$,倒 $R5$ 圆角,加工锥面至尺寸</td><td>数控车间</td><td>CAK6140</td><td colspan="3">三爪卡盘</td></tr>
<tr><td>3</td><td>数车</td><td>调头装夹,车端面保证总长为 120,加工零件右端外形轨迹,使零件尺寸达到图纸要求,加工退刀槽 5×2 并车 $C2$ 倒角,车削螺纹 $M27 \times 2$</td><td>数控车间</td><td>CAK6140</td><td colspan="3">三爪卡盘</td></tr>
<tr><td>4</td><td>检验</td><td>按图样要求检验各部</td><td>检验室</td><td></td><td></td><td></td><td></td></tr>
<tr><td>5</td><td>入库</td><td>涂油入库</td><td>库房</td><td></td><td></td><td></td><td></td></tr>
<tr><td></td><td></td><td></td><td>设计</td><td>校对</td><td>审核</td><td>标准化</td><td>会签</td></tr>
<tr><td>标记</td><td>处数</td><td>更改文件号</td><td></td><td></td><td></td><td></td><td></td></tr>
<tr><td></td><td></td><td></td><td></td><td></td><td></td><td></td><td></td></tr>
</table>

4. 刀具的选择(表 7-2)

表 7-2 定位轴零件加工刀具卡(参考)

产品名称或代号			零件名称	定位轴	零件图号 07
序号	刀具号	刀具规格名称	数量	加工表面	备注
1	T01	硬质合金 93°外圆车刀	1	粗、精车外轮廓	
2	T02	切槽刀	1	加工零件退刀槽	
3	T03	硬质合金 60°外螺纹车刀	1	车螺纹、	

5. 制订工序卡片

1）工序 2 加工工序卡片（表 7－3）

表 7－3　工序 2 加工工序卡（参考）

操作工作业指导书	零件名称		零件图号	材料牌号	$45^{\#}$	工序号	20	设备名称	数控车床	设备编号		文件号	
	零件型号			材料硬度		工序名称	车端面、外圆、锥度	设备型号		关重工序		第　版	第　页

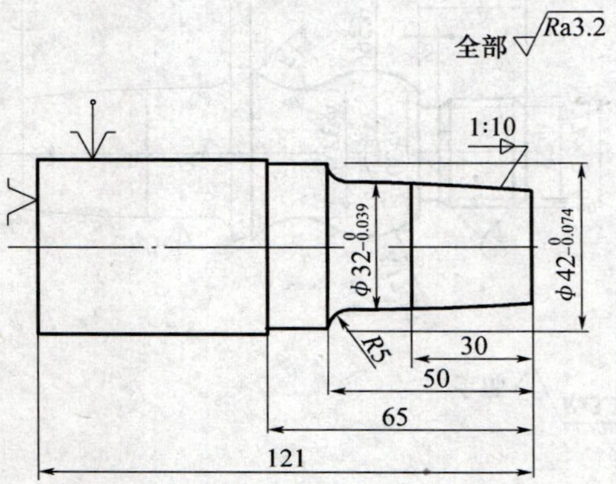

一　作业准备：

		作业参数				
1	按《设备操作作业指导书》、《设备点检表》要求进行开机	粗车	主轴转速	800r/min	进给量	F150
		精车	主轴转速	1200r/min	进给量	F100
		单件工时				

2	按照《工装点检表》的要求进行日点检并记录											
	工艺装备				工艺装备				工艺装备			
	种类	名称	规格或编号	数量	种类	名称	规格或编号	数量	种类	名称	规格及编号	数量
	刀具	90°外圆车刀	25×25（YT15）	1	夹具	三爪卡盘	K11250C/D8	1	辅具			
3	按照《计量器（设备）点检表》的要求进行日点检并记录											
4	加工首件并按首件三检制执行（当人员、设备工装、材料、工艺、环境变更要进行首件检查）											

二　作业过程：

	作业工步	特性	规范/公差	重要度	评价/测量手段	自检频次	检验频次
1	清扫三爪卡盘，确认无异物或碰伤	外径	$\phi32_{-0.039}^{0}$		千分尺 25～50/0.01		
2	夹毛坯外圆，以墙面定位：粗车端面，外圆及锥度留 0.5 的精车余量	外径	$\phi42_{-0.074}^{0}$		千分尺 25～50/0.01		
		长度	30、50		游标卡尺 0～150/0.02		
		长度	65、121		游标卡尺 0～150/0.02		
3	精车端面、外圆及锥度适图纸要求	粗糙度	$Ra3.2$		粗糙度对比块		
		圆角	$R5$		R 规		
		锥度	1:10		锥度环规		

三　作业终：停机取料，并把工件整齐放入盛具内，不合格品作好标记分类摆放，并作好相关记录

四　反应计划：发现有异常通知检验员与值班长，对可疑产品作标记并分类摆放

标记	处数	更改文件号	签字	日期	标记	处数	更改文件	签字	日期	设计（日期）	校对（日期）	审核（日期）	批准（日期）

2）工序 3 加工工序卡片（表 7－4）

表 7－4　工件右端加工工序卡（参考）

操作工作业指导书	零件名称		零件图号	材料牌号	45#	工序号	30	设备名称	数控车床	设备编号		文件号	
	零件型号			材料硬度		工序名称	车圆弧、切槽、螺纹	设备型号		关重工序		第　版	第　页

全部 $\sqrt{Ra3.2}$

R17.152
C2
$\phi32_{-0.1}^{\ 0}$
$\phi30$
$\phi23$
M27×2－6g
R15
6.566
5
25
65
70
120

一　作业准备：

		作业参数				
1	按《设备操作作业指导书》、《设备点检表》要求进行开机	车外圆	主轴转速	1200r/min	进给量	F150
		切槽	主轴转速	400r/min	进给量	F50
		车螺纹	主轴转速	400r/min	进给量	F2

2　按照《工装点检表》的要求进行日点检并记录

工艺装备				工艺装备				工艺装备			
种类	名称	规格或编号	数量	种类	名称	规格或编号	数量	种类	名称	规格及编号	数量
刀具	90°外圆车刀	25×25(YT15)	1	夹具	三爪卡盘	K11250C/D8	1	辅具			
	切槽刀										
	螺纹车刀										

3　按照《计量器（设备）点检表》的要求进行日点检并记录

4　加工首件并按首件三检制执行（当人员、设备工装、材料、工艺、环境变更要进行首件检查）

二　作业过程：

	作业工步	特性	规范/公差	重要度	评价/测量手段	自检频次	检验频次
1	清扫三爪卡盘，确认无异物或碰伤	外径	$\phi32_{-0.1}^{\ 0}$		游标卡尺 0～150/0.02		
2	夹 $\phi42$ 外圆，以端面定位：车端面，外圆及圆弧		$\phi23$、$\phi30$		游标卡尺 0～150/0.02		
	达图纸要求	长度	25、65		游标卡尺 0～150/0.02		
	切槽，保证 5 宽		70、120				
3	倒角	粗糙度	Ra3.2		粗糙度对比块		
4	精车螺纹达图纸要求	圆角	R15、R17		R 规		
5		倒角	C2		R 规		
		螺纹	M27×2		螺纹环规		

三　作业终：停机取料，并把工件整齐放入盛具内，不合格品作好标记分类摆放，并作好相关记录

四　反应计划：发现有异常通知检验员与值班长，对可疑产品作标记并分类摆放

标记	处数	更改文件号	签字	日期	标记	处数	更改文件	签字	日期	设计（日期）	校对（日期）	审核（日期）	批准（日期）

6. 程序的编制

数控加工参考程序清单如表7－5所示。

表7－5　程序单

程　序	程序说明
%0002(左端)	程序名
N01 T0101	设立坐标系,选一号刀,一号刀补
N02 M03 S800	主轴以800r/min正转
N03 G00 X55 Z100	定义起刀点
N04 G00 X52 Z2	刀具到循环起点位置
N05 G71 U1.5 R1 P6 Q12 X0.5 Z0.5 F150	外轮廓车削循环
M03 S1200	精加工转速1200r/min
N06 G01 G42 X0 F100	精加工程序起始行,刀具至轴心延长线上
N07 Z0	到端面中心
N08 X28.65	刀具移至锥面起点
N09 G01 X32 Z－30	精加工锥面
N10 G01 Z－45	精加 $\phi32$ 外圆
N11 G02 X42 Z－50 R5	精加工 $R3$ 圆弧
N12 G01 Z－55	精加工 $\phi42$ 外圆
N13 G40 G00 X100	取消刀补
N13 Z100	快速退刀到安全位置
N14 M05	主轴停止
N15 M30	程序结束并复位
%0001(右端)	
N01 T0101	设立坐标系,选一号刀,一号刀补
N02 M03 S800	设定转速
N03 G00 X100 Z200	定义起刀点
N04 G00 X52 Z127	建立右刀补
N05 G71 U2 R1 P06 Q14 X0.5 Z0.5 F150	外轮廓车削循环
M03 S1200	主轴以1200r/min正转
N06 G01 G42 X0 F100	精加工程序起始行,刀具至轴心延长线上
N07 G01 Z120	到端面中心
N08 G01 X23	精加工端面
N09 G01 X27 Z118	精加工 $C2$ 倒角
N10 G01 Z95	精加工 $\phi27$ 外圆
N11 X30	精加工 $Z90$ 的端面
N12 G03 X36.14 Z73.7 R17.15	精加工 $R17.15$ 圆弧

（续）

N13 G02 X42 Z55 R15	精加工 *R*15 圆弧
N14 G01 G40 X50	取消刀补
N15 G00 G40 X100 Z200	快速退刀到安全位置
N18 T0202	设立坐标系，选二号刀，二号刀补
M03 S400	主轴以 400r/min 正转
N19 G00 X100 Z200	定义起刀点
N20 G00 Z95	槽 *Z* 向定位
N21 G00 X35	槽 *X* 向定位
N22 G01 X23 F50	切至槽底
N23 G04 P1	延时修整槽底
N24 G01 X29 Z98	加工 *C*2 倒角
N25 G00 X100	*X* 向退刀
N26 G00 Z200	*Z* 向退刀
N27 T0303	设立坐标系，选三号刀，三号刀补
M03 S400	主轴以 400r/min 正转
N28 G00 X100 Z200	定义起刀点
N29 G00 X28 Z125	刀具移至循环起点位置
N30 G82 X27.1 Z97 F2	切削外螺纹
N31 G82 X26.5 Z97 F2	
N32 G82 X25.9 Z97 F2	
N33 G82 X25.5 Z97 F2	
N34 G82 X25.4 Z97 F2	
N35 G82 X25.3 Z97 F2	
N36 G00 X100 Z200	快速退刀到安全位置
N37 M05	主轴停止
N38 M30	程序结束并复位

四、任务实施

1. 工量具准备清单

该零件加工所需工量具清单如表 7－6 所示。

表 7－6　工量具准备清单(参考)

序号	名称	规格	数量	备注
1	游标卡尺	0～150mm	1 把	
2	钢板尺	0～125mm	1 把	

（续）

序号	名称	规格	数量	备注
3	外径千分尺	25mm ~ 50mm	1把	
4	螺纹环规	M27 × 2 − 6g	1套	
5	R规	$R5 \sim R20$	1套	
6	锥度环规		1套	
7	铜皮	$t = 1$mm	若干	

2. 加工操作

1）程序的输入

在编辑操作方式下进行程序的输入，注意不同程序程序号的区别。

2）程序的检测

输入程序后进行程序的检测，检测程序是否有误。方法：通过空运行检查刀路是否正确。

3）工件的安装

根据加工工艺要求装夹工件，且顶尖中心同卡盘回转中心线要等高。

4）车刀的安装

安装刀具时，车刀刀体伸出应合理，夹紧要可靠。

安装切槽刀注意其刀尖高度同轴心线等高。

安装螺纹刀时要用中心规对正，保证刀尖角平分线与轴线垂直，以避免牙型角偏斜。

5）对刀

选择工件坐标系的原点，进行对刀操作，多把刀对刀精度的控制保证。

6）刀具参数设置的检查

对刀后进行刀具参数设置的检查，避免刀具在换刀过程中同顶尖或工件发生碰撞，出现撞刀事故或产生废品。

7）零件的加工

为了保证车削过程的可靠性，车削首件时，必须用单段操作方式进行，当确认程序无误时，再使用连续操作方式进行车削。注意基准的找正，刀具换刀位置的合理性。

8）零件质量的检测

选用合适的量具完成零件尺寸精度的检测，表面粗糙度的检测，确保产品质量。

3. 安全操作和注意事项

(1) 严格遵守数控车床安全操作规程，做到文明操作。

(2) 程序输入完成后，必须对程序进行空运行检查。

(3) 检查坐标设置和对刀是否正确。

(4) 顶尖中心同卡盘回转中心线要等高。

(5) 调头加工时注意基准的找正。

(6) 对刀前，先将工件端面车平，对切槽刀时，以左刀尖作为编程的刀位点。

(7) 在加工螺纹过程中使用恒转速。

五、项目评价(表 7-7)

表 7-7 项目评价表

序号	评价项目	考核要点	配分	评分标准	扣分	得分
1	径向尺寸	$\phi 24_{-0.074}^{0}$	8	超差 0.01 扣 2 分		
		$\phi 32_{-0.039}^{0}$	8	超差 0.01 扣 2 分		
		$\phi 32_{-0.1}^{0}$	6	超差 0.01 扣 2 分		
		M27×2	6	超差不得分		
		$\phi 23$	6	超差 0.01 扣 2 分		
		$\phi 30$	4	超差 0.1 扣 2 分		
		$R15$	6	超差 0.05 扣 2 分		
		$R17.152$	6	超差 0.01 扣 2 分		
		$R5$	6	超差 0.05 扣 2 分		
2	轴向尺寸	30	4	超差 0.05 扣 2 分		
		50	4	超差 0.05 扣 2 分		
		120	4	超差 0.05 扣 2 分		
		25	4	超差 0.01 扣 2 分		
		5	4	超差 0.01 扣 2 分		
		40	4	超差 0.05 扣 2 分		
3	表面粗糙度	$Ra3.2$	5	每降一级扣 2 分		
4	加工工艺和程序编制	加工工艺合理性	3	不正确不得分		
		刀具选择合理性	3	不正确不得分		
		工件装夹定位合理性	3	不正确不得分		
		切削用量选择合理性	3	不正确不得分		
		切削液使用合理性	3	不正确不得分		
5	安全文明生产	1. 安全正确操作设备; 2. 工作场地整洁,工件、量具、夹具等器具摆放整齐规范; 3. 做好事故防范措施,填写交接班记录,并将出现的事故发生原因、过程及处理结果记入运行档案; 4. 做好环境保护	每违反一项从总分扣除 2 分,扣分不超过 10 分			
合 计			100			

六、误差分析(表 7-8)

表 7-8 综合件车削误差分析

问题现象	产生原因	预防和消除
工件尺寸超差	1. 刀具数据不准确; 2. 切削用量选择不当产生让刀; 3. 程序错误; 4. 工件尺寸计算错误	1. 调整或重新设定刀具数据; 2. 合理选择切削用量; 3. 检查、修改加工程序; 4. 正确计算工件尺寸

（续）

问题现象	产生原因	预防和消除
切槽质量差	1. 进给量过大； 2. 切屑阻塞； 3. 切削参数不正确； 4. 程序延时时间太长	1. 降低进给速度； 2. 采用断、退屑方式切入； 3. 提高或降低切削速度； 4. 缩短程序延时时间
螺纹表面质量差	1. 切削速度过低； 2. 刀具中心过高； 3. 切削控制较差； 4. 刀尖产生积屑瘤； 5. 切削液选用不合理	1. 调高主轴转速； 2. 调整刀具中心高度； 3. 选择合理的进刀方式及切深； 4. 选择合适的切削液并充分喷注
表面粗糙度达不到要求	1. 车刀不锋利或刀尖圆弧过大； 2. 刀具磨损； 3. 切削用量选择不当	1. 选择正确的刀具； 2. 重新刃磨或更换刀片； 3. 修改切削参数，并调试优化

七、项目训练

1. 编制如习题图 7－1 所示零件数控车削工艺及加工程序，对零件进行上机操作加工或数控仿真加工，毛坯尺寸 $\phi50\times115$。

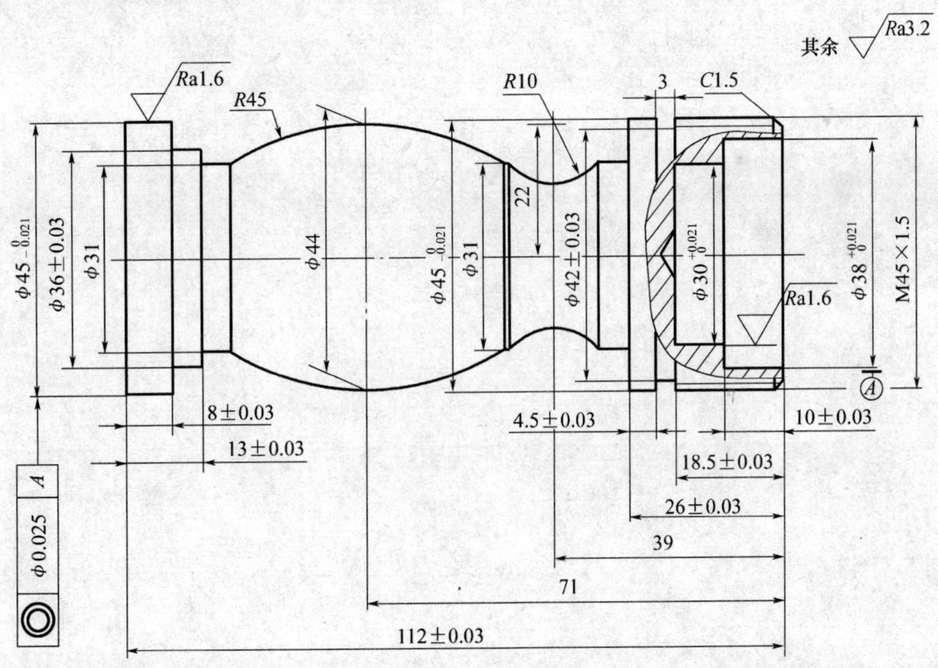

习题图 7－1

2. 编制如习题图 7－2 所示零件数控车削工艺及加工程序，对零件进行上机操作加工或数控仿真加工，毛坯尺寸 $\phi55\times110$。

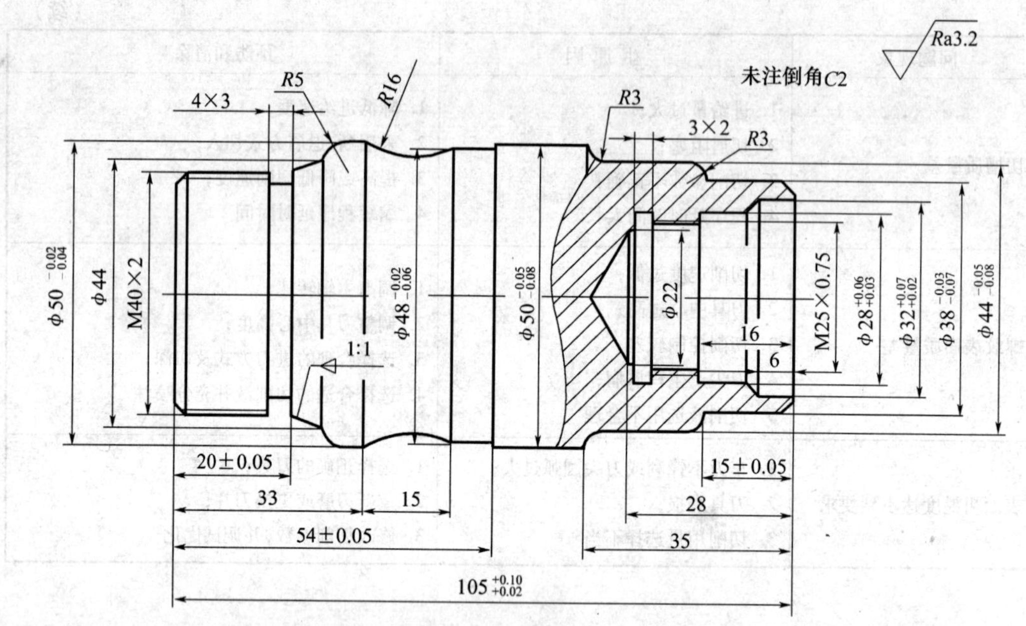

Ra3.2
未注倒角C2
4×3
R5
R16
R3
3×2
R3
φ50 $^{-0.02}_{-0.04}$
φ44
M40×2
1:1
φ48 $^{-0.02}_{-0.06}$
φ50 $^{-0.05}_{-0.08}$
φ22
16
6
M25×0.75
φ28 $^{+0.06}_{+0.03}$
φ32 $^{+0.07}_{+0.02}$
φ38 $^{-0.03}_{-0.07}$
φ44 $^{-0.05}_{-0.08}$
20±0.05
33
15
54±0.05
15±0.05
28
35
105 $^{+0.10}_{+0.02}$

习题图 7－2

学习情境八　配合件加工

一、学习目标

知识目标

- ➢ 了解配合件的加工方法
- ➢ 掌握配合件加工工艺分析的方法
- ➢ 掌握配合件的加工精度控制方法
- ➢ 掌握配合件的加工误差分析方法

技能目标

- ➢ 会制订配合件的加工工艺方案
- ➢ 会对配合件出现的误差进行分析

二、工作任务

某机械制造厂需小批量加工如图 8 - 1 所示的配合件零件,要求通过相关知识的学习,完成配合件零件的数控车削加工。

三、学习导读

1. 配合件的车削工艺方法

配合件是由两个或多个零件按图样装配并达到精度要求的组件。配合件的车削需要保证每个零件的加工质量,否则,装配后很难保证配合件的技术要求。车削配合件的关键是加工工艺方案的编制、基准零件的选择以及加工过程中的参数、工艺的修正。

1）配合件加工的工艺分析

(1) 分析配合件的装配关系。

合理安排配合件的加工顺序和加工工艺,就能保证配合件的加工精度和装配精度,而配合件的装配精度与各零件的加工精度关系密切,其中基准零件直接影响配合件装配后相互位置精度,因此应仔细分析配合件,确定基准零件。

(2) 加工基准零件。

配合件加工时,应先加工基准零件,然后根据装配关系的顺序,依次加工组合件中的其余零件。

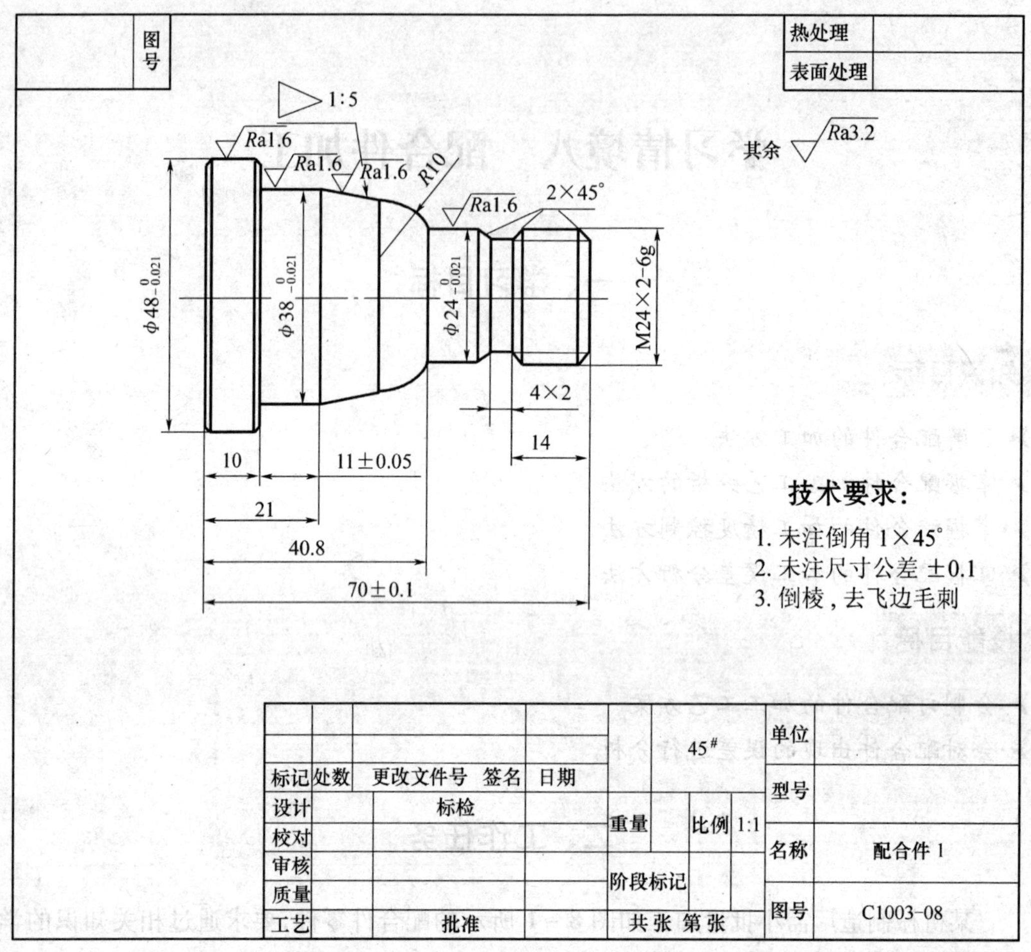

图8-1 配合件

(3) 保证配合件的装配精度。

为了合理地确定零件的加工精度,必须对零件精度和装配精度的关系进行综合分析。而进行综合分析的有效手段就是建立和分析产品的装配尺寸链,装配尺寸链的封闭环就是装配所要保证的装配精度。在车削其它零件时,一方面应按图样的要求进行加工,另一方面应按已加工的基准零件及其它零件的实测结果相应调整,充分使用配车、配研、组装等加工手段,以保证配合件的装配精度。

(4) 拟定配合件的加工方法。

根据零件的技术要求和结构特点,以及配合件装配的技术要求,分别拟定零件的加工方法。通常应先加工基准表面,然后加工零件上的其它表面。

2) 配合件的加工工艺要求

(1) 对于影响组合工件配合精度的各个尺寸,应尽量加工至两极限尺寸的中间值,且加工误差应控制在图样允许误差的1/2;各表面的形状和位置误差应尽可能小。

(2) 偏心配合时,偏心部分的偏心方向应一致,加工误差应控制在图样允许误差的1/2,且偏心部分的轴线应平行于零件的基准轴线。

（3）螺纹配合时，螺纹应采用车削的方法成型，一般不允许使用板牙、丝锥加工，以免影响工件的位置精度。对于螺纹中径尺寸，外螺纹应将其控制在最小极限尺寸范围内，内螺纹则应将其控制在最大极限尺寸范围内，使配合间隙尽量大些。

（4）锥体配合时，锥体的圆锥角误差要小，车削时车刀刀尖应与锥体轴线等高，避免加工中产生圆锥素线的直线度误差。

（5）零件各加工表面应倒钝锐边，清除毛刺。

2. 配合件装配基准的加工方法

先对配合件工艺进行分析，然后正确选择装配基准，合理拟定装配基准的加工方法。在加工配合件时，可利用加工好的装配基准作为量规或塞规，用来检验与之装配的相关零件，这样能使配合件得到较高的配合精度，满足零件的装配要求，同时便于控制内圆锥、内螺纹等难测量部分的尺寸。

1）内外圆配合

在内圆、外圆、台阶尺寸配合的配合件中，影响零件配合精度的内圆、外圆以及台阶尺寸应控制为最大极限尺寸和最小极限尺寸的中间值。

2）圆锥配合

（1）在车削内、外圆锥配合的配合件时，应先车外圆锥为装配基准。

（2）在车削锥度时，不能一步车到尺寸，应采取循序渐进的方法，用涂有红丹的锥度环规或锥度塞规检查，当接出面积等于或大于70%时，表示锥度车好了。如果未标注圆锥角公差的圆锥组合，则应按“角度尺寸的极限偏差数值”选择公差值，如表8-1所列。

表8-1　角度尺寸的极限偏差数值

公差等级	长度分段/mm				
	~10	>10~50	>50~120	>120~400	>400
精度 f 中等 m	±1°	±30′	±20′	±10′	±5′
粗糙 c	±1°30′	±1°	±30′	±15′	±10′
最粗 v	±3°	±2°	±1°	±30′	±20′

（3）精车装配基准圆锥面时，精车刀应保持锋利，走刀均匀，使车出的圆锥面表面粗糙度值小；车刀刀尖应严格对准工件旋转中心，防止圆锥素线形成双曲线误差而影响内、外圆锥面的接触面积。

3）偏心配合

（1）偏心组合的配合件，应选择偏心轴作为装配基准，先加工。

（2）偏心工件的偏心距校正难度相对较大，在校正装配基准时，只需将偏心距校正误差控制在图样的偏心距公差范围之内，被配合件的偏心距也校到同值即可。

（3）精车偏心件的偏心部分时，为保证能顺利组装，参加配合的外、内圆尺寸应分别靠近最小和最大极限尺寸。装配基准与配合件校正的误差值相差越大，就越应取最小极限的外圆尺寸和最大极限的内圆尺寸。

（4）校正偏心距时，偏心部分轴线一定要与零件轴线平行，这一点是不能忽视的。

4）螺纹配合

(1) 螺纹组合的配合件应将螺杆作为装配基准,先加工。

(2) 在加工螺杆和螺母时,为保证能顺利配合,内、外螺纹的中径、大径、小径均应分别靠近或等于最小和最大极限尺寸,特别是在具有偏心、圆锥等多件组合的配合件的螺纹组合,较特殊的齿形、多线螺纹组合中,更应该如此。

(3) 装配基准螺纹应直接车出,而不得使用丝锥、板牙等螺纹刀具加工,以保证装配基准螺纹的轴线与其它部位轴线的同轴度。

(4) 螺纹装配基准精车时,力求牙型角准确,不得有倒牙、牙型角误差大、粗糙度值过高等缺陷,否则将会造成组合困难、尺寸精度超差。

四、任务解析

1. 零件图样分析

1）结构工艺性分析

图 8－1 所示的工件是一个配合件,两件都属于轴类零件,零件材料为 45#钢,切削加工性能较好,无热处理和硬度要求,加工内容包括内外圆弧、内外圆柱、沟槽、内外螺纹,倒角、锥度、端面,两件是分开加工的,加工好后要达到相应的配合要求。加工部位较多,属于较复杂零件;零件结构合理,能够进行数控加工。

2）尺寸标注及精度分析

该配合件尺寸完整,主要尺寸分析如下:

配合件 1:

$\phi48{}_{-0.021}^{\ 0}$加工精度等级为 IT7;

$\phi38{}_{-0.021}^{\ 0}$加工精度等级为 IT7;

$\phi24{}_{-0.021}^{\ 0}$加工精度等级为 IT7;

$M24\times2-6g$ 加工精度等级为 IT6;

其它尺寸的加工精度等级为 IT14。

配合件 2:

$\phi48{}_{-0.021}^{\ 0}$:经查表,加工精度等级为 IT7;

$\phi24{}_{\ 0}^{+0.021}$:经查表,加工精度等级为 IT7;

其它尺寸的加工精度等级为 IT14。

3）表面粗糙度分析

件 1 除 4 个表面的表面粗糙度为 $Ra1.6$ 外,其余表面的表面粗糙度为 $Ra3.2$;件 2 除 4 个表面的表面粗糙度为 $Ra1.6$ 外,其余表面的表面粗糙度为 $Ra3.2$。根据分析,该配合件的所有表面都可在数控车床上加工出来,经济性良好。

2. 机床及夹具的选择

根据被加工零件的外形、材料及车间设备等条件,选用 CAK6140 数控车床。本零件形状为规则轴类,长度适中,选用三爪自定心卡盘装夹,装夹方便、快捷,定位精度高。

3. 零件加工工艺过程卡

件1零件加工工艺过程卡如表8-2所列,件2零件加工工艺过程卡如表8-3所列。

表8-2 件1零件加工工艺过程卡(参考)

<table>
<tr><td rowspan="2">(单位)</td><td colspan="2" rowspan="2">零件工艺过程卡</td><td colspan="2">产品型号</td><td colspan="3"></td></tr>
<tr><td colspan="2">产品名称</td><td colspan="3">件1</td></tr>
<tr><td>材料牌号</td><td>45#</td><td>毛坯种类</td><td>棒料</td><td>毛坯外形尺寸</td><td colspan="3">$\phi50\times72$</td></tr>
<tr><td>工序号</td><td>工序名</td><td>工序内容</td><td>车间</td><td>机床</td><td colspan="3">工艺装备</td></tr>
<tr><td>1</td><td>下料</td><td>棒料 $\phi50\times72$</td><td>下料车间</td><td>锯床</td><td colspan="3"></td></tr>
<tr><td>2</td><td>数车</td><td>夹一端车外圆至尺寸 $\phi48_{-0.021}^{\ 0}\times12$、倒角 $1\times45°$</td><td>数控车间</td><td>CAK6140</td><td colspan="3">三爪卡盘</td></tr>
<tr><td>3</td><td>数车</td><td>调头装夹、平端面,保证总长至尺寸,车各外圆,端面圆弧、锥度,保证外圆 $\phi38_{-0.021}^{\ 0}$ 和 $\phi24_{-0.021}^{\ 0}$、锥度 1:5 及 $R10$ 的圆弧,保证各长度至尺寸要求、车槽 4×2、车螺纹 $M24\times2$</td><td>数控车间</td><td>CAK6140</td><td colspan="3">三爪卡盘</td></tr>
<tr><td>4</td><td>去毛刺</td><td>去毛刺,清理</td><td>钳工室</td><td></td><td colspan="3"></td></tr>
<tr><td>5</td><td>检验</td><td>按图样要求检验各部</td><td>检验室</td><td></td><td colspan="3"></td></tr>
<tr><td>6</td><td>入库</td><td>涂油入库</td><td>库房</td><td></td><td colspan="3"></td></tr>
<tr><td></td><td></td><td></td><td>设计</td><td>校对</td><td>审核</td><td>标准化</td><td>会签</td></tr>
<tr><td>标记</td><td>处数</td><td>更改文件号</td><td></td><td></td><td></td><td></td><td></td></tr>
<tr><td></td><td></td><td></td><td></td><td></td><td></td><td></td><td></td></tr>
</table>

表8-3 件2零件加工工艺过程卡(参考)

<table>
<tr><td rowspan="2">(单位)</td><td colspan="2" rowspan="2">零件工艺过程卡</td><td colspan="2">产品型号</td><td></td></tr>
<tr><td colspan="2">产品名称</td><td>件2</td></tr>
<tr><td>材料牌号</td><td>45#</td><td>毛坯种类</td><td>棒料</td><td>毛坯外形尺寸</td><td>$\phi50\times51$</td></tr>
<tr><td>工序号</td><td>工序名</td><td>工序内容</td><td>车间</td><td>机床</td><td>工艺装备</td></tr>
<tr><td>1</td><td>下料</td><td>$\phi50\times72$</td><td>下料车间</td><td>锯床</td><td></td></tr>
<tr><td>2</td><td>数车</td><td>打中心孔,钻 $\phi20$ 的通孔</td><td>数控车间</td><td>CAK6140</td><td>三爪卡盘</td></tr>
<tr><td>3</td><td>数车</td><td>车 $\phi48$ 的外圆、内孔锥度,圆弧达图纸要求,保证各长度至尺寸要求</td><td>数控车间</td><td>CAK6140</td><td>三爪卡盘</td></tr>
</table>

（续）

（单位）	零件工艺过程卡		产品型号				
			产品名称		件 2		
材料牌号	$45^{\#}$	毛坯种类	棒料	毛坯外形尺寸	$\phi50\times51$		
工序号	工序名	工序内容	车间	机床	工艺装备		
4	数车	调头装夹，平端面，保证总长 49 ± 0.1、车 $\phi40$ 的外圆、内孔 $\phi24$ 至尺寸要求、车 M24 × 2 的螺纹	数控车间	CAK6140	三爪卡盘		
5	检验	按图样检查各部尺寸及精度					
6	入库	涂油入库	库房				
			设计	校对	审核	标准化	会签
标记	处数	更改文件号					

4. 刀具的选择

1）件 1 刀具选择（表 8 -4）

表 8 -4　件 1 加工刀具卡（参考）

产品名称或代号			零件名称	件 1	零件图号	08
序号	刀具号	刀具规格名称	数量	加工表面		备 注
1	T01	硬质合金 90°外圆车刀	1	外轮廓		
2	T02	刀宽 4mm 的切槽刀	1	槽		
3	T03	硬质合金 60°外螺纹车刀	1	车螺纹		

2）件 2 刀具选择（表 8 -5）

表 8 -5　件 2 加工刀具卡（参考）

产品名称或代号			零件名称	件 2	零件图号	09
序号	刀具号	刀具规格名称	数量	加工表面		备 注
1	T01	A3 中心钻	1	中心孔		
2	T02	麻花钻 $\phi10$、$\phi20$	2	孔		
3	T03	硬质合金 93°外圆车刀	1	孔轮廓		
4	T04	硬质合金 95°内孔车刀	1	内轮廓		
5	T05	硬质合金 60°内螺纹车刀	1	螺纹		

5. 制定工序卡片

1）件 1 加工工序卡

（1）工序 2 加工工序卡片（表 8－6）。

表 8－6　工序 2 加工工序卡片（参考）

操作工作业指导书	零件名称	配合件 1	零件图号	材料牌号	45#	工序号	20	设备名称	数控车床	设备编号		文件号	
	零件型号			材料硬度		工序名称	精车 $\phi48$ 端面、外圆	设备型号		关重工序		第　版	第　页

其余 Ra3.2　Ra1.6　1×45°　$\phi48_{-0.021}^{0}$　15　70.8

一　作业准备：

		作业参数				
1	按《设备操作作业指导书》、《设备点检表》要求进行开机	车外圆	主轴转速	1200r/min	进给量	F100
		车端面	主轴转速	1200r/min	进给量	F100
		单件工时				

	按照《工装点检表》的要求进行日点检并记录											
	工艺装备				工艺装备				工艺装备			
	种类	名称	规格或编号	数量	种类	名称	规格或编号	数量	种类	名称	规格及编号	数量
2	刀具	90°外圆车刀	25×25(YT15)	1	夹具	三爪卡盘	K11250C/D8	1	辅具			
3	按照《计量器(设备)点检表》的要求进行日点检并记录											
4	加工首件并按首件三检制执行(当人员、设备工装、材料、工艺、环境变更要进行首件检查)											

二　作业过程：

	作业工步	特性	规范/公差	重要度	评价/测量手段	自检频次	检验频次
1	清扫三爪卡盘，确认无异物或碰伤	长度	70.8		深度尺 0～150/0.02		
2	夹毛坯外圆，以端面定位：车端面保证长度 70.8 和 15		75				
		外径	$\phi48_{-0.021}^{0}$		千分尺 25～50		
3	车外圆，保证 $\phi48_{-0.021}^{0}$	粗糙度	Ra3.2；Ra1.6		粗糙度对比块		
4	倒 1×45°角	倒角	1×45°				

三　作业终：停机取料，并把工件整齐放入盛具内，不合格品作好标记分类摆放，并作好相关记录

四　反应计划：发现有异常通知检验员与值班长，对可疑产品作标记并分类摆放

标记	处数	更改文件号	签字	日期	标记	处数	更改文件	签字	日期	设计(日期)	校对(日期)	审核(日期)	批准(日期)

（2）工序3加工工序卡片（表8－7）。

表8－7　工序3加工工序卡片（参考）

操作工作业指导书	零件名称	配合件1	零件图号		材料牌号	45#	工序号	30	设备名称	数控车床	设备编号		文件号	
	零件型号				材料硬度		工序名称	精车外圆、切槽、车螺纹	设备型号		关重工序		第　版	第　页

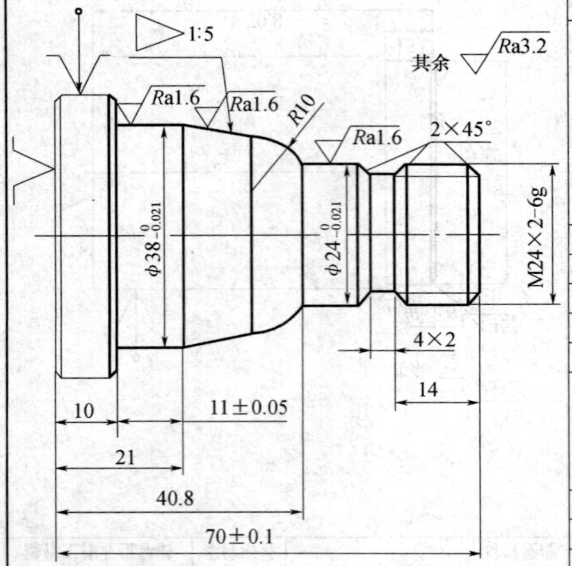

一　作业准备：

序号	内容	作业参数				
1	按《设备操作作业指导书》、《设备点检表》要求进行开机	车外圆、端面	主轴转速	1200r/min	进给量	F100
		切槽	主轴转速	300r/min	进给量	F30
		车螺纹	主轴转速	800r/min	进给量	F2

2　按照《工装点检表》的要求进行日点检并记录

种类	名称	规格或编号	数量	种类	名称	规格或编号	数量	种类	名称	规格及编号	数量
工艺装备				工艺装备				工艺装备			
刀具	90°外圆车刀	25×25（YT15）	1	夹具	三爪卡盘	K11250C/D8	1	辅具			
	切槽刀		1								
	螺纹车刀		1								

3　按照《计量器（设备）点检表》的要求进行日点检并记录

4　加工首件并按首件三检制执行（当人员、设备工装、材料、工艺、环境变更要进行首件检查）

二　作业过程：

序号	作业工步	特性	规范/公差	重要度	评价/测量手段	自检频次	检验频次
1	清扫三爪卡盘，确认无异物或碰伤	圆弧	$R10$		目测		
2	夹 $\phi48$ 外圆，以端面定位，粗、精车各外圆、端面、车圆弧、锥度，保证外圆 $\phi38_{-0.021}^{0}$ 和 $\phi24_{-0.021}^{0}$，锥度1:5和 $R10$ 的圆弧；保证总长70±0.1及各长度10，21±0.05，32，40.8	外径	$\phi38_{-0.027}^{0}$		千分尺25～50		
		外径	$\phi24_{-0.027}^{0}$		千分尺0～25		
		粗糙度	Ra1.6、Ra3.2		粗糙度对比块		
		长度	10、14、21±0.05		游标卡尺0～150/0.02		
3	切槽4×2	长度	32、40.8、70±0.1		游标卡尺0～150/0.02		
4	倒2×45°	锥度	1:5		锥度环规		
5	车M24×2－6g的螺纹	槽	4×2		游标卡尺0～150/0.02		
		螺纹	M24×2－6g		螺纹环规		

三　作业终：停机取料，并把工件整齐放入盛具内，不合格品作好标记分类摆放，并作好相关记录

四　反应计划：发现有异常通知检验员与值班长，对可疑产品作标记并分类摆放

标记	处数	更改文件号	签字	日期	标记	处数	更改文件	签字	日期	设计（日期）	校对（日期）	审核（日期）	批准（日期）

2）件 2 加工工序卡

（1）工序 2 加工工序卡片（表 8－8）。

表 8－8　工序 2 加工工序卡片（参考）

操作工作业指导书	零件名称	配合件 2	零件图号		材料牌号	$45^{\#}$	工序号	20	设备名称	数控车床	设备编号		文件号	
	零件型号				材料硬度		工序名称	钻孔	设备型号		关重工序		第　版	第　页

$Ra12.5$

$\phi20$

一　作业准备：

		作业参数				
1	按《设备操作作业指导书》、《设备点检表》要求进行开机	打中心孔	主轴转速	1200r/min	进给量	手动
		钻孔	主轴转速	400r/min	进给量	手动
		单件工时				

	按照《工装点检表》的要求进行日点检并记录												
	工艺装备				工艺装备				工艺装备				
	种类	名称	规格或编号	数量	种类	名称	规格或编号	数量	种类	名称	规格及编号	数量
2	刀具	A3 中心钻		1	夹具	三爪卡盘	K11250C/D8	1	辅具			
		$\phi10$ 麻花钻										
		$\phi20$ 麻花钻										
3	按照《计量器（设备）点检表》的要求进行日点检并记录											
4	加工首件并按首件三检制执行（当人员、设备工装、材料、工艺、环境变更要进行首件检查）											

二　作业过程：

	作业工步	特性	规范/公差	重要度	评价/测量手段	自检频次	检验频次
1	清扫三爪卡盘，确认无异物或碰伤	内孔	$\phi20$		游标卡尺 0～150/0.02		
2	夹毛坯外圆，以端面定位，用 A3 的中心钻打中心孔	粗糙度	$Ra12.5$		粗糙度对比块		
3	用 $\phi10$ 的麻花钻钻孔						
4	用 $\phi20$ 的麻花钻扩孔						

三　作业终：停机取料，并把工件整齐放入盛具内，不合格品作好标记分类摆放，并作好相关记录

四　反应计划：发现有异常通知检验员与值班长，对可疑产品作标记并分类摆放

标记	处数	更改文件号	签字	日期	标记	处数	更改文件号	签字	日期	设计（日期）	校对（日期）	审核（日期）	批准（日期）

(2) 工序3加工工序卡片(表8-9)

表8-9　工序3加工工序卡片(参考)

操作工作业指导书	零件名称	配合件2	零件图号		材料牌号	45#	工序号	30	设备名称	数控车床	设备编号		文件号	
	零件型号				材料硬度		工序名称	精车外圆、内孔锥度	设备型号		关重工序		第　版	第　页

一　作业准备:

		作业参数				
1	按《设备操作作业指导书》、《设备点检表》要求进行开机	车外圆、端面	主轴转速	1200r/min	进给量	F100
		车内孔	主轴转速	1200r/min	进给量	F100

2 按照《工装点检表》的要求进行日点检并记录

种类	名称	规格或编号	数量	种类	名称	规格或编号	数量	种类	名称	规格及编号	数量
工艺装备				工艺装备				工艺装备			
刀具	90°外圆车刀	25×25(YT15)	1	夹具	三爪卡盘	K11250C/D8	1	辅具			
	内孔车刀		1								

3 按照《计量器(设备)点检表》的要求进行日点检并记录

4 加工首件并按首件三检制执行(当人员、设备工装、材料、工艺、环境变更要进行首件检查)

二　作业过程:

	作业工步	特性	规范/公差	重要度	评价/测量手段	自检频次	检验频次
1	清扫三爪卡盘,确认无异物或碰伤	圆弧	$R10$		R 规		
2	夹毛坯外圆,以端面定位,车外圆、端面,保证总长49.3,控制外圆 $\phi48_{-0.021}^{0}$,及长度29	直径	$\phi48_{-0.021}^{0}$		千分尺 25~50		
		直径	$\phi38$		游标卡尺 0~150/0.02		
3	车内孔的圆弧、锥度,保证 $R10$ 和锥度 1:5,控制长度11和20.3	粗糙度	$Ra1.6$、$Ra3.2$		粗糙度对比块		
		长度	11、20.3		游标卡尺 0~150/0.02		
4		长度	49.3、29		游标卡尺 0~150/0.02		
		锥角	1:5		锥度塞规		
		倒角	1×45°				

三　作业终:停机取料,并把工件整齐放入盛具内,不合格品作好标记分类摆放,并作好相关记录

四　反应计划:发现有异常通知检验员与值班长,对可疑产品作标记并分类摆放

标记	处数	更改文件号	签字	日期	标记	处数	更改文件号	签字	日期	设计(日期)	校对(日期)	审核(日期)	批准(日期)

(3) 工序 4 加工工序卡片(表 8-10)

表 8-10　工序 4 加工工序卡片(参考)

操作工作业指导书	零件名称	配合件 2	零件图号		材料牌号	45#	工序号	40	设备名称	数控车床	设备编号		文件号	
	零件型号				材料硬度		工序名称	精车外圆、内孔(螺纹)	设备型号		关重工序		第　版	第　页

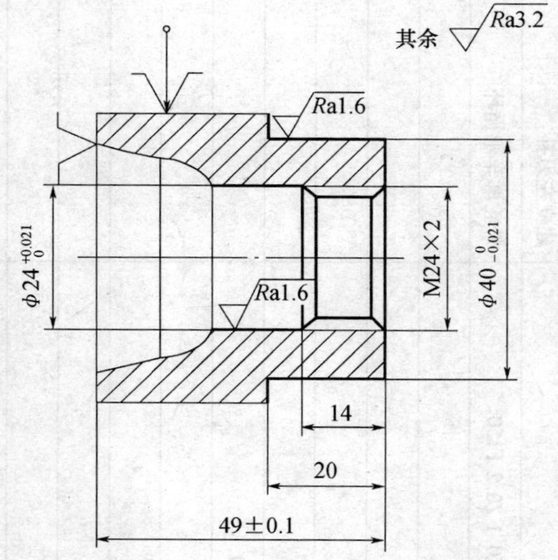

其余 $\sqrt{Ra3.2}$

Ra1.6　Ra1.6　$\phi 24^{+0.021}_{0}$　M24×2　$\phi 40^{\ 0}_{-0.021}$　14　20　49±0.1

一　作业准备：

1	按《设备操作作业指导书》、《设备点检表》要求进行开机	作业参数				
		车螺纹	主轴转速	800r/min	进给量	F2
		车内孔	主轴转速	1200r/min	进给量	F100

	按照《工装点检表》的要求进行日点检并记录											
	工艺装备				工艺装备				工艺装备			
	种类	名称	规格或编号	数量	种类	名称	规格或编号	数量	种类	名称	规格及编号	数量
2	刀具	螺纹车刀		1	夹具	三爪卡盘	K11250C/D8	1	辅具			
		内孔车刀		1								
		90°外圆车刀	25×25(YT15)	1								
3	按照《计量器(设备)点检表》的要求进行日点检并记录											
4	加工首件并按首件三检制执行(当人员、设备工装、材料、工艺、环境变更要进行首件检查)											

二　作业过程：

	作业工步	特性	规范/公差	重要度	评价/测量手段	自检频次	检验频次
1	清扫三爪卡盘,确认无异物或碰伤	螺纹	M24×2		螺纹塞规		
2	夹 ϕ48 外圆,以端面定位,粗、精车外圆、端面,保证总长 49±0.1,控制外圆 $\phi 40^{\ 0}_{-0.021}$,保证长度 20	直径	$\phi 40^{\ 0}_{-0.021}$		千分尺 25~50		
			$\phi 24^{-0.021}_{0}$		游标卡尺 0~150/0.02		
3	精车内孔,保证 $\phi 24^{+0.021}_{0}$	粗糙度	Ra1.6、Ra3.2		粗糙度对比块		
4	车 M24×2 的螺纹,保证长度 14	长度	14、20		游标卡尺 0~150/0.02		
			49±0.1				
		倒角	2×45°				

三　作业终：停机取料,并把工件整齐放入盛具内,不合格品作好标记分类摆放,并作好相关记录

四　反应计划：发现有异常通知检验员与值班长,对可疑产品作标记并分类摆放

标记	处数	更改文件号	签字	日期	标记	处数	更改文件号	签字	日期	设计(日期)	校对(日期)	审核(日期)	批准(日期)

6. 程序的编制

数控加工参考程序清单如表 8－11 所列。

表 8－11　程序单

件 1	
程　序	程 序 说 明
%0001(工序 2)	程序名
N01 T0101	设立坐标系,选一号刀,一号刀补
N02 M03 S1200	主轴以 1200r/min 正转
N03 G00 X100 Z200	刀具移至起刀点
N04 G00 X55 Z2	刀具到切削起点位置
N05 X0	
N06 G01 Z0 F100	
N07 G01 X46	
N08 Z－1	倒角
N09 G01 X48	
N10 Z－15	
N11 G01 X55	
N12 G00 X100 Z200	快速退刀到安全位置
N13 M30	程序结束并复位
%0001(工序 3)	程序名
N01 T0101	设立坐标系,选一号刀,一号刀补
N02 M03 S800	主轴以 800r/min 正转
N03 G00 X100 Z200	刀具移至起刀点
N04 G41 G00 X55 Z2	建立左刀补
N05 G71 U2 R1 P06 Q14 X0.1 Z0.2 F150	外轮廓车削循环
N06 G01 X0 Z0 F100	
N07 G01 X20	
N08 G01 X23.8 Z－2	
N09 G01 Z－29.2	
N10 G03 X35.8 Z－38 R10	
N11 G01 X38 Z－49	
N12 G01 Z－60	
N13 G01 X46	
N14 G01 X48 Z－2	
N15 G01 X55	

（续）

N16 G40 G00 X100	退刀
N17 Z200	
N18 T0202	设立坐标系，选二号刀，二号刀补
N19 M03 S350	主轴以 800r/min 正转
N20 G00 X100 Z200	刀具移至起刀点
N22 G00 X30 Z5	
N23 G01 Z－18 F100	
N24 G01 X20 F50	切槽
N25 G01 X24	
N26 G01 Z－16	倒角
N27 G01 X20 Z－18	
N28 G01 X24	
N29 G01 Z－20	
N30 G01 X20 Z－18	
N31 G01 X30	
N32 G00 X100 Z200	退刀
N33 T0303	设立坐标系，选三号刀，三号刀补
N34 M03 S400	主轴以 400r/min 正转
N35 G00 X50 Z100	刀具移至起刀点
N36 G00 X24 Z2	
N37 G82 X23.1 Z－15 F2	切削外螺纹
N38 G82 X22.5 Z－15 F2	
N39 G82 X21.9 Z－15 F2	
N40 G82 X21.5 Z－15 F2	
N41 G82 X21.4 Z－15 F2	
N42 G00 X100 Z200	快速退刀到安全位置
N43 M05	主轴停转
N44 M30	程序结束并复位
件 2	
%0002（工序 3）	
N01 T0101	设立坐标系，选一号刀，一号刀补
N02 M03 S800	主轴以 800r/min 正转
N03 G00 X55 Z10	刀具移至起刀点
N04 G01 X46 Z0 F100	外轮廓车削
N05 G01 X48 Z－1 F100	

（续）

N06 G01 Z-49	
N07 G01 X50	
N08 G00 X100	
N09 Z100	
N10 M05	主轴停止
N11 T0202	设立坐标系，选二号刀，二号刀补
N12 M03 S800	主轴以 800r/min 正转
N13 G00 X16 Z2	刀具移至循环起点
N14 G71 U2 R1 P15 Q21 X-0.1 Z0.2 F150	内轮廓车削循环
N15 G01 X38 Z0 F100	
N16 G01 X35.8 Z-10	
N17 G03 X24 Z-19.8 R10	
N18 G01 Z-35	
N19 G01 X21.6 Z-37	
N20 G01 Z-50	
N21 G01 X18	
N22 G01 Z5	
N23 G00 Z200	快速退刀到安全位置
N24 M30	程序结束并复位
%0002（工序 4）	
N01 T0101	设立坐标系，选一号刀，一号刀补
N02 M03 S1200	主轴以 1200r/min 正转
N03 G00 X55 Z10	刀具移至循环起点
N04 Z2	外轮廓车削
N05 G71 U2 R1 P06 Q08 X0.5 Z0.1 F150	
N06 G01 X40 F100	
N07 Z-20	
N08 X55	
N09 Z100	
N10 T0202	设立坐标系，选二号刀，二号刀补
N11 M03 S800	主轴以 800r/min 正转
N12 G00 X16 Z2	刀具移至循环起点
N13 G71 U2 R1 P14 Q16 X-0.1 Z0.2 F150	内轮廓车削循环
N14 G01 X24 F100	
N15 Z-30	
N16 X23	
N17 G00 Z100	

（续）

N18 T0303	设立坐标系,选三号刀,三号刀补
N19 M03 S600	主轴以600r/min 正转
N20 G00 X18 Z2	刀具移至循环起点
N21 G82X21.6Z-14F2	切削内螺纹
N22 G82X22.5Z-14F2	
N23 G82X23.1Z-14F2	
N24 G82X23.6Z-14F2	
N25 G82X24Z-14F2	
N26 G82X24.1Z-14F2	
N27 G00X18	
N28 Z100	快速退刀到安全位置
N29 M30	程序结束并复位

五、任务实施

1. 工量具准备清单(表8-12)

表8-12 工量具准备清单(参考)

序号	名称	规格	数量	备注
1	游标卡尺	0~150mm	1把	
2	钢板尺	0~125mm	1把	
3	外径千分尺	25~50mm	1把	
4	外径千分尺	0~25mm	1把	
5	螺纹量规	M24×2-6g	1套	
6	R规	R7R14.5	1套	
7	圆锥量规		1套	
8	铜皮	$t=1$mm	若干	

2. 加工操作

1）程序的输入

在编辑操作方式下进行程序的输入,注意不同程序程序号的区别。

2）程序的检测

输入程序后进行程序的检测,检测程序是否有误。方法:通过空运行检查刀路是否正确。

3）工件的安装

根据加工工艺要求装夹工件,注意毛坯伸出长度要适宜。

4）车刀的安装

(1) 安装刀具时,车刀刀体伸出应合理,夹紧要可靠。

(2) 安装切槽刀注意其刀尖高度同轴心线等高。

(3) 安装螺纹刀时要用中心规对正,保证刀尖角平分线与轴线垂直,以避免牙型角偏斜。

5）对刀

选择工件坐标系的原点，进行对刀操作，多把刀对刀精度的控制保证。

6）刀具参数设置的检查

对刀后进行刀具参数设置的检查，避免出现撞刀事故或产生废品。

7）零件的加工

为了保证车削过程的可靠性，车削首件时，必须用单段操作方式进行，当确认程序无误时，再使用连续操作方式进行车削。车削基准件时注意尺寸的控制保证。

8）零件尺寸的检测

选用合适的量具完成零件尺寸的检测，并进行试配。

3. 安全操作和注意事项

（1）严格遵守数控车床安全操作规程，做到文明操作。

（2）程序输入完成后，必须对程序进行空运行检查。

（3）检查坐标设置和对刀是否正确。

（4）二次装夹时应避免夹伤已加工表面。

（5）因各种刀具长度不同，故安全退刀点的设置应避免方式碰撞。

（6）对刀前，先将工件端面车平，对切槽刀时，以左刀尖作为编程的刀位点。

（7）在加工螺纹过程中使用恒转速。

六、项目评价（表8－13）

表8－13　项目评价表

序号	评价项目	考核要点	配分	评分标准	扣分	得分
1	径向尺寸	$\phi48_{-0.021}^{0}$	8	超差0.01扣2分		
		$\phi38_{-0.021}^{0}$	8	超差0.01扣2分		
		$\phi24_{-0.021}^{0}$	8	超差0.01扣2分		
		M24×2	6	超差不得分		
		$\phi24_{0}^{-0.021}$	8	超差0.01扣2分		
		*R*10	6	超差0.1扣2分		
2	长度尺寸	10	4	超差0.05扣2分		
		4×2	4	超差0.05扣2分		
		14	4	超差0.05扣2分		
		70±0.1	5	超差0.01扣2分		
		49±0.1	6	超差0.01扣2分		
		11	4	超差0.05扣2分		
		19.8	4	超差0.05扣2分		
3	表面粗糙度	*R*a1.6	5	每降一级扣2分		
		*R*a3.2	5	每降一级扣2分		

（续）

序号	评价项目	考核要点	配分	评分标准	扣分	得分
4	加工工艺和程序编制	加工工艺合理性	3	不正确不得分		
		刀具选择合理性	3	不正确不得分		
		工件装夹定位合理性	3	不正确不得分		
		切削用量选择合理性	3	不正确不得分		
		切削液使用合理性	3	不正确不得分		
	安全文明生产	1. 安全正确操作设备； 2. 工作场地整洁，工件、量具、夹具等器具摆放整齐规范； 3. 做好事故防范措施，填写交接班记录，并将出现的事故发生原因、过程及处理结果记入运行档案； 4. 做好环境保护	每违反一项从总分扣除2分，扣分不超过10分			
合　计			100			

七、误差分析(表8-14)

表8-14　配合件车削误差分析

问题现象	产生原因	预防和消除
切削过程出现振动	1. 工件装夹不正确； 2. 刀具安装不正确； 3. 切削参数不正确	1. 检查工件安装，增加安装刚性； 2. 调整刀具安装位置； 3. 提高或降低切削深度
尺寸精度达不到要求	1. 操作粗心大意，看错图纸； 2. 量具有误差； 3. 切削用量选择不当； 4. 刀具磨损	1. 仔细检查分析零件图纸； 2. 校核量具； 3. 调整验证切削参数，并优化； 4. 检查刀具磨损情况，建立磨耗补偿
形位精度达不到要求	1. 工件轴心线与主轴轴线不同轴； 2. 加工工艺不对； 3. 刀具安装不正确	1. 调整刀具中心的高度，确保同轴； 2. 修改完善工艺过程卡； 3. 重新安装刀具，并调试
表面粗糙度达不到要求	1. 车刀不锋利或刀尖圆弧过大； 2. 刀具磨损； 3. 切削用量选择不当	1. 选择正确的刀具； 2. 重新刃磨或更换刀片； 3. 修改切削参数，并调试优化

八、项目训练

编制如习题图8-1所示配合件数控车削工艺及加工程序，上机操作加工或数控仿真。各零件毛坯大小自行设定。

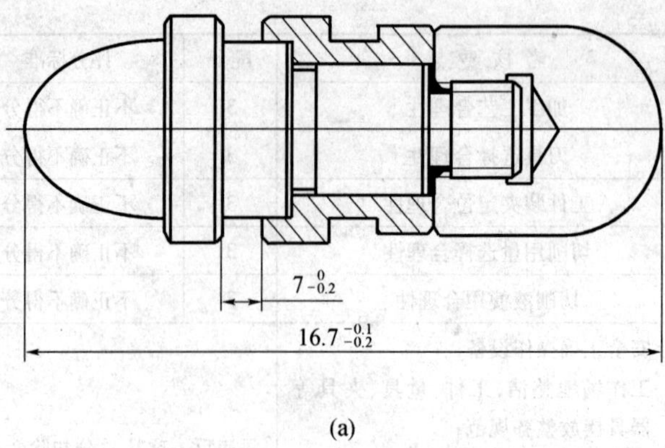

(a)

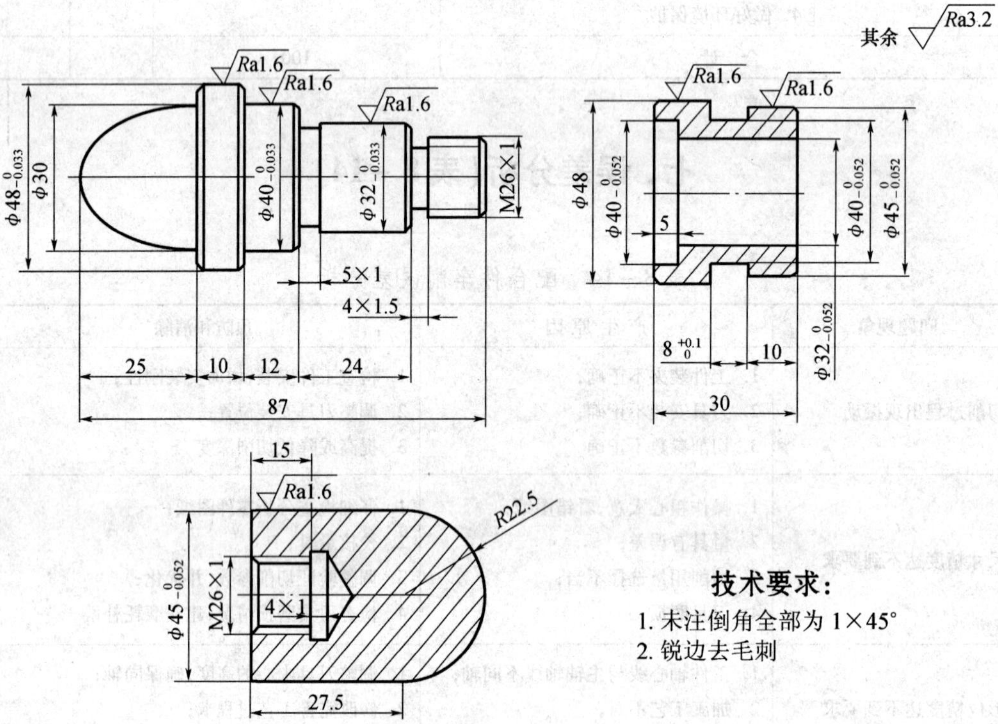

其余 $\sqrt{Ra3.2}$

技术要求:

1. 未注倒角全部为 1×45°
2. 锐边去毛刺

(b)

习题图 8－1

(a) 装配简图;(b) 零件简图。

附录　FANUC 系统数控车床指令

一、G 代码

代码	分组	意　义	格　式
G00		快速点定位	G00 X(U)_ Z(W)_;
G01	01	直线插补	G01 X(U)_ Z(W)_ F_;
G02		圆弧插补 CW(顺时针)	$\left\{\begin{matrix}G02\\G03\end{matrix}\right\}$ X(U)_#Z(W)_# $\left\{\begin{matrix}R\_\ \#\\I\_K\_\end{matrix}\right\}$ F_;
G03		圆弧插补 CCW(逆时针)	
G04	00	暂停	G04 X/U/P; (X,U 单位:秒;P 单位:毫秒)
G20	06	英制输入	
G21		米制输入	
G27		返回参考点检查	G27 X(U)_ Z(W)_;
G28	00	返回参考点	G28 X(U)_ Z(W)_;
G29		从参考点返回	G29 X(U)_ Z(W)_;
G32	01	螺纹切削	G32 X(U)_ Z(W)_ F_; F 为螺纹导程 X(U)省略时为圆柱螺纹切削,Z(W)省略时为端面螺纹切削,X(U)、Z(W)都不省略时为锥螺纹切削
G40		刀尖圆弧半径补偿取消	G40 G01/G00 X(U)_ Z(W)_ F_;
G41	07	刀尖圆弧半径左补偿	$\left\{\begin{matrix}G41\\G42\end{matrix}\right\}$ G01/G00 X(U)_ Z(W)_ F_;
G42		刀尖圆弧半径右补偿	
G50	00	坐标系设置或最大主轴转速设定	设定工件坐标系:G50 X_ Z_; 最大主轴转速设定:G50 S_;S 后跟最大主轴转速值(r/min)
G53		选择机床坐标系	G53 X_ Z_;
G54		选择工件坐标系 1	
G55		选择工件坐标系 2	
G56		选择工件坐标系 3	
G57	12	选择工件坐标系 4	G× × G00 X_ Z_;
G58		选择工件坐标系 5	
G59		选择工件坐标系 6	

（续）

<table>
<tr><th>代码</th><th>分组</th><th>意 义</th><th>格 式</th></tr>
<tr><td>G70</td><td rowspan="5">00</td><td>精车循环</td><td>G70 P(ns) Q(nf);</td></tr>
<tr><td>G71</td><td>内/外径粗车复合循环</td><td>G71 U(Δd) R(e);
G71 P(ns) Q(nf) U(Δu) W(Δw) F(f) S(s) T(t);
说明:
Δd 表示背吃刀量,即每次切削深度(半径值),无符号;
e 表示退刀量;
ns 表示精加工形状程序段中的开始程序段号;
nf 表示精加工形状程序段中的结束程序段号;
Δu 表示 X 轴方向精加工余量,直径值;
Δw 表示 Z 轴方向的精加工余量</td></tr>
<tr><td>G72</td><td>端面粗车复合循环</td><td>G72 W(Δd) R(e);
G72 P(ns) Q(nf) U(Δu) W(Δw) F(f) S(s) T(t);
其中参数含义与 G71 相同</td></tr>
<tr><td>G73</td><td>封闭粗车复合循环</td><td>G73 U(Δi) W(Δk) R(d);
G73 P(ns) Q(nf) U(Δu) W(Δw) F(f) S(s) T(t);
说明:
Δi 表示 X 轴上总退刀量(半径值);
Δk 表示 Z 轴上的总退刀量;
d 表示重复加工次数;
其余与 G71 相同</td></tr>
<tr><td>G76</td><td>螺纹车削复合循环</td><td>G76 P(m) (r) (a) Q(Δd min) R(d);
G76 X(U)_ Z(W)_ R(i) P(k) Q(Δd) F(L);
说明:
m:精加工重复次数,(1~99)
r:螺纹末端倒角量,(00~99)
a:刀尖的角度(螺牙的角度)可选择 80°、60°、55°、30°、29°、0° 六个种类中的一种,由 2 位数规定
m,r 和 a 用地址 P 同时指定
Δdmin:最小切深(半径值)
i:螺纹半径差,如果 i=0,可以进行普通直螺纹切削
k:螺牙的高度(半径值)
Δd:第一次切深(半径值)
L:螺纹导程</td></tr>
<tr><td>G90</td><td rowspan="3">01</td><td>内外圆柱或圆锥切削循环</td><td>G90 X(U)_ Z(W)_ F_;
G90 X(U)_ Z(W)_ R_ F_;
R 表示切削始点与切削终点在 X 轴方向的坐标增量(半径值),圆柱切削循环时 R 为零,可省略</td></tr>
<tr><td>G92</td><td>螺纹车削循环</td><td>G92 X(U)_ Z(W)_ F_;
G92 X(U)_ Z(W)_ R_ F_;
R 表示锥螺纹始点与终点在 X 轴方向的坐标增量(半径值),圆柱螺纹切削循环时 R 为零,可省略</td></tr>
<tr><td>G94</td><td>端面车削循环</td><td>G94 X(U)_ Z(W)_ F_;
G94 X(U)_ Z(W)_ R_ F_;</td></tr>
<tr><td>G98</td><td rowspan="2">05</td><td>每分钟进给速度</td><td>G98 F_;</td></tr>
<tr><td>G99</td><td>每转进给速度</td><td>G99 F_;</td></tr>
</table>

二、M 代码

代码	意 义	格 式
M00	停止程序运行	
M01	选择性停止	
M02	结束程序运行	
M03	主轴正转	
M04	主轴反转	
M05	主轴停止	
M06	换刀指令	M06 T_;
M08	冷却液开启	
M09	冷却液关闭	
M30	结束程序运行且返回程序开头	
M98	子程序调用	M98 Pxxxnnnn 调用程序号为 Onnnn 的程序 xxx 次
M99	子程序结束	子程序格式: Onnnn; … … … M99;

参考文献

[1] 杨琳. 数控车床加工工艺与编程. 北京:中国劳动社会保障出版社,2005.

[2] 蒋增福. 车工工艺与技能训练. 北京:高等教育出版社,2004.

[3] 韦富基,李振尤. 数控车床编程与操作. 北京:电子工业出版社 2008.

[4] 李华志. 数控加工工艺与装备. 北京:清华大学出版社,2005.

[5] 韩鸿鸾. 数控编程. 北京:中国劳动社会保障出版社,2004.

[6] 世纪星车床数控系统 HNC-21/22T 编程说明书. 华中科技大学国家数控系统工程技术研究中心. 武汉华中数控股份有限公司.

[7] 陈兴云,姜庆华. 数控机床编程与加工. 北京:机械工业出版社,2009.

[8] 谢晓红. 数控车削编程与加工技术. 北京:电子工业出版社,2006.

[9] 李华. 机械制造技术. 北京:高等教育出版社,2005.

[10] 世纪星车削数控系统操作说明书. 武汉华中数控股份有限公司,2005.

[11] FANUC Serise oi Mate-TC. 操作说明书.

[12] 华茂发. 数控机床加工工艺. 北京:机械工业出版社,2000.

[13] 于华. 数控机床的编程及实例. 北京:机械工业出版社,2001.

[14] 许兆丰等. 数控车床编程与操作. 北京:中国劳动社会保障出版社,1993.

[15] 刘书华. 数控机床与编程. 北京:机械工业出版社,2001.

[16] 唐应谦. 数控加工工艺学. 北京:中国劳动社会保障出版社,2000.

[17] 王维. 数控加工工艺及编程. 北京:机械工业出版社,2001.

[18] 顾京. 数控机床加工程序编制. 北京:机械工业出版社,2001.

[19] 詹华西. 基于 HNC 系统编程指令的扩展开发. 组合机床与自动化加工技术杂志,2007(11).

[20] 将增福. 车工工艺与技能训练. 北京:高等教育出版社,1998.

[21] 张丽华,马立克. 数控编程与加工技术. 大连:大连理工大学出版社,2006.

[22] 杨显宏. 数控加工编程技术. 成都:电子科技大学出版社,2006.

[23] 唐应谦. 数控加工工艺学. 北京:中国劳动社会保障出版社,2000.

读者意见反馈表

感谢您选择了国防工业出版社的教材，为了使本教材更加完善，今后提供给您更优秀的教材，请您抽出宝贵的时间来填写下面的意见反馈表，通过邮寄或电子邮件发给我们，我们将依据意见或建议及时改进，为广大高校师生提供精品教材。

您的资料

姓　　名:________________性 别:______________职 业:________________

联系电话:________________电子邮箱:________________________________

通信地址:________________邮 编:__________________________________

1. 您对本书的整体设计满意度:

　封面:____ A. 有创意　B. 吸引人　C. 一般　D. 很差

　排版:____ A. 适合阅读　B. 有创意　C. 一般　D. 不舒服

　印刷:____ A. 很好　B. 一般　C. 较差　D. 纸张较差

　定价:____ A. 太高　B. 比较高　C. 适中

2. 您对本书的内容满意度:

　□很满意　□满意　□一般　□不满意

3. 与同类书比较，您认为本书的不足之处:________________________

4. 您认为本书的特色:________________________________

5. 您认为本书还应该增加的内容:________________________

6. 您是否还有其他意见和建议:________________________

7. 您最近是否有写书的计划:________________________

我们热切企盼来自您的反馈!

邮寄地址:北京市海淀区紫竹院南路23号

国防工业出版社高职高专教育图书事业部　张永生(收)

邮编:100048

电子邮箱:zhangyongsheng100@163.com